U0288588

北部湾北部赤潮藻类生态环境特征
与动力学响应机制研究

陈　波　陆家昌　许铭本　覃仙玲 等　著

科　学　出　版　社

北　京

内 容 简 介

本书根据北部湾北部生态环境状况调查与评价结果，分析北部湾北部营养盐的时空分布、结构特征及其生态响应，并结合重要港湾入海污染物扩散影响进行了研究与预测；选择涠洲岛赤潮多发区的高浓度营养盐水体来源进行深入研究，借助构建的北部湾三维潮流数值模拟方法，探讨涠洲岛赤潮多发区的形成与海洋动力环境的响应关系。结果表明，涠洲岛海域赤潮多发是由于海水中存在高浓度氮、磷元素水体，而这些高浓度的氮、磷元素水体通过琼州海峡西向进入北部湾，源头来自粤西沿岸及珠江口水域。琼州海峡高浓度的氮、磷元素水体是涠洲岛海域赤潮多发的重要促成因子。

本书可供从事海洋生态学、环境科学、物理海洋学研究的科研人员，以及海洋管理部门的工作人员参阅。

审图号：桂 S（2020）67 号

图书在版编目（CIP）数据

北部湾北部赤潮藻类生态环境特征与动力学响应机制研究 / 陈波等著.
—北京：科学出版社，2020.12

ISBN 978-7-03-067291-9

Ⅰ.①北… Ⅱ.①陈… Ⅲ.①北部湾－赤潮－藻类－海洋环境－生态环境－特征－研究②北部湾－赤潮－藻类－海洋动力学－研究 Ⅳ.①X55

中国版本图书馆 CIP 数据核字（2020）第 253517 号

责任编辑：郭勇斌 彭婧煜 黎婉雯 / 责任校对：杜子昂
责任印制：张 伟 / 封面设计：众轩企划

科学出版社 出版
北京东黄城根北街 16 号
邮政编码：100717
http://www.sciencep.com

北京凌奇印刷有限责任公司 印刷
科学出版社发行 各地新华书店经销

*

2020 年 12 月第 一 版 开本：787×1092 1/16
2020 年 12 月第一次印刷 印张：19 插页：8
字数：440 000
POD定价：149.00元
（如有印装质量问题，我社负责调换）

前　言

近年来，随着广西北部湾经济区建设步伐的迅速加快，一大批临海（临港）工业重大项目纷纷落户广西沿海。总装机 120 万 kW 的北海火电厂、总装机 240 万 kW 的钦州火电厂、240 万 kW 的防城港火电厂、中石油广西石化 1000 万 t/a 炼油工程、年产 180 万 t 浆及 250 万 t 纸项目、北海哈纳利 12 万 m³ 铁山港 LPG 大型冷冻储存库等重大项目已经建成投入运营；投资 624 亿元的防城港 1000 万 t 钢铁项目、130 亿元的钦州中石化年产 300 万 t LNG 项目、总装机超 600 万 kW 的防城港核电项目、年产 300 万 t 重油沥青项目也进入了运营阶段。临海（临港）工业项目集聚以及经济快速发展给被称为我国最后一片"净海"的广西近海带来了经济、资源、环境、人口等方面的巨大压力和挑战。

北部湾经济区开发开放，既关系广西自身发展，也关系国家整体发展。大量的产业项目向沿海地区集聚，产生的工业废水、污水通过各种渠道入海，势必影响近海生态环境，海洋经济发展与海洋资源环境保护之间的矛盾进一步凸显，海洋污染对近海生态环境影响的压力也在逐步加大。近年来，广西沿海附近水域海水质量有下降趋势，出现赤潮现象。但与近岸海域水体污染相对严重这种传统认识不同的是，形成赤潮高浓度的氮、磷营养水体不是在近岸区域，而是在远离陆岸的涠洲岛海域。涠洲岛距离北海陆岸 37 km，岛上没有任何工业设施及污水排放，周围水域向来被认定为是干净水质。为什么成为赤潮高发区？海岛附近海域大量高浓度氮、磷营养水体来自哪里？它是通过什么途径向涠洲岛海域积聚和输送的？显然，这种高浓度的氮、磷元素水体来源与动力学存在更深层次的关系。

基于上述考虑，为了找出广西涠洲岛附近海域赤潮多发的内在原因，探寻预防或减少广西近海海域赤潮灾害、保护海洋生态环境的诸多途径，提出赤潮灾害监控措施及防治方法。我们于 2015 年 8 月提出北部湾北部（广西沿海）赤潮发生与动力响应机制，以及赤潮监测预防技术方面的研究。2016 年 1 月，国家自然科学基金委下达研究任务（国家自然科学基金面上项目：北部湾北部赤潮发生与动力响应机制研究，批准号：41576024）。2016 年 6 月，广西科技厅下达研究任务（广西重点研发计划：广西沿海赤潮灾害发生与动力响应机制及监测预防技术研究，合同号：桂科 AB16380282）。项目下达后，我们根据项目内容组织制定实施方案，组织开展海上外业调查、资料收集整理、数值模型建立与调试和计算、数据库构建等工作，在此基础上，经综合分析、汇总各部分研究成果，最后撰写《北部湾北部赤潮藻类生态环境特征与动力学响应机制研究》专著。

本书采用各章节独立又相互兼容的形式进行编写，力求反映北部湾北部赤潮发生与动力学响应机制研究最新成果，采用或引用权威数据与结论，并结合大量的现场基础调查与计算结果，分析广西近海和涠洲岛附近海域赤潮多发的内在原因，为预防或减少广西近海海域赤潮灾害、保护海洋生态环境提供科学依据。

本书共 12 章，其中第 1 章由姜发军执笔；第 2 章由牙韩争、陈波执笔；第 3 章由姜发军、牙韩争执笔；第 4、6 章由陆家昌、许铭本、张荣灿、庄军莲执笔；第 5、7 章由覃仙玲执笔；第 8 章由董德信、牙韩争执笔；第 9、10 章由高劲松、徐智昕、朱冬琳执笔；第 11 章由陈波、高劲松执笔；第 12 章由陈波执笔。各章节经汇总编纂，最后定稿。牙韩争、陈波对本书文字及图表作了修改和审定。

本书的完成，是广西科学院广西北部湾海洋研究中心全体同仁集体劳动的科研成果。除了上述编写人员外，雷富、陈宪云、李菲、王一兵、柯珂、邱绍芳等也参加了海上外业调查、室内样品测试、资料分析及数据整理等工作。

本书获"广西沿海赤潮灾害发生与动力响应机制及监测预防技术研究"（合同号：桂科 AB16380282）、"北部湾北部赤潮发生与动力响应机制研究"（批准号：41576024）两个项目资助，也是两个项目共同研究的成果。

此外，在项目实施过程中，北部湾大学、广西民族大学等单位的学生协助进行海上外业调查，使项目得以顺利完成。在此表示衷心感谢！

由于水平有限，本书难免存在疏漏和不足之处，恳请专家和读者批评指正。

陈　波

2020 年 5 月于南宁

目　　录

彩图

第1章 绪　　论

1.1　赤　　潮

赤潮是一种自然现象，人类早就有相关记载。如《旧约·出埃及记》中就有关于赤潮的描述："河里的水，都变作血，河也腥臭了，埃及人就不能喝这里的水了。"1803 年，法国人马克·莱斯卡波特记载了美洲罗亚尔湾地区的印第安人月黑之夜通过观察海水发光现象来判别贻贝是否可以食用。中国一些古书文献或文艺作品也有关于赤潮方面的记载。如清代的蒲松龄在《聊斋志异》中就形象地记载了与赤潮有关的发光现象。赤潮是在特定的环境条件下，海水中某些浮游植物、原生动物或细菌暴发性增殖或高度聚集而引起水体变色的一种有害生态现象。赤潮是一个历史沿用名，它并不一定都是红色，实际上是赤潮的统称。赤潮发生的原因、赤潮生物种类和数量不同，水体会呈现不同的颜色，有红色或砖红色、绿色、黄色、棕色等。值得指出的是，某些赤潮生物（如膝沟藻、裸甲藻、梨甲藻等）引发赤潮时并不引起海水颜色的改变。

1.1.1　赤潮发生机制

1. 海洋中存在大量的赤潮生物种类是赤潮暴发的前提条件

目前发现的赤潮生物有 330 多种，其分布极为广泛，几乎遍及世界各个海域。据周名江（2003）统计，分布于中国沿海的赤潮生物有 148 种，其中 43 种曾引发过赤潮，有毒的 28 种。这些生物分别隶属甲藻 20 属 70 种，硅藻 22 属 65 种，蓝藻 2 种，金藻 4 种，针胞藻 3 种，绿色鞭毛藻 2 种，隐藻和原生动物各 1 种。其中夜光藻（*Noctiluca scintillans*）、短裸甲藻（*Gymnodinium breve*）、多边膝沟藻（*Gonyaulax polyedra*）、微型原甲藻（*Prorocentrum minimum*）、海洋原甲藻（*Prorocentrum micans*）、东海原甲藻（*Prorocentrum donghaiense*）、中肋骨条藻（*Skeletonema costatum*）、米氏凯伦藻（*Karenia mikimotoi*）、球形棕囊藻（*Phaeocystis globosa*）、海洋卡盾藻（*Chattonella marina*）淡红束毛藻（*Trichodesmium erythraeum*）、薛氏束毛藻（*Trichodesmium thiebautii*）、汉氏束毛藻（*Trichodesmium hildebrandtii*）是引起我国赤潮的常见种。原生动物中的某些种类如缢虫等也属于赤潮生物，其繁殖过盛也可引起赤潮。

2. 海水富营养化是赤潮发生的物质基础和首要条件

由于城市工业废水和生活污水大量排放入海中，使营养物质在水体中富集，造成海域富营养化。此时，水域中氮、磷等营养盐，铁、锰等微量元素，以及有机化合物的含量大大增加，促进赤潮生物的大量繁殖。赤潮检测的结果表明，赤潮发生海域的水体均已遭到严重污染，富营养化严重，氮、磷等营养盐物质大大超标。据研究表明，工业废水中含有某些金属可以刺激赤潮生物的增殖。在海水中加入小于 $3 \ mg/dm^3$ 的铁螯合剂和小于 $2 \ mg/dm^3$ 的锰螯合剂，可使赤潮生物卵甲藻和真甲藻达到最高增殖率；相反，在没有铁、锰元素的海水中，即使在最适合的温度、盐度、pH 和基本的营养条件下种群密度也不会增加。此外，一些有机物质也会促使赤潮生物急剧增殖。如用无机营养盐培养简单裸甲藻，生长不明显，但加入酵母提取液时，则生长显著；加入土壤浸出液和维生素 B_{12} 时，光亮裸甲藻生长特别好。

3. 水文气象和海水理化因子的变化是赤潮发生的重要原因

海水的温度是赤潮发生的重要环境因子，20～30℃是适宜赤潮发生的温度范围。科学家发现一周内水温突然升高超过 2℃是赤潮发生的先兆。海水的化学因子如盐度，也是促使生物因子——赤潮生物大量繁殖的原因之一。盐度在 20～37 时均有发生赤潮的可能，但是海水盐度在 15～21.6 时，容易形成温跃层和盐跃层。温跃层和盐跃层的存在为赤潮生物的聚集提供了条件，易诱发赤潮。由于径流、涌升流、水团或海流的交汇作用，底层营养盐上升到水上层，造成沿海水域高度富营养化。营养盐含量急剧上升，引起硅藻的大量繁殖。硅藻过盛，特别是骨条硅藻的密集常常引起赤潮。这些硅藻类又为夜光藻提供了丰富的饵料，促使夜光藻急剧增殖，从而形成粉红色的夜光藻赤潮。监测资料表明，在赤潮发生时多为干旱少雨，天气闷热，水温偏高，风力较弱，或者潮流缓慢等水域环境。

4. 海水养殖的自身污染亦是诱发赤潮的因素之一

全国沿海养殖业的大发展，尤其是对虾养殖业的蓬勃发展，产生了严重的自身污染问题。在对虾养殖中，人工投喂大量配合饲料和鲜活饵料。由于养殖技术陈旧和不完善，往往造成投饵量偏大，池内残存饵料增多，严重污染了养殖水质。此外，由于虾池每天需要排换水，每天都有大量污水排入海中，这些带有大量残饵、粪便的水中含有氨氮、尿素、尿酸及其他形式的含氮化合物，加快了海水的富营养化，这为赤潮生物提供了适宜的生物环境，使其增殖加快，特别是在高温、闷热、无风的条件下最易发生赤潮。由此可见，海水养殖业的自身污染也使赤潮发生的频率增加。

1.1.2 赤潮的危害

目前，赤潮已成为一种世界性的公害，美国、日本、中国、加拿大、法国、瑞典、挪威、菲律宾、印度、印度尼西亚、马来西亚、韩国等30多个国家和地区赤潮发生都很频繁。赤潮主要发生在近海水域，面积可达几百至上万平方公里，波及的海水厚度为 3 m

左右。赤潮形成后，对海洋生态系统的破坏难以估量。

1. 赤潮对海洋生态平衡的破坏

海洋是一种生物与环境、生物与生物之间相互依存、相互制约的复杂生态系统。系统中的物质循环、能量流动都处于相对稳定、动态平衡的状态，当赤潮发生时这种平衡遭到干扰和破坏。在植物性赤潮发生初期，由于植物的光合作用，水体会出现高叶绿素 a（Chl a）、高溶解氧（DO）、高化学耗氧量（COD），这种环境因素的改变致使一些海洋生物不能正常生长、发育、繁殖，导致一些生物逃避甚至死亡，破坏了原有的生态平衡。

2. 赤潮对海洋渔业和水产资源的破坏

赤潮引起海洋异变，局部中断海洋食物链，使海域一度成为死海。①赤潮生物的异常繁殖，可引起鱼、虾、贝类等经济生物的生物瓣机械堵塞，造成这些生物窒息而死。②赤潮后期，赤潮生物大量死亡，在细菌分解作用下，可造成环境严重缺氧或者产生硫化氢等有害物质，使海洋生物缺氧或中毒死亡。③某些赤潮生物分泌赤潮毒素，可污染鱼、贝类等生物，直接导致鱼、虾、贝类等生物被毒死。

3. 赤潮对人类健康和生命的威胁

赤潮对人类健康的影响，除了接触引起皮肤不适外，挥发性毒素还能对眼睛和呼吸道产生影响。更严重的是赤潮毒素能通过食物链的传递作用，导致人类中毒甚至死亡。当鱼、贝类处于有毒赤潮区域内，摄食这些有毒生物，虽不会被毒死，但生物毒素可在体内积累，导致其含量大大超过人体可承受的水平。由赤潮引发的赤潮毒素统称为贝毒，目前确定有 10 种贝毒，其毒素比眼镜蛇毒素强 80 倍，比一般的麻醉剂，如普鲁卡因、可卡因还强 10 万多倍。贝毒中毒症状为：初期唇舌麻木，发展到四肢麻木，并伴有头晕、恶心、胸闷、站立不稳、腹痛、呕吐等，严重者出现昏迷，呼吸困难。赤潮毒素引起人体中毒事件在沿海地区时有发生。如果出现呼吸肌、运动肌麻痹则可导致死亡。据统计，全球大约发生过 1600 次人类麻痹性贝毒（PSP）的中毒事件。1988 年，秘鲁西部海域发生大面积赤潮，当地居民因误食被有毒赤潮生物污染的鱼类和贝类，有上千人中毒，数十人死亡。据统计，全世界发生因赤潮毒素的贝类中毒事件约 300 多起，死亡 300 多人。自 20 世纪 60 年代至今，我国有近 600 人因误食有毒的贝类而中毒，29 人死亡。20 世纪 80 年代，上海地区数万人食用受污染的毛蚶，导致甲肝大流行（陈玉芹，2002）。

1.1.3 我国赤潮发生状况及分布

1. 我国赤潮发生状况

赤潮是我国海域出现最早的海洋生态灾害，随着人类海洋经济开发活动的日益增多，赤潮在我国某些海域频繁发生，对近岸海域的发展产生了严重影响。据 2008~2017 年的

《中国海洋灾害公报》，10 年间我国近海有记载的赤潮事件累计共有 606 起，累计发生面积约为 78 111 km²。其中，造成较大经济损失的灾害性赤潮有 70 多起，造成直接经济损失约 36 亿元。其中，2012 年米氏凯伦藻在我国的东海沿岸引发的赤潮给当地的水产养殖业带来了巨大的打击，造成了超过 20 亿元的直接经济损失。因食用含赤潮毒素的贝类造成数百人中毒、数十人死亡。近年来我国沿岸海域赤潮总体呈现高发态势，但赤潮发生次数和规模有所缩减：2003 年我国海域共发现赤潮 119 次，其中渤海 12 次，黄海 5 次，东海 86 次，南海 16 次，累计发生面积约 14 550 km²，造成直接经济损失4281 万元。2009 年我国沿海共发生赤潮 68 次，累计发生面积 14 102 km²，造成直接经济损失 0.65 亿元。其中，渤海 4 次，累计发生面积 5279 km²；黄海 13 次，累计发生面积 1878 km²；东海 43 次，累计发生面积 6554 km²；南海 8 次，累计发生面积391 km²。而 2015 年我国沿海仅发生赤潮约 30 次，累计发生面积 2809 km²，发生次数和累计发生面积均得到了有效的缩减。2008～2017 年我国赤潮暴发情况见图 1-1。

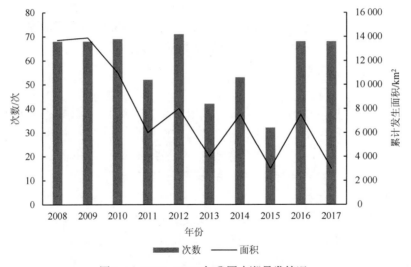

图 1-1　2008～2017 年我国赤潮暴发情况

　　近年来我国赤潮发生有三个特点：一是时段长、高发期集中、持续时间延长。我国海域全年 12 个月均有赤潮发生，黄海、渤海赤潮主要集中在夏季，高发期在 7～8 月；东海从春末至秋末均有赤潮发生，高发期在 5～9 月；南海赤潮四季均有发生，5～9 月为高发期。二是大面积赤潮增加、区域集中。大面积赤潮集中在长江口和浙江沿海。三是有毒有害藻类增加。主要的赤潮生物为东海原甲藻、夜光藻、中肋骨条藻、米氏凯伦藻、球形棕囊藻，其引发赤潮的次数和范围远高于其他种类。自 2008 年以来，有毒有害的甲藻和鞭毛藻赤潮发生比例呈增加趋势，且不断涌现新的赤潮优势种，多数赤潮是由两种或两种以上赤潮生物共同引发，并呈演替性形式进行；赤潮生物对环境适应性与以往表现出差异，赤潮灾害不仅出现在温度适合的春夏两季，秋季和冬季也时有发生；赤潮范围不再仅仅局限在近海，有向深海延伸的趋势。目前，赤潮已成为我国沿海地区重要的环境问题，对海洋生态、水产养殖、渔业、旅游甚至是人类健康安全构成了严重威胁。随着我国经济的不断发展,海洋环境问题越来越严重,赤潮灾害的防治刻不容缓,提高沿海城市的赤潮灾害预防能力,减轻赤潮所带来的危害和损失是当前需重点解决的问题。

2. 我国赤潮分布

我国海域的 4 个海区有不同的海洋学特征和生物组成,在赤潮发生方面也有较明显的差异。赤潮灾害发生范围已遍及我国渤海、黄海、东海和南海四大海区,根据我国近 10 年的观测和记录,2008～2017 年的 10 年间,东海赤潮发生的次数远远高于其他 3 个海区。高赤潮发生率就是由东海赤潮导致的。这个现象与 20 世纪下半叶的情况不同,20 世纪 50～90 年代,南海赤潮次数占赤潮总频次的 45%,东海占 36.3%少于南海;赤潮发生的频次有从北到南递增的分布趋势。尽管渤海的面积最小,但赤潮发生次数经常超过黄海或与之持平,甚至有时会超过南海。这表明,赤潮灾区中心有北移趋势。我国四大海域赤潮暴发次数情况见图 1-2。

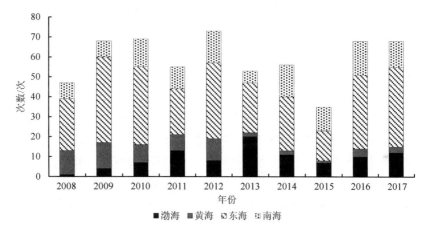

图 1-2 2008～2017 年我国四大海域赤潮暴发次数情况

我国赤潮的主要发生海域为:
①渤海海域主要包括辽东湾中部、秦皇岛附近海域、渤海湾、莱州湾。
②黄海海域主要包括辽宁庄河附近海域、烟台海域、胶州湾、海州湾。
③东海海域主要包括长江口海域、舟山群岛附近海域、浙江东部沿海、厦门西港。
④南海海域主要包括大鹏湾、大亚湾、珠江口海域、拓林湾,以及香港的维多利亚湾等。

其中辽东湾、渤海湾、莱州湾、长江口海域(包括杭州湾)和珠江口海域为赤潮多发区。辽东湾、渤海湾和长江口海域赤潮发生的面积较大;而珠江口海域赤潮发生的面积一般不会太大,但赤潮发生频率相对较高;由于南海水温较高,有毒藻类种类及其引发的有毒赤潮相对较多,因此造成的经济损失和人员中毒事件也较多。

1.1.4　广西赤潮发生状况

　　1995 年广西首次在廉州湾及北海银滩附近海域发现赤潮，至 2013 年广西沿海共发生了至少 16 次海洋赤潮灾害，其中，有 6 次发生在北海市涠洲岛东面或东南面海域，说明该海域是广西沿海赤潮灾害多发地带。目前，广西已发生赤潮均为单相型赤潮，与同时期全国其他沿海省份相比，影响面积小，持续时间短，造成的经济损失不大。由 2014 年《广西灾害规划（初稿）》可知，广西近岸海域共有浮游植物 211 种、赤潮生物 73 种，其中，有毒赤潮生物 6 种。尽管在全国所有沿海省份（自治区）中广西的赤潮灾害发生次数较少、规模不大，但北部湾北部海域浮游植物和赤潮生物种类丰富，且随着广西沿海工业快速发展，排海污水大量增加，海水中的营养盐含量持续升高。因此，广西沿海港湾及江河入海口，赤潮灾害发生的可能性较大，具有较大的潜在威胁。从 1995 年以来广西近海赤潮发生的频次来看，近年来明显呈现出赤潮发生的频次增加，一年多发的特点。尤其是 2008 年以来，广西沿海赤潮暴发的规模和持续时间都明显增加。近几年来球形棕囊藻为广西北部湾北部海域最主要的赤潮生物并多次暴发，如 2015 年 12 月～2016 年 2 月在防城港核电站取水口邻近海域暴发球形棕囊藻赤潮，持续 2 个多月；2017 年 3 月在廉州湾、涠洲岛和防城港核电站取水口邻近海域均发现球形棕囊藻赤潮。根据现场监测结果，北部湾海域球形棕囊藻具有自己独特的生理生态特征，囊体巨大，国际罕见，直径能够达到 3 cm，显著大于世界上其他海区棕囊藻囊体直径 5～10 倍，且黏性强。大规模球形棕囊藻赤潮暴发，释放的大量黏性多糖物质，扩散到海水中，粘在鱼、虾、贝类等生物的鳃上，妨碍呼吸，导致生物窒息死亡，球形棕囊藻也能与微生物相互作用，使海底缺氧，引起虾、贝类的大量死亡。球形棕囊藻囊体外坚韧且具有弹性，养殖海区大量黏性的球形棕囊藻囊体的积聚还会导致渔网的堵塞，对水生生物和养殖业造成巨大的伤害。1995～2017 年广西沿海赤潮发生情况见表 1-1。

表 1-1　1995～2017 年广西沿海赤潮发生情况

时间	影响区域	面积/km²	赤潮优势种
1995-03-15～1995-03-16	北海市廉州湾海域	较小	微囊藻
1995-12-15～1995-12-18	北海市涠洲岛南湾港海域	5.4	微囊藻
2001-05-13	北海市涠洲岛石油码头	8	不详
2002-05-01～2002-05-04	北海市涠洲岛东面海域	3	不详
2002-06-19～2002-06-23	北海市涠洲岛东南面海域	20	汉氏束毛藻
2003-07-06～2003-07-09	北海市涠洲岛南湾港海军码头附近	5	红海束毛藻
2004-06-29～2004-07-05	北海市涠洲岛南湾港东南面海域	40	红海束毛藻
2008-04-06～2008-04-07	北海市涠洲岛东南面海域	2.5	夜光藻

续表

时间	影响区域	面积/km^2	赤潮优势种
2008-04-07～2008-04-08	钦州湾三娘湾近岸海域	—	夜光藻
2010-05-02～2010-05-05	北部湾海域	150	球形棕囊藻
2011年4月上旬	钦州湾局部海域	1.2	夜光藻
2011-11	北海市廉州湾海域	10	球形棕囊藻
2014-12	北海市铁山港、涠洲岛	较小	球形棕囊藻
2015-01-02	北部湾海域	150	球形棕囊藻
2015-12～2016-02	防城港核电站取水口邻近海域	较小	球形棕囊藻
2016-05-18～2016-05-20	钦州港	20	红色赤潮藻
2017-03	廉州湾、涠洲岛、防城港核电站	较小	球形棕囊藻

1.2　国内外研究现状

1.2.1　赤潮发生机制及影响因素研究

1. 赤潮的成因

现有研究表明，赤潮的形成过程主要可以分为四个阶段：赤潮藻类孢子的休眠—孢子的分裂繁殖—藻类的暴发性增长—产生新的孢囊。

阶段 1：藻类在不适宜生长的恶劣环境中，会形成孢囊并沉入海底淤泥中，以对抗不利的生长环境。在没有外力干扰的情况下，淤泥之中的孢囊能够存活数年之久，等待外界环境转好。

阶段 2：当不利的生长环境消失，外界因素（如温度、光照等）适于生长时，孢囊重新开始发育，变成单细胞藻类。

阶段 3：当水域中的水文、气象、海水理化因子均符合藻类生长条件时，藻类细胞开始进入暴发性增长阶段，以指数扩增的形式大量分裂繁殖。该阶段中，若中途环境恶化（如气温骤降或遇到风浪等），增长过程可能终止；但若环境依然适宜藻类增长，当藻类密度迅速超过某一阈值时，赤潮暴发。此过程中，大量的藻类会改变海水中的多项理化指标（如 DO、pH 等），部分藻种甚至会释放毒素，对其他海洋生物带来危害。

阶段 4：当海域条件不适合藻类生长时，藻类细胞分裂停止，并重新形成孢囊沉入海底淤泥中，以等待下一次环境的改变。

因此，赤潮的暴发是一个物理、化学和生物因素综合作用的结果。其发生过程不仅关系赤潮生物的生长和营养传递，也关系物理动力（风浪、洋流等）作用引起的转移、扩散、搅动，以及生物本身的聚集（趋性、生物对流等）和垂直移动。到目前为止尚无法完全用量化的方法确定赤潮的发生和发展。

2. 赤潮发生过程中的关键因子

尽管赤潮的发生是一个十分复杂的过程，但现有的大量研究表明赤潮的发生在整体上与许多因子之间存在明显的相关关系。这些影响要素既包括物理因子，也包括化学因子和生物因子。近年来，我国海域赤潮有 90%以上是由浮游植物（藻类）引起的，由原生动物引起的赤潮所占比例不足 10%。因此，下面主要以藻类为代表，介绍赤潮发生过程中的关键因子。

（1）物理因子

众多物理因子，如温度、盐度、水文因素、气象因素均会对藻类的生长带来显著的影响。温度是调控生物体内功能的关键影响因素，藻类细胞中的光合作用、酶促反应、呼吸作用、电子传递等过程均受温度的直接影响。此外，温度还会直接影响海水中有机物的分解过程，进而改变藻类生长的营养盐基础。国外研究表明，不同的藻类基本上都存在一个能够正常生长的温度范围，该温度范围大致为 10~30℃，但是不同的藻类生长适宜温度存在差异，总体上位于 25℃附近。温度的变化对于藻类的生长具有较大的影响，杨庶（2013）针对国内长江口及邻近海域浮游植物生长温度效应的研究表明，温度对该海域中浮游植物（研究中主要指 4 种典型藻类：骨条藻、拟菱形藻、东海原甲藻和角毛藻）生物量长期变化的影响贡献率约为 6%。另外，不同的藻类对于温度的响应具有差异性，不同的藻类具有不同的适宜生长温度。当藻类种群之间存在竞争机制时，温度的剧烈变化会迅速改变藻类种群生长和生理生化指标，很容易导致生物群落发生更替，使优势种群扩大。国外的研究结果也显示出相同的结论，例如，欧洲北海（North Sea）30年监测数据表明影响叶绿素 a 变化的主要因子是温度，与营养因子（主要指总氮、总磷）相关性反而不明显（McQuatters-Gollop et al.，2007）。Ratisos 等（2012）在希腊帕加西蒂科斯湾（Pagasitikos Kolpos）的探究结果显示：总氮、总磷、盐度、温度均是影响表层叶绿素 a 浓度的主要因素。总体而言，大部分的赤潮生物存在一定的盐度适宜区间，过低与过高的盐度都不利于藻类的生长。这也在大量的国内外研究中都得到了印证。而且赤潮生物对于盐度的敏感程度也呈现种间差异，如对于长江冲淡水区域而言，盐度对于中肋骨条藻生长率的影响占据主导地位，但是对其他藻类的影响却呈现出不同的特性。大量的降雨（通常发生于暴雨或梅雨季节）容易导致海水表层的盐度出现骤降，这将对分布于该层海水中的夜光藻种群造成毁灭性的冲击，使藻类细胞大量消亡。水文和气象因素会对海域中营养盐的输入输出、赤潮生物的迁移产生影响，因此这些因素也决定了赤潮生物生长及暴发的可能性。水文因素包括洋流、潮汐及水系交汇等，其能够引起海域的各项理化指标的突变，容易形成温度、盐度、营养盐等跃层，为赤潮生物的生长繁殖提供有利条件。水团的交汇容易引起赤潮多发现象，如长江口邻近海域赤潮高发区受到长江冲淡水和台湾暖流的直接影响，两者的交汇形成了锋面及辐聚带，不仅将大量外源性输入的孢囊和营养盐汇聚于此，而且也易由于海水的垂直交换使原本处于海底淤泥中的孢囊和内源沉积物释放，为赤潮生物的生长和暴发提供有利条件。

气象因素是决定赤潮能否真正暴发的关键因子,其中降雨、光照、风力扰动等因素尤其显著。例如,光照是赤潮生物光合作用的主导因素,因此光照强度的变化能够直接影响赤潮生物的生长繁殖。光照不仅能够直接参与浮游植物的光合作用,其对浮游植物吸收营养盐、生化组成、自身生长与演替都有交互的影响。例如,针对东海常见的 4 种赤潮生物的研究表明(丁雁雁,2012),赤潮生物存在一个适宜的光照强度区间,在该区间内,在其他条件均适宜的情况下细胞可呈现出 S 形增长趋势,而且光照强度可以通过影响细胞硝酸还原酶活性来间接影响藻类的生长。另外,光线中不同颜色的光比例同样会影响藻类的生长过程,这可能是由于藻类对不同光波段的利用能力不同所导致的。当然,不同的藻类对于光照的适应性具有差异,因此在不同的纬度、不同浊度的海域甚至同一海域的不同水层,都会因为光照强度的不同导致藻类的优势种群出现差异。例如,东海原甲藻能够较好地适应光照强度,因此容易在高浊度海水中形成竞争优势(孙百晔等,2008)。降雨和风力扰动能够改变藻类的聚集性和扩散率,即使温度、营养盐等因素适合于藻类的生长,但若出现强降雨或者台风、风暴等会对水体造成强烈扰动的气象条件,水体中的藻类会被冲散,进而中断赤潮暴发过程。但是,也有研究指出,适度的风力扰动有利于海洋微藻的生长繁殖进而可能会促成海洋赤潮的暴发,且不同的藻类可能出现不同的反应。

(2)化学因子

赤潮形成的过程,本质上是赤潮生物细胞分裂增殖的过程,因此必然高度依赖于 DO、pH、营养盐、微量元素等化学因子。

人类活动向近海海域中排放了大量的营养盐,使全球大量的海湾、浅海及陆架地区出现了水体富营养化现象。其中,氮(N)和磷(P)是赤潮生物细胞中蛋白质、核苷酸等代谢必要成分的必需元素,因此水体中 N 和 P 的浓度会直接影响赤潮生物的生长。而且,由于不同的藻类对于 N 和 P 的需求比例不同,因此氮磷比(N/P)也是限制藻类生长的重要因素。在两种营养盐均供应充足的海域,N/P 便成了控制藻类生长速度和调节优势种群的决定性因素。在一些研究中也同时发现,碳氮磷比(C/N/P)与藻类的生长之间存在明显的相关关系。另外,作为藻类细胞外壳和胞内物质的重要组成元素——硅(Si),特别是可溶性硅酸盐的浓度也能够显著影响藻类的细胞分裂,进而改变赤潮暴发进程、调节优势种群结构。再者,诸如化学需氧量(COD)和总有机碳(TOC)、微量重金属元素(Fe、Mn、Zn 等)、维生素等因素对赤潮生物的影响也被大量研究。

除营养盐外,DO 和 pH 是伴随赤潮发生过程中变异程度最大的两个化学因子。氧是参与赤潮生物生命活动的重要元素,在藻类的呼吸作用和光合作用中分别需要消耗和产生氧气。因此,水中 DO 的含量会迅速对水域中藻类数量的变化做出响应。而藻类的呼吸作用和光合作用中分别需要产生和消耗 CO_2,这会导致水体中碳酸盐的平衡发生变化($HCO_3^-+H^+ \Longleftrightarrow H_2O+CO_2$),进而导致水体中 pH 的改变(赵冬至等,2010)。现有研究结果表明,赤潮的暴发会导致水体中 pH 的显著上升(可达到 9 以上,而常规海域中为 8 左右),DO 含量明显下降(韦蔓新等,2004)。但实际上在赤潮的不同阶段,DO 和 pH

与藻类之间的相关性并非一成不变，甚至在白天和夜间由于藻类的光合作用和呼吸作用强弱不同，也会导致两者对藻类的影响方式发生变化。另外，不同藻种之间同样也存在种间差异，而且 pH 的变化同时会导致藻类毒性发生变化。

（3）生物因子

赤潮生物作为海洋生态食物链中的重要一环，其生长消亡过程不仅受自身生长过程的影响，同时也受食物链中各个环节的其他生物的影响。一方面，捕食者（特别是浮游动物）对于赤潮的形成与发展具有重要的调节作用，当捕食者的种群数量或者捕食能力提高时，容易造成赤潮的消退，而当捕食者的捕食能力受限制时（如温度等因素容易制约捕食者的活动性及种群数量），赤潮生物会大量增殖。部分研究甚至表明，浮游动物所带来的捕食压力能够超过赤潮生物自身的种群生长。另一方面，种间竞争及细菌会对赤潮生物种群的生长产生影响，并给处于劣势的赤潮生物种群带来其他生存压力。

（4）不同因子间的协同效应

赤潮生物的生长暴发是一个极其复杂的过程，不同因子并非单独起调控作用，部分因子相互之间存在交互影响。例如，温度除了能够影响藻类的生长过程以外，还会同时影响水体中水层运动（海流、旋涡、水层垂直移动等），进而改变营养盐、盐度等理化因子的循环，也能够促使藻类发生扩散迁移。而对于化学因子而言，诸如 pH 等因子的改变也同时会引起水体生态系统中其余指标发生相应的响应性变动，赤潮前水体中的 pH 与溶解氧饱和度存在明显的正响应，但在赤潮发生时，由于生物同化异化机制的复杂性，该响应逐渐弱化，pH 与盐度（S）和悬浮物（SS）的正相关较为显著。

总体而言，赤潮的发生是许多因素综合作用的结果，所有这些因素都存在随机性，部分行为还存在"噪声"多于规律的现象，这都给深入了解赤潮发生机制及其影响因素带来了障碍。由于赤潮发生机制及生态响应过程过于复杂，任何单一的影响因子都无法直接控制其生长、暴发、消亡过程，因此需要研究人员从更为宏观的视角，借助更为科学的研究方法对赤潮的成因和暴发机制进行深入研究。

1.2.2　赤潮毒素研究现状

赤潮毒素包括：麻痹性贝毒（PSP）、腹泻性贝毒（DSP）、神经性贝毒（NSP）、失忆性贝毒（ASP）和西加鱼毒（CFP）。有些有毒赤潮藻类在低密度时就能发生作用，如亚历山大藻在较低密度下（100 cell/L）就能蓄积较高的麻痹性贝毒。有些毒素可致鱼、贝类死亡，有些毒素虽不能使鱼、贝类死亡，但其在鱼、贝类体内积累，人食后可致人死亡。如 1986 年 12 月，福建省东山县发生了一起因采食菲律宾蛤仔而引起集体中毒事件，中毒人数达 136 人，死亡 1 人。因此有害赤潮已引起人们的重视，目前，学术界对全球沿海国家和地区毒素分布、毒素结构、危害机制及检测等方面都有所研究。小鼠生物检测（mouse bioassay）法是目前检测贝毒的主要方法，同时人们也在探索多种先进方法来检测各种毒素,如高效液相色谱法(high performance liquid chromatography,HPLC)、液相色谱-质谱法(liquid chromatography/mass spectrometry,LC-MS)、酶联免疫吸附测定(enzyme-linked immunosorbent assay,ELISA)等。新西兰食品质量监督机构和农业部决定在 2001 年推广 LC-MS 的应用;亚洲太平洋经济合作组织(Asia-Pacific Economic Cooperation,APEC)从 1992 年开始开展这方面的工作;世界卫生组织计划建立一个全球性的网络数据库以方便和加强对全球的贝毒管理,保证海产品的安全。

1.2.3 赤潮监测研究现状

赤潮生物的现场监测是赤潮预警预报和防治控制的基础。我国许多沿海地区已初步建立由船载监测、航空和卫星遥感监测、海洋浮标组成的有害赤潮立体监测网络。船载监测通过定期现场人工取样,实验室分析,既可以获取各种环境因子监测数据,亦可以获得赤潮生物监测数据,但容易受赤潮暴发不确定性及时间、空间等的诸多限制。同时,由于球形棕囊藻游离单细胞个体微小、群体形态特征不稳定,仅依靠显微镜观察形态学特征来对球形棕囊藻进行分类鉴定非常困难,需要通过多种手段进行球形棕囊藻的鉴定和分析,因此急需发展针对球形棕囊藻的船载快速监测和检测方法。遥感监测赤潮灾害的技术和方法实质上是通过获取遥感影像数据,然后进行遥感影像解译提取赤潮的相关信息,其中卫星遥感监测易受天气、环境本底的影响,时效性较差,而航空遥感监测目前仍局限于非接触式手段,无法直接获取赤潮灾害的深层次信息,其有效性和使用场合也受到极大制约。海洋浮标是世界各国海洋环境监测与海洋灾害预报的主要手段之一,它具有全天候长期连续定点监测的特点,是其他海洋监测手段无法替代的。经过不断地研究,我国海洋浮标技术不断发展,生态水质浮标在赤潮监测预警中可提供实时连续监测数据以进行浮标数据的分析,获取叶绿素 a 和赤潮影响因子的异常变化,以此进行赤潮的预警预测。然而目前海洋浮标主要对环境参数、水质参数、生态参数(叶绿素 a)、气象参数和水文动力参数进行监测,无法提供赤潮生物的直接信息。广西壮族自治区海洋环境监测中心站海洋浮标的赤潮监测数据表明,海洋浮标在硅藻等叶绿素含量高的种类引发的赤潮中能够起到较好的监控和预警作用,但在微微型、混合营养及异养赤潮生物种类引发的赤潮预警应用方面仍有待进一步验证及研究。因此,近年来研究者提出一个新思路,将流式细胞技术与显微成像技术结合起来,建立赤潮生物流式图像监测仪器,并集成于自动监测浮标上,实现对目标赤潮生物的实时、连续自动识别与快速定量。

1.2.4 赤潮预警预报研究现状

由于赤潮的发生不是单纯的生态学问题,而是在海洋动力环境条件控制下的生态学问题,因而赤潮发生的机制十分复杂,较难得出一个普遍适用的规律性结论。但各国学者对赤潮的发生机制与海洋气象、海洋水文、海洋生物、海洋化学、海洋污染之间的关系方面的研究和探索为赤潮预警研究的开展奠定了理论基础。

1. 利用环境理化因子预报赤潮

赤潮发生所需的营养物质条件和赤潮发生前后环境化学参量等的变化为赤潮的预报提供了有效的途径。蒲新明等（2001）指出藻类生长所需磷酸盐最适浓度为 0.58 μmol/L，陈慈美等（1997）的试验结果表明中肋骨条藻生长受到限制的铁的临界浓度为 5 μmol/L。矫晓阳（2001）研究了透明度预报赤潮的可能性，认为可以尝试使用透明度作为赤潮预警监测或短期预报的参数。通过研究上升流区域赤潮发生时的水动力和化学因子的情况，发现上升流不但使赤潮生物聚集而且带来富含营养盐的底层水，有可能导致赤潮的暴发。河口、海湾存在的特定的潮汐可为赤潮的预报提供依据，对受潮汐影响显著的海湾，有可能利用潮汐变化规律预报赤潮。其他预报方法还有垂直稳定度法、光活性法等。

2. 赤潮预报的数学方法

目前常用的数学方法包括多元统计分析、生态模型和人工神经网络方法等。多元统计分析主要包括主成分分析、多元回归分析、聚类分析、演绎结构分析、判别分析、时间序列分析等，也有以潮汐、风向、天气状况和水温作为影响赤潮发生的因子，用参数表征各因子的权重，建立多元回归方程。谢中华（2004）在已有的研究基础上改进了多元线性回归模型，构造了混合回归模型预报赤潮。赵明桥等（2003）以珠江口海水中赤潮特征有机物的含量作为自变量，赤潮生物密度作为因变量，得到了一个回归预测方程。生态模型被认为是研究及预报赤潮的较好方法，但仍处于起步阶段。日本是世界上海洋围隔实验做得最好的国家之一，目前仅建立一维模型。由欧洲五国联合研制的欧洲区域海洋生态模型（European regional sea ecosystem model，ERSEM），对生物学过程考虑得较完善，但动力学过程太粗糙、起重要作用的输运扩散过程无精细描述。美国侧重简单模型研究，在进行机制研究方面较为深入。赤潮数值模型对各参数的初始值和边界条件的确定等非常敏感，而所需的诸如流场、营养盐的形态及含量等大量数据资料来源不同、精度不一，会严重影响模型的模拟结果，其参数繁多且不易确定，加上计算复杂等缺点限制了其使用。杨建强等（2003）用人工神经网络方法分析了辽东湾鲅鱼圈海域有害赤潮部分观测资料，结果发现人工神经网络方法具有较高的精度。蔡如钰（2001）利用人工神经网络 BP 算法建立了夜光藻密度人工神经网络预报模型，并利用该模型对各种理化因子与夜光藻密度的非线性对应规律进行了研究。吴京洪等（2000）用人工神经网络方法预报赤潮多发海区浮游植物生长趋势。此外，也有学者根据赤潮的卫星遥感探测机制建立了利用 NOAA/AVHRR 可见光和热红外波段遥感数据的 BP 神经网络赤潮信息提取模型。杨建强等（2003）研究表明，用人工神经网络方法对不同海域、不同类型的水体建立的赤潮生物与多种不同因子间的复杂关系进行其动态预测是可行的。

3. 利用卫星遥感技术预报赤潮

卫星遥感技术是一种从空间快速获取大量海面信息的技术手段，人们多次成功地利用卫星遥感技术探测到赤潮的发生，为赤潮的预报提供了新的研究途径。我国研究人员曾应用陆地卫星 TM 数据研究了 1989 年在渤海湾发生的赤潮。孙强等（2000）在厦门海区赤潮水体现场反射光谱测量的基础上，根据对 SeaWiFS 可见光范围内各波段离水辐射率变化的分析，提出建立赤潮探测模型。赵冬至（2010）则利用渤海赤潮现场实测资料 NOAAl4 的 AVHRR 数据，建立了渤海叉角藻赤潮生物细胞数遥感探测模型。黄韦艮等（1998）提出多要素赤潮遥感预报方法。

1.2.5 赤潮治理技术研究现状

迄今为止，国内外提出的赤潮治理方法有多种，常见的治理方法通常分为物理法、化学法和生物法三大类。然而上述方法真正能够应用于现场治理的寥寥无几，大都停留在实验室研究阶段。20 世纪 70 年代，国际上开展了以黏土矿物为代表的天然矿物应急处置赤潮的研究，该方法具有快速、成本低和无二次污染等优点，很快成为国际上较为推崇的赤潮治理方法，然而黏土矿物溶胶性质差，容易迅速凝聚且沉淀赤潮生物能力低，喷洒量少时难以完全消除赤潮生物，故在实际应用中必须散播大量的黏土，由此给大面积治理赤潮带来了原料量和淤渣量过大的问题。如何提高黏土的絮凝效率，减少黏土矿物在赤潮防治应用中的使用量成为该技术的难点。针对该技术难题，我国研究者创建了基于改变黏土与赤潮生物间絮凝作用的高效治理技术与方法。对于大面积的赤潮治理，目前国际上公认的标准方法之一为改性黏土技术，已有应用的多个成功案例表明，改性黏土技术对形成有害赤潮的各种浮游微藻普遍具有很好的消除能力，然而近期在防城港核电站冷源取水海域赤潮治理工作中发现存在对底层海水棕囊藻赤潮的去除效率低的问题，因此，仍然需要对现有改性黏土技术和装备进行改进，以满足我国多海域、长周期、大规模赤潮治理的需求。

第2章　北部湾区域概况

2.1　北部湾自然环境

2.1.1　地理位置

北部湾位于我国南海的西北部，是一个三面靠陆，一面接海的大海湾。地理坐标为 $17°N\sim21°30'N$，$105°40'E\sim109°50'E$。整个北部湾为中越两国陆地与中国海南岛所环抱，北面为广西壮族自治区，包括钦州湾、廉州湾、铁山港等几个主要的港湾；东面从北至南分别为雷州半岛、琼州海峡和海南岛；西面为越南陆地区域；南面紧临我国南海及越南南部海域，南部湾口一般以海南岛莺歌海至越南河静省的枚闰角为界（肖晓，2015）。

2.1.2　地形地貌

北部湾属于半封闭性海域，湾内海底地形平坦，自西北向东南倾斜，坡度约为 0.3%。湾内等深线分布趋势大致与海岸平行，平均水深为 39 m，大部分区域水深在 $20\sim60$ m，最大水深约 100 m。北部湾南部与南海相接的湾口处，等深线密集，部分区域水深陡增至 1000 余米。北部湾主要通过南部的湾口和琼州海峡同外部进行水交换。北部湾北部钦州湾、铁山港处发育向南延伸的潮流三角洲；琼州海峡西出口发育东－西向潮流沙脊；海南岛西岸发育南－北向、北西—南东向潮流沙脊和东—西向沙波；北部湾西南部发育潮流冲刷沟槽；中部地形较平坦。

2.1.3　气候特征

1. 气温

北部湾地处热带和亚热带，受季风影响较大，属热带季风气候。10月至次年3月为东北季风期，$5\sim8$ 月为西南季风期。夏季海面气温为 30℃，冬季约为 20℃。北部湾北部属于南亚热带季风气候，雷州半岛和海南岛北部、中部属于北热带季风气候，海南岛属于热带海洋性季风气候。

2. 降水

北部湾年降水量为 1200～2000 mm。其中广西海岸带降水量充沛，但时空分布不均匀，且年际变化大，暴雨多，强度大。受季风环流系统的制约，整个岸段干湿季明显，夏季降水量多，冬季少；海南岛附近雨量充沛，分布特点是东多西少，夏秋季常遭热带气旋袭击，洪涝灾害严重。

3. 风况

北部湾受东亚大陆区域的季风控制，因而风场具有较强的季节性变化，并且冬季季风的影响更为显著，比夏季季风稳定、持久、强烈。总体而言，北部湾冬季（10 月至次年 3 月）东北风盛行，平均风速约为 7.0 m/s，风力较为强劲；夏季（5～8 月）偏南风盛行，平均风速约为 4.5 m/s，风力较弱；其余月份为风向发生转变的过渡期，从时间和空间而言，风向均不稳定。11 月常受热带气旋侵袭，平均每年 5 次，最大风速达 12 级。源于太平洋的台风多经过海南岛和雷州半岛由东向西进入，并向西北方向移动；源于南海的台风多由南或东南进入，向北和西北风向移动（肖晓，2015）。

4. 自然灾害

北部湾主要自然灾害种类有台风、风暴潮、低温阴雨、暴雨和海雾等。以下以北部湾北部的广西沿海为例说明。

（1）台风

热带气旋（台风）是夏半年袭击广西沿海的大范围灾害性天气，在 1950～2012 年的 63 年内，影响广西沿海的热带气旋总数为 305 个，平均每年为 4.84 个，其中以 1970～1979 年这 10 年为最多，平均每年达 5.9 个；2001～2010 年的 10 年间最少，平均每年仅 3.7 个。台风的影响季节始于 5 月，终于 11 月；其中 7 月受台风影响最多，8 月次之，5 月和 11 月最少。从全年来看，涠洲岛、北海、合浦和东兴受台风影响的机遇较多，钦州受台风影响的机遇较少。

比如，2003 年第 12 号台风"科罗旺"，最大风速 40.0 m/s，钦州沿海地区日降水量达 300 mm。2008 年第 14 号台风"黑格比"，进入广西时最大的风速达 33.0 m/s，使得广西 35 个县（区）不同程度受灾，造成直接经济损失 14.12 亿元。2014 年第 9 号超强台风"威马逊"，最大风速约 50.0 m/s，导致广西 11 市 52 个县 332.91 万人受灾，因灾死亡 9 人，造成直接经济损失 56.46 亿元。

（2）低温阴雨

低温阴雨是广西沿海的主要灾害性天气，其特点是范围广且维持时间长，影响程度严重。据统计，低温阴雨出现频率最高的时段是 1 月 26 日～2 月 24 日。历史记录广西最长低温阴雨过程出现在 1968 年，自 2 月 1 日至 2 月 27 日，持续 27 天，日平均气温在 4.7～6.0℃，最低气温为 1.6～4.3℃。

（3）暴雨

暴雨是广西沿海常见的灾害性天气。一年四季均可出现，尤以 5～9 月较频繁，7～8 月受台风的影响，暴雨日数最多，6 月的暴雨日数次之，12 月至次年 2 月暴雨日数最少。产生暴雨的水汽源地，一是孟加拉湾，二是南海，三是太平洋。

（4）风暴潮

广西沿海遭受风暴潮灾害的影响较为严重。根据 1989～2010 年的《中国海洋灾害公报》统计数据，近 20 年来，广西沿海因风暴潮（含近岸浪）灾害造成的累计损失为：直接经济损失高达 60.32 亿元，受灾人数 1053.73 万人，死亡（含失踪）77 人，农业和养殖受灾面积 6.1×10^5 hm^2，房屋损毁 16.29 万间，冲毁海岸工程 476.57 km，损毁船只 1613 艘。其中以 1996 年的 15 号台风风暴潮造成的损失最为严重，直接经济损失 25.55 亿元。

2.1.4　水文状况

1. 径流

北部湾大大小小入海径流超过 120 条，其中 95% 为季节性小河流，常年性的河流主要有南流江、大风江、钦江、茅岭江、防城江、北仑河、元江等。

南流江发源于广西玉林市大容山，流经玉林市、博白县、浦北县，在合浦县总江口下游分三条支流呈网状河流入海，全长 287 km，流域面积 8635 km^2，年均径流量为 53.13×10^9 m^3，年最大径流量为 80.2×10^9 m^3，年最小径流量为 16.9×10^9 m^3，年均悬移质输沙量为 118×10^4 t。

大风江发源于广西灵山县伯劳镇万利村，在钦州犀牛脚镇炮台角入海，全长 185 km，流域面积 1927 km^2，年均径流量 6.05×10^9 m^3，年均悬移质输沙量为 18.8×10^4 t。

钦江发源于广西灵山县罗阳山，在钦州西南部附近呈网状河流注入茅尾海，全长 179 km，流域面积 2457 km^2，年均径流量 11.53×10^9 m^3，多年平均悬移质输沙量为 31.1×10^4 t。

茅岭江发源于灵山县的罗岭，由北向南流经钦州境内，在防城港市茅岭镇东南侧流入茅尾海，全长 121 km，流域面积 1949 km^2，多年平均径流量 71.4 m^3/s，年均悬移质输沙量为 55.3×10^4 t。

北仑河发源于中国广西防城境内的十万大山中，向东南在中国东兴市和越南芒街之间流入北部湾，全长 109 km，其中下游 60 km 构成中国和越南之间的边界线，流域面积 1187 km^2，多年平均径流量 29.4×10^9 m^3，年均悬移质输沙量 22.2×10^4 t。北仑河下游为感潮河段，潮流作用很明显，平均潮差为 2.04 m，最大潮差达 4.64 m，最大落潮流速为 74 cm/s，最大涨潮流速为 58 cm/s。

元江起源于我国大理白族自治州，流经中国云南的大理、楚雄、玉溪、红河的 17

个县市和越南北部的 12 个省(越南境内称为红河),全长 1280 km。其中中国境内 695 km,占河流总长度的 54%,越南境内 585 km,占总长度的 46%;流域总面积 138 748 km²,在中国境内的流域面积 74 890 km²,占全流域面积的 54%,干流年平均径流量 450 m³/s。

北部湾主要入海河流基本情况见表 2-1。

表 2-1　北部湾主要入海河流基本情况

河流名称	河流长度/km	流域面积/km²	河口所在地
南流江	287	8 635	北海市
大风江	185	1 927	钦州市
钦江	179	2 457	钦州市
茅岭江	121	1 949	防城港市
防城江	100	750	防城港市
北仑河	109	1 187	防城港市与越南界河
元江	1280	138 748	越南

2. 海面温度

北部湾冬季和夏季海面温度(SST)分布特征见图 2-1。由图中可知,冬季北部湾海面温度基本呈"北冷南暖"的特点。湾北部温度较低,最小值于北部湾最北部的沿岸处,仅为 19.0℃左右。温度等温线基本与纬线平行,并由北向南逐渐升高。湾中部以南温度变化梯度向东南方向偏转,温度逐渐升高,湾南部与南海交界处,温度最高值可达约 24.0℃。湾南部温度相对较高的海水与湾北部冷水在湾中部相汇,使得湾中部海南岛西南处形成一个明显的"暖水舌"。湾南北 SST 差异明显,最大温差可达 5℃左右,且南北海水交汇处温度变化梯度较大。

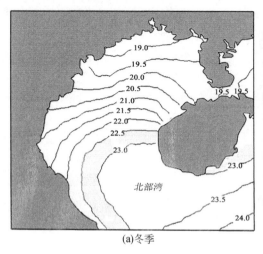
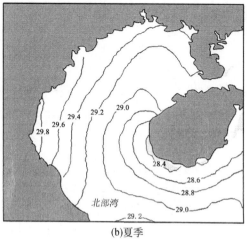

(a)冬季　　　　　　　　　　　　　(b)夏季

图 2-1　北部湾冬季和夏季海面温度分布特征(单位:℃)

夏季，由于强烈的太阳辐射使得整个海域 SST 分布趋于一致，海域内海面温度温差不到 2℃，无冬季南北温度差造成的"暖水舌"现象。受大陆增温及水深的影响，湾内沿岸处海面温度较高，大致呈西高东低的特点。最高值出现于越南沿岸处，约为 29.8℃。最低值于琼州海峡及海南岛西南部、南部附近，约为 28.6℃。总体而言，北部湾夏季海面温度等温线大概与岸线平行，区域差不大，由西面越南沿岸处向东递减，至我国琼州海峡及海南岛西南部、南部达到最低值，等温线分布稀疏，湾内温度变化梯度较小。

此外，北部湾大部分海域还存在明显的温跃层。6～8 月为温跃层最活跃的时期，温跃层范围广，强度大。北部湾温跃层主要有两个，一个在湾中，其位置与底层冷水团位置大体相当，持续时间长，较厚，厚度约为 5～10 m；另一个位于湾西越南海防—荣市—洞海一带岸外，持续时间较短，较薄，厚度约为 5 m，但出现时间早、成长快。琼州海峡海流流速大、混合强，终年无温跃层存在（吴敏兰，2014）。

3. 盐度

入海径流大小与南海水入侵是影响北部湾盐度分布和变化的主要因素。由于入海径流多集中于西岸，所以淡水对盐度分布的影响在越南沿岸尤为显著，而外海水的影响主要表现在深层。

冬季，盐度呈南—北和东—西方向递减。表层盐度的水平梯度除在越南沿岸较明显外，其他海域均很小。由于冬季海水垂直混合均匀，故底层盐度分布与表层基本相同，但外海高盐水范围比表层稍大。

春季，盐度的分布特征与冬季基本相似，由于入海径流量小，其低盐区的范围比冬季有所缩小，低盐区分布仅限于沿岸河口处的狭窄地带，水平梯度小，等盐线分布稀疏。

夏季，由于降雨量大，入海径流量增加，沿岸低盐水势力增强，河口区域附近表层盐度普遍下降，形成"低盐水舌"向海伸展，近岸低、外海高的格局。越南近岸处等盐线呈经向分布，低盐度水沿西岸南下流出北部湾，盐度梯度大，等盐线密集。底层盐度分布基本上保持了其分布特色，即等盐线分布基本与等深线平行，分布均匀。

秋季，沿岸入海径流量开始减小，同时气温较高，海面蒸发增强，故表层盐度普遍增高。深层盐度分布则相对表层规则，等盐线与等深线基本一致。

总体而言，北部湾盐度分布稳定且有规律，其等盐线的分布大体与等深线一致，分布特征为南部高、北部低，东侧高、西侧低（俎婷婷，2005）。

4. 潮汐潮流

（1）潮汐

北部湾大部分海域为典型的全日潮海区，潮汐系数约为 3.2～5.6，其中珍珠港至防城港一带的系数最大，铁山港的系数最小。

大部分海区最大潮差 3～6 m，部分近岸海域最大潮差 6 m 以上。广西沿岸及港湾平均潮差约 2.2～2.5 m，最大潮差一般在 4.9 m 以上，最大潮差由西南向东北不断递增，铁山港附近潮差最大，最大潮差超过 6.2 m。在近海岛屿，如涠洲岛，平均潮差为 2.13 m，最大潮差 4.51 m。在河口潮区界附近，潮差最小，在钦州黄屋屯附近，平均潮差不到 1.01 m，最大潮差不到 2.7 m（陈波等，2017）。

在沿岸及近海区，涨潮平均历时大于落潮平均历时，而河口区的涨潮平均历时则小于落潮平均历时。平均高潮间隙约为 5～7 h，平均低潮间隙为 12～14 h。

（2）潮流

潮流性质以不规则全日潮流为主，潮流类型主要为往复流，其主流方向大致与岸线或河口湾内的深槽相一致。潮流流速为 1 m/s 左右。在琼州海峡附近海域，潮流受海峡和沿岸地形影响，流向与岸线走向趋近，最强可达 2.5 m/s。涨潮、落潮历时不等，在 5 m 等深线以外海域，涨潮历时大于落潮历时，在河口湾上游，涨潮历时小于落潮历时。在海湾外海，潮流旋转方向以顺时针为主，局部地区出现逆时针，这可能是受潮波及地形影响所致（陈波等，2017）。

5. 海浪

北部湾海域海浪受季风影响，海浪主要是由风力对海水表面的直接作用所产生的风浪及从外海传送而来的涌浪组合而形成，其发展、消衰主要取决于风的盛衰，同时也受地形、水深因素的影响。冬季以 NE 向浪为主，湾北部频率约为 39%～45%。春季，4 月份开始出现 SW 向和 S 向浪。夏季以 WS 向浪为主，频率约为 25%～50%。秋季开始出现 NE 向浪。整个北部湾月平均波高 0.6～1.6 m，累年最大波高 2.5～5.0 m，月平均波周期 4.1～6.0 s，累年月最大波周期 10.0～18.0 s。北部湾涌浪主要发生在湾北部，E 向为主，频率约为 33%～44%（陈波等，2017）。

6. 环流

北部湾夏季和冬季环流结构见图 2-2。由图可知，夏季环流结构为南部呈反气旋式涡旋，北部呈气旋式弯曲，由海南岛西北岸的东北向流及湾北岸的西向流构成。北部的气旋式环流在 6 月生成，7 月达到成熟状态，湾西岸的北向流在 7 月份收缩至 20.5°N 以南，该气旋式涡旋虽然主结构不变，但强度与范围有所变化，尤其湾西岸的北向流。南部环流虽然一直为反气旋式涡旋占据，但其强度和占据范围在不同年份和月份也有所改变。北部湾夏季环流虽然主结构不变，但存在一定的年际和月周期振荡特征，与季风和热通量的调节作用有关（高劲松等，2015）。

北部湾冬季环流结构呈气旋式，嵌套南部的气旋式环流，而湾北部的中央区域存在着补偿性的北向流，该环流是受东北季风驱动使得海水在湾西南岸堆积而形成的倾斜流。东北季风的高频振荡特征使得秋季和冬季的环流具有季节性变化特征，湾南部的气旋式环流在秋季可向北侵入至 19°N 的区域，比冬季深得多。湾西岸和海南岛西北岸的南向流冬季比秋季强，这种季节性变化特征可从表层直达深层。北部湾环流与季风的南北向分量相关性较高，冬半年北部湾的北部环流受局地风直接驱动，南部环流是通过季风驱动的南海陆架流侵入北部湾而形成的，季风的高频振荡对北部湾环流的作用与季节性分量相当。海南岛西北岸在冬季为西南向流，冬季琼州海峡的西向流是驱动该西南向流的首要因子，而东北季风起辅助作用（高劲松等，2014）。

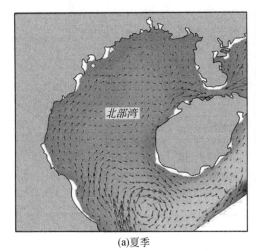 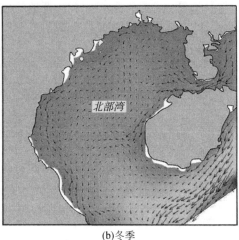

(a)夏季　　　　　　　　　　　　　　　　(b)冬季

图 2-2　北部湾夏季和冬季环流结构

2.2　近岸生态环境状况

由于地理位置，我们无法对北部湾越南区域进行调查，可收集的资料也较少。北部湾北部生态环境问题主要集中在工业企业及港口较多、近岸污染较严重的广西近岸海域，因此，我们以广西近岸海域生态环境状况为重点对北部湾北部近岸生态环境进行简要分析。

2.2.1　水质环境状况

根据 2013～2017 年《广西壮族自治区海洋环境状况公报》，广西近岸海域在河流入海口、沿海重大工业排污口、重要港湾、重要生态敏感区和重要滨海旅游区等布设海洋水质生态在线实时监测系统，对海水中无机氮、活性磷酸盐、化学需氧量和石油类等多项要素进行监测，监测结果（夏季）见表 2-2。

表 2-2　2013～2017 年夏季广西近岸海域未达到第一类海水水质标准的
海域面积　　　　　　　　　　　　（单位：km^2）

年份	第二类海水水质	第三类海水水质	第四类海水水质	劣于第四类海水水质	合计
2013	1209	526	108	838	2681
2014	2650	306	174	466	3596

年份	第二类海水水质	第三类海水水质	第四类海水水质	劣于第四类海水水质	合计
2015	787	2787	261	94	3929
2016	2207	687	282	10	3186
2017	2207	454	251	385	3297

2013 年夏季，海水中无机氮、活性磷酸盐、化学需氧量和石油类等多项监测要素的综合评价结果显示，广西近岸海域海水环境状况总体较好，但沿岸海水污染依然严重，主要污染要素为无机氮、活性磷酸盐和石油类。未达到第一类海水水质标准的海域面积约为 2681 km^2，劣于第四类海水水质标准的海域面积为 838 km^2，主要分布在廉州湾南部、大风江口、钦州湾、防城港湾及北仑河口等近岸局部海域。

2014 年夏季，广西近岸海域海水环境状况总体良好，但近岸局部海域污染依然严重，主要污染要素为无机氮、石油类和活性磷酸盐。未达到第一类海水水质标准的海域面积约为 3596 km^2，劣于第四类海水水质标准的海域主要分布在廉州湾、茅尾海、防城港东湾及北仑河口等局部海域。

2015 年夏季，广西近岸海域海水环境状况总体较好，局部海域污染严重，主要污染要素为无机氮、石油类和活性磷酸盐。劣于第四类海水水质标准的海域主要分布在廉州湾、钦州湾口、茅尾海及北仑河口等局部海域。2015 年夏季调查期间适逢广西降雨频繁，大量陆源污染物通过江河、地表径流与排水管道等流入近岸海域，致使海水水质出现了季节性的污染加重现象。

2016 年夏季，广西近岸海域海水环境状况总体较好，局部海域污染严重，主要污染要素为无机氮、活性磷酸盐和石油类。劣于第四类海水水质标准的海域主要分布在防城港湾、钦州湾、茅尾海、犀牛脚、廉州湾等局部海域。

2017 年夏季，广西近岸海域海水环境状况比 2016 年稍差，沿岸海水污染依然严重，主要污染要素为无机氮、活性磷酸盐和石油类。未达到第一类海水水质标准的海域面积约为 3297 km^2，劣于第四类海水水质标准的海域面积为 385 km^2，较 2016 年增加了 375 km^2，主要分布在廉州湾南部、大风江口、钦州湾、防城港湾及北仑河口等近岸局部海域。

从 2013～2017 年广西近岸海域水质等级统计可以看出，近岸海域海水环境质量总体良好，水质变化有一定的波动，劣于第四类海水水质标准的海域面积波动比较明显，呈现先减少再增加的特点。与 2013 年相比，2016 年未达到第一类海水水质标准的海域面积约为 3186 km^2，比 2013 年增加 505 km^2，劣于第四类海水水质标准的海域面积为 10 km^2，较 2013 年减少 828 km^2，整体水质状况有所改善；达到第二类海水水质标准的海域面积大幅提高，从 2013 年的 1209 km^2 增加到 2016 年的 2207 km^2。2017 年，广西近岸海域水环境质量比 2016 年稍微下降，劣于第四类海水水质标准的海域面积增加明显，从 10 km^2 增加至 385 km^2。在河口及港湾局部海域内，水质仍然受到严重的污染，严重污染区主要分布在茅尾海、廉州湾、北仑河口等局部海域，尤其是钦州湾内的茅尾海。广西近岸河口及港湾局部海域内水质质量仍有待改善。

2.2.2　沉积物环境状况

广西近岸海域海洋沉积物质量监测项目主要包括总汞、镉、铅、砷、铜、锌、铬、硫化物、有机碳、石油类、六六六、滴滴涕、多氯联苯 13 项。根据 2011～2016 年《广西壮族自治区海洋环境状况公报》结果显示，2011～2016 年广西近岸海域海洋沉积物质量状况总体保持良好。2011 年各项指标均符合第一类海洋沉积物质量标准。2012 年除镉和硫化物含量符合第一类海洋沉积物质量标准的比例为 93.8%外，其余全都符合。2013 年石油类和个别站位的铅超标率分别为 19.0%和 4.8%，其余全部符合。2015 年总汞、铬、砷和石油类超标，超标站位比例分别为 12%、9%、9%和 3%，其余全符合。由此可以看出，广西近岸海域海洋沉积物质量状况总体较好，但所监测的各类要素符合第一类海洋沉积物质量标准的监测站位的比例逐年下降，2011 年、2012 年、2013 年、2015 年分别为 100%、87.5%、76.2%、74%，2016 年相对于 2015 年整体下降了 26%，说明广西近岸海域海洋沉积物含量有略微增加的趋势。

2017 年，广西近岸海域海洋沉积物质量监测结果显示，广西近岸海域海洋沉积物质量状况良好，沉积物质量良好的监测站位比例为 90.7%。所有监测站位的硫化物、镉、铅、锌、滴滴涕和多氯联苯含量均符合第一类海洋沉积物质量标准，铬、有机碳、总汞、砷和铜含量符合第一类海洋沉积物质量标准的站位比例在 93%以上，石油类含量符合第一类海洋沉积物质量标准的站位比例最低，为 88.4%。与上一个监测年份（2016 年）监测结果相比，2017 年广西近岸海域海洋沉积物质量总体保持稳定，石油类含量符合第一类海洋沉积物质量标准的站位比例有下降。

2.2.3　河流入海污染物总量

入海污染物主要经由南流江、大风江、钦江、茅岭江、防城江 5 条主要河流注入。根据 2013～2017 年《广西壮族自治区海洋环境状况公报》结果显示，2013～2017 年河流入海污染物总量变化不大，其间各种监测要素均有增有减。

2013 年，广西河流入海污染物总量为 607 846 t，其中化学需氧量 572 227 t，约占总量的 94.1%，营养盐 34 320 t［其中氨氮（以氮计）4455 t、硝酸盐氮（以氮计）20 263 t，亚硝酸盐氮（以氮计）1122 t，总磷（以磷计）8480 t］，约占总量的 5.6%，石油类 951 t，重金属（铜、锌、铅、镉、汞）330 t，砷 18 t。

2014 年，广西河流入海污染物总量为 329 939 t，其中化学需氧量 312 173 t，约占总量的 94.6%，氨氮（以氮计）5275 t、硝酸盐氮（以氮计）6537 t，亚硝酸盐氮（以氮计）706 t，总磷（以磷计）3593 t，石油类 1343 t，重金属 303 t，砷 9.4 t。与 2013 年相比，2014 年经由主要河流入海的化学需氧量、硝酸盐氮（以氮计）、亚硝酸盐氮（以氮计）、总磷（以磷计）、重金属和砷分别减少了 45.4%、67.7%、37.1%、57.6%、8.2%和 47.8%，而石油类和氨氮（以氮计）增加了 41.2% 和 18.4%。

2015 年，广西监测结果显示，全年主要河流入海的化学需氧量为 368 048 t，约占总量的 94.4%，氨氮（以氮计）6000 t，硝酸盐氮（以氮计）7864 t，亚硝酸盐氮（以氮计）808 t，总磷（以磷计）6245 t，石油类 856 t，重金属 238 t，砷 11.1 t。与 2014 年相比，2015 年主要河流入海的化学需氧量、氨氮（以氮计）、硝酸盐氮（以氮计）、亚硝酸盐氮（以氮计）、总磷（以磷计）和砷分别增加了 17.9%、13.7%、20.3%、14.4%、73.8% 和 18.1%，石油类和重金属减少了 36.3% 和 21.5%。

2016 年，广西主要河流入海污染物总量为 355 206 t，其中化学需氧量 333 267 t，约占总量的 93.8%，氨氮（以氮计）4991 t，硝酸盐氮（以氮计）10 911 t，亚硝酸盐氮（以氮计）1146 t，总磷（以磷计）3658 t，石油类 972 t，重金属 242.4 t（其中铜 25.9 t、铅 12.7 t、锌 196.9 t、镉 6.3 t、汞 0.6 t），砷 18.8 t。与 2015 年相比，2016 年经由这 5 条主要河流入海的化学需氧量、氨氮（以氮计）和总磷（以磷计）分别减少了 9.5%、16.8%、41.4%，而硝酸盐氮（以氮计）、亚硝酸盐氮（以氮计）、石油类、重金属和砷分别增加了 38.7%、41.8%、13.6%、1.8% 和 69.4%。2013～2017 年广西主要河流入海污染物量见表 2-3。

2017 年，广西主要河流入海污染物总量为 555 951 t，其中化学需氧量 516 872 t，约占总量的 93.0%，氨氮（以氮计）7377 t，硝酸盐氮（以氮计）25 530 t，亚硝酸盐氮（以氮计）1245 t，总磷（以磷计）3560 t，石油类 1133 t，重金属 221 t（其中铜 63.8 t、铅 9.9 t、锌 143.5 t、镉 2.7 t、汞 1.2 t），砷 12.1 t。与 2016 年相比，2017 年经由这 5 条主要河流入海的总磷（以磷计）、重金属和砷分别减少了 2.7%、8.4% 和 35.6%，而化学需氧量、氨氮（以氮计）、硝酸盐氮（以氮计）、亚硝酸盐氮（以氮计）和石油类分别增加了 55.1%、47.8%、134%、8.6% 和 16.6%。

表 2-3　2013～2017 年广西主要河流入海污染物量　　　　（单位：t）

年份	化学需氧量	氨氮（以氮计）	硝酸盐氮（以氮计）	亚硝酸盐氮（以氮计）	总磷（以磷计）	石油类	重金属	砷
2013	572 227	4 455	20 263	1 122	8 480	951	330.0	18.0
2014	312 173	5 275	6 537	706	3 593	1 343	303.0	9.4
2015	368 048	6 000	7 864	808	6 245	856	238.0	11.1
2016	333 267	4 991	10 911	1 146	3 658	972	242.4	18.8
2017	516 872	7 377	25 530	1 245	3 560	1 133	221.1	12.1

2.2.4　主要入海排污口及其邻近海域环境现状

据 2013～2017 年《广西壮族自治区海洋环境状况公报》记载，2013～2014 年，广西共监测陆源入海排污口 20 个，其中北海市沿岸 8 个、钦州市沿岸 9 个、防城港市沿岸 3 个。2015 年，共监测入海排污口 24 个，其中北海市沿岸 8 个、钦州市沿岸 10 个、防城港市沿岸 6 个。2016 年和 2017 年，均监测入海排污口 22 个，其中北海市沿岸 6 个、钦州市沿岸 10 个和防城港市沿岸 6 个。监测频率为 2013 年 4 次（3 月、5 月、8 月及 10 月），2014～2017 年 6 次（3 月、5 月、7 月、8 月、10 月及 11 月）。各年的监测结果如下。

2013 年全年入海排污口的排污达标率为 24%。全年 4 次监测，有 1 个入海排污口均达标，3 个入海排污口全年 3 次达标，1 个入海排污口全年 2 次达标，2 个入海排污口全年仅 1 次达标，仍有 13 个入海排污口全年均超标排污。不同类型入海排污口中，工业排污口排污达标率为 10%；市政排污口排污达标率为 26%；排污河排污达标率为 100%。

2014 年全年入海排污口的排污达标率为 47%，与 2013 年相比升高了 23 个百分点。全年 6 次监测，2 个入海排污口均达标，3 个入海排污口全年 5 次达标，6 个入海排污口全年 4 次达标，3 个入海排污口有 2 次达标，1 个入海排污口有 1 次达标，仍有 5 个入海排污口全年均超标排污，其占监测排污口总数的比例较 2013 年下降了 40 个百分点。不同类型入海排污口中，工业排污口排污达标率为 65%，与 2013 年相比升高了 55 个百分点；市政排污口排污达标率为 30%，与 2013 年相比略有升高；排污河排污达标率为 100%，与 2013 年相同。入海排污口排放的主要超标污染物是粪大肠菌群、总磷、化学需氧量。

2015 年全年入海排污口排污达标率为 39%，与 2014 年相比下降了 8 个百分点。不同类型入海排污口中，工业排污口排污达标率为 54%，与 2014 年相比下降了 11 个百分点；市政排污口排污达标率为 31%，与 2014 年基本持平。入海排污口排放的主要超标污染物是粪大肠菌群、总磷、化学需氧量、悬浮物和氨氮，与 2014 年相比，悬浮物排放达标率有所上升，粪大肠菌群、总磷、化学需氧量和氨氮排放达标率稍有下降。除六价铬全年监测中超标一次外，其他重金属均无超标现象。

2016 年全年入海排污口排污达标率为 38%，与 2015 年基本持平。3 个入海排污口全年各次监测均达标，6 个入海排污口全年各次监测均超标。不同类型入海排污口中，工业排污口排污达标率为 48%，与 2015 年相比有所下降；市政排污口排污达标率为 33%，与 2015 年相比有所上升。入海排污口排放的主要超标污染物为总磷和化学需氧量，排放达标率分别为 59% 和 69%，与 2015 年相比，总磷排放达标率有所上升。

2017 年全年入海排污口排污达标率为 50%，比 2016 年提高了 12 个百分点。有 4 个入海排污口全年各次监测均达标，占监测排污口总数的 18%；有 3 个入海排污口全年各次监测均超标，占监测排污口总数的 14%。不同类型入海排污口中，工业排污口排污达标率为 56%，市政排污口排污达标率为 45%，均比 2016 年有所上升。入海排污口排放的主要超标污染物为总磷和化学需氧量，排污达标率分别为 74% 和 76%，与 2016 年相比，总磷和化学需氧量排污达标率均有所上升，其他污染物排污达标率基本持平。

2013～2017 年，广西入海排污口排污达标率 2017 年最高，为 50%，其次是 2014 年，为 47%，最低出现在 2013 年，为 24%，2013～2014 年达标率变化较大（图 2-3）。广西入海排污口主要超标污染物达标率，除总磷的变化幅度较为明显外（2013 年为 39%，2017 年为 74%），其余变化幅度不大（图 2-4）。广西不同类型入海排污口排污达标率，排污河排污达标率 2013～2014 年均为 100%，其他年份无统计数据；工业排污口排污达标率 2014 年最高，达 65%，2013 年为最低，仅 10%；市政排污口排污达标率呈现逐年增加的趋势（图 2-5）。从监测统计结果可以看出：2013～2017 年，入海排污口排污达标率有上升的趋势，超标排污情况有减轻的趋势，说明排污口排污达标情况正在逐年变好。不同的入海排污口排污达标率为排污河>工业排污口>市政排污口。

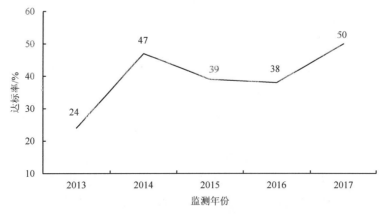

图 2-3 2013～2017 年广西入海排污口排污达标率

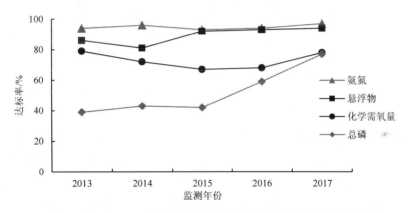

图 2-4 2013～2017 年广西入海排污口主要超标污染物达标率

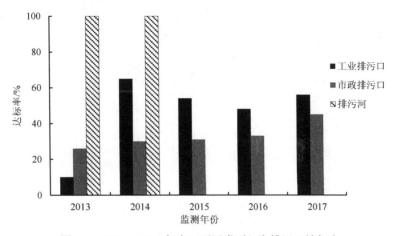

图 2-5 2013～2017 年广西不同类型入海排污口达标率

2.3　近岸海域开发与保护现状

2.3.1　近岸海域开发利用现状

进入 21 世纪，沿海地区经济社会持续快速发展的势头不减，城市化、工业化和人口集聚趋势进一步加快。沿海省（区、市）以占我国土地总面积 13% 的陆域承载着 40% 以上的人口，创造了 60% 以上的 GDP，土地资源不足和用地矛盾突出已成为制约经济发展的关键因素。在这一背景下，沿海地区掀起了第四次围填海造地热潮，其主要目的是建设工业开发区、滨海旅游区、新城镇和大型基础设施，缓解城镇用地紧张和招商引资发展用地不足的现象，同时实现耕地占补平衡。目前，受巨大经济效益驱动，沿海各地围填海活动呈现出速度快、面积大、范围广的发展态势。广西海岸带面积约 1.0×10^4 km²，其中，林地、农田、草地占 85%；海涂、盐碱地、沼泽地、沙地占 1%；城镇用地、农村居民点用地、公共交通建设用地、裸土地占 7%；水库、坑塘、河渠、湖泊、滩地等淡水湿地占 4%，其他用地占 3%。近年来，广西海岸带开发活动主要集中在近岸海域范围，主要开发方式有围填海、使用岸线及浅海滩涂养殖等，以解决港口、临岸工业、海水养殖业、滨海旅游业等建设用地之需求。

1. 围填海现状

自 2008 年国家批准《广西北部湾经济区发展规划》实施以来，广西沿海地区的开发迎来了一个前所未有的高潮。大规模利用近岸海域、滩涂建设了一批临海（临港）工业。同时，为了满足港口建设用地需要，防城港、钦州港、北海港、铁山港不断通过围填海方式扩大港口建设，这些项目都集中建在海岸，通过直接开发利用海域和滩涂解决项目的用地需求。据统计，2000～2012 年，广西沿海地区围填海面积达 5612.0 hm²，其中，2000～2007 年围填海面积 962.2 hm²，2008～2012 年，围填海速度加快，达到了 4649.8 hm²（表 2-4）。

表 2-4　广西沿海地区围填海面积统计表　　　　　　（单位：hm²）

	北海市	钦州市	防城港市	合计
2000～2007 年	89.9	420.0	452.3	962.2
2008～2012 年	1038.6	1922.4	1688.8	4649.8
小计	1128.5	2342.4	2141.1	5612.0

2013 年后，围填海面积逐步减少，除 2014 年为 1375 hm² 外，其余每年围填海面积都不足 500 hm²。2013～2016 年围填海面积共 2499.7 hm²。

科学合理的围填海工程对于缓解沿海地区人地矛盾、推动社会经济发展,具有十分重要的现实意义,可产生显著的经济、社会和环境效益。毫无疑问,随着我国经济特别是沿海经济的快速发展,还会迎来更多的围填海需求。然而,缺乏科学评估与规划、无序无度的围填海将会带来严重的生态与资源环境、社会经济及灾害等问题,导致海岸生态系统退化。滨海湿地、红树林、河口、海湾等都是重要的生态系统,也是围填海活跃的地区,缺乏合理规划的大规模围填海工程致使这些重要的生态系统严重退化,生物多样性大大减少,海洋环境污染加剧。围填海工程本身和围填海造成的水体交换能力减弱、环境容量降低进一步加剧了海洋环境污染,近年来沿海一带频频发生的赤潮灾害现象,显然与开发活动不当造成环境污染有密切关系。此外,重要渔业资源也被破坏。近岸海域是很多海洋生物栖息、繁衍的重要场所,大规模的围填海工程改变了水文特征,影响了鱼类的洄游规律,破坏了鱼群的栖息环境、产卵场,很多鱼类生存的关键环境遭到破坏,渔业资源锐减。

2. 海岸线利用现状

目前,广西海岸线总长约 1595 km。近 30 年来,广西海岸线呈现人工海岸线逐年增加,自然海岸线逐年减少的发展趋势。根据统计(陈波等,2017),从 20 世纪 90 年代初到 2010 年,人工海岸线增加 233.21 km,自然海岸线减少 285.27 km。1990～2010 年,海岸线总长度减少 168.66 km,年均减少 8.43 km。其中,1990～2000 年,海岸线长度减少 76.38 km,年均减少 7.64 km;2000～2005 年,海岸线长度减少 40.09 km,年均减少 8.02 km;2005～2010 年,海岸线长度减少 52.19 km,年均减少 10.44 km,是近 30 年来年均减少速度最快的时期,这与 2008 年《广西北部湾经济区发展规划》开始实施、大批项目建设利用海岸线有关。2012～2015 年,人工海岸线增加、自然海岸线减少的趋势仍在继续,但速度相对放缓。人工海岸线增加与自然海岸线减少的主要原因是人为填海,此外,人为乱砍滥伐红树林,也使广西沿海生物海岸线将近减缩 85.99 km。

广西海岸线变化主要呈现出以下明显特点。

①广西海岸线总长度呈现先减后增的趋势。以 1990 年为转折时间节点,在这之前一直呈递减状态,1990 年相较于 1973 年减少了 19.35 km;1990 年后海岸线总长度开始增长,2013 年相较于 1990 年增长了 21.52 km。2012～2015 年变化速度相对减缓。

②生态功能型海岸线(尤其是淤泥质海岸线)严重萎缩。研究显示,1973～2013 年,在自然因素(波浪及潮流的塑造作用、入海河流泥沙减少、极端天气导致海岸线侵蚀等)和人为作用(如港口工程建设、沿岸养殖池的修建、防护堤坝的修建等)的影响下,北部湾淤泥质海岸线由 757.49 km 减少至 85.52 km,占 2013 年广西总海岸线长度(1378.78 km)的 6.20%。

③人工海岸线大幅增加。1973～2013 年,人工海岸线由 224.69 km 增至 919.88 km,增长了 4 倍,占 2013 年广西总海岸线长度的 66.72%。

④沿海各市海岸线增长趋势不尽相同。40 年间,北海市海岸线长度增加 34.41 km,平均每年增加 0.86 km;防城港市海岸线长度增加 13.5 km,平均每年增加 0.34 km;钦

州市海岸线呈现出递减状态,40年间海岸线长度减少了45.74 km,平均每年减少1.14 km。海岸线变迁为广西海岸带陆地面积新增13 112 hm^2,平均速度为327.8 hm^2/a。

3. 沿海滩涂利用现状

广西海岸线曲折,海岛密布,港湾众多,滩涂资源丰富。沿岸20 m水深以内面积约83.74万 hm^2,其中,0～5 m水深约13.48万 hm^2;5～10 m水深约21.33万 hm^2;10～20 m水深约48.93万 hm^2。滩涂面积达10.5万 hm^2。

2000～2014年广西沿海滩涂利用变化主要经历了递减、增加、再次递减的三个阶段,主要由海水养殖、围垦造地、盐田及临海工业、城镇建设等利用滩涂面积的变化导致的。截至2015年,广西沿海滩涂利用面积最大仍为海水滩涂养殖,占21.90%,其次是围垦造地、盐田及临海工业、城镇建设利用滩涂面积,占17.05%。在广西沿海三市中,钦州市在围垦造地、盐田及临海工业、城镇建设利用滩涂面积接近于北海市和防城港市的总和,为0.88万 hm^2,占滩涂总面积的8.38%,北海市为0.45万 hm^2,占滩涂总面积的4.29%,防城港市为0.46万 hm^2,占滩涂总面积的4.38%(表2-5)。

表2-5　2015年广西沿海滩涂利用情况统计　　　　　　(陈波等,2017)

滩涂利用情况		面积/万 hm^2	占滩涂总面积的比例/%
滩涂总面积		10.5	100
适宜水产养殖滩涂面积		6.7	63.81
实际海水养殖滩涂面积		2.3	21.90
围垦造地、盐田及临海工业、城镇建设利用面积	钦州市	0.88	8.38
	北海市	0.45	4.29
	防城港市	0.46	4.38
	合计	1.79	17.05

沿海滩涂是一种动态增长的后备土地资源,蕴藏着丰富的土地、港口、旅游和水生生物等资源。由于其特定的自然条件、复杂的生态系统和特殊的经济价值,长期以来,一直与人类社会发展密切相关。近年来,广西海水养殖、港口、临海工业、城镇建设等大量利用滩涂面积,还有滨海旅游业也在利用大量的滩涂资源,但广西沿海滩涂开发利用程度较低,开发多为传统的养殖业、种植业,开发层次不高,利用形式单一,资源综合利用效率不高;此外,对滩涂利用不合理,造成生态环境问题日益突出,对滩涂资源的可持续利用和滩涂经济的可持续发展带来直接影响。例如,北海市银滩公园开发占用潮间带滩涂自然海岸线5～6 km,但由于不合理的人工开发导致海岸侵蚀和环境恶化,沿岸泥沙动力场平衡受到破坏,原来平缓的潮间带沙滩变得起伏不平,海滩剖面宽度明显变窄。与1976～1985年的航拍资料比较,沙滩缩窄率为3.5～5.6 m/a,主要是1990年银滩公园开始建设使用海滩的缘故。由于银滩公园西段挡浪墙侵入到高潮线以下的潮间带,导致海滩坡度变大,宽度变小,1985～1994年沙滩缩窄率高

达 17.8 m/a。1994 年现场测量结果表明，银滩公园以东的自然海滩坡度为 0.93，银滩公园内，海滩坡度为 1.0～1.80，坡度明显变大。此外，大量利用滩涂发展海水养殖业，2004 年，广西已利用滩涂海水养殖面积达 6.24 万 hm^2，占全区滩涂面积（10.05 hm^2）的 62.09%；2010 年，海水养殖面积增加到 8.6 万 hm^2，平均每年增加养殖面积 0.4 万 hm^2。由于养殖方式粗放，海水养殖在带来可观的经济效益同时也对近海生态环境造成较大的影响，水质受到严重的污染。

2.3.2　近岸海域环境与生态系统保护现状

1. 海域水环境质量状况

根据 2012～2016 年的《广西壮族自治区海洋环境质量公报》统计监测结果，广西近岸海域海水环境状况总体良好。2012～2016 年，劣于第四类海水水质标准的海域面积呈现先增加后减少的趋势，总体减少了 290 km^2，整体水质环境质量状况有所改善。2012 年，广西近岸大部分海域符合第一类海水水质标准。夏季，劣于第四类海水水质标准的海域面积为 300 km^2，主要分布在廉州湾南部、茅尾海和大风江口等沿岸局部海域，主要污染物质为无机氮、石油类和活性磷酸盐。2016 年，劣于第四类海水水质标准的海域主要分布在防城港湾、钦州湾、茅尾海、犀牛脚、廉州湾等局部海域，主要污染物质为无机氮、活性磷酸盐和石油类，近岸局部海域出现污染较为严重的状况，与 2012 相比，2016 年劣于第四类海水水质标准的海域面积减少 290 km^2，第二类海水水质海域面积大幅度提高（表 2-6）。但在河口及港湾局部海域内，2012～2016 年第四类海水水质及劣于第四类海水水质的位量几乎保持不变，水质仍然受到较为严重的污染，严重污染区主要分布在茅尾海、廉州湾、北仑河口等局部海域。广西近岸海域水环境质量状况仍有待于改善。

表 2-6　2012～2016 年夏季广西近岸海域未达到第一类海水水质标准的海域面积（单位：km^2）

年份	第二类海水水质	第三类海水水质	第四类海水水质	劣于第四类海水水质	合计
2012	470	1530	320	300	2620
2013	1209	526	108	838	2681
2014	2650	306	174	466	3596
2015	787	2787	261	562	4397
2016	2207	687	282	10	3186

2. 典型生态系统保护现状

根据 2012～2016 年的《广西壮族自治区海洋环境质量公报》监测结果，2016 年广西珊瑚礁、红树林和海草床等 5 个典型海洋生态系统中，4 个处于健康状况，1 个处于亚健康状况。各个典型海洋生态系统健康状况基本保持稳定，保护状况较好（表 2-7）。

表 2-7　2016 年广西典型海洋生态系统健康状况

生态系统类型	生态监控区名称	健康状况				
		2012	2013	2014	2015	2016
珊瑚礁	涠洲岛珊瑚礁生态系统	健康	健康	亚健康	亚健康	健康
红树林	山口红树林生态系统	健康	健康	健康	健康	健康
	北仑河口红树林生态系统	健康	健康	健康	健康	健康
海草床	北海海草床生态系统	亚健康	亚健康	亚健康	亚健康	亚健康
	防城港珍珠湾海草床生态系统	—	—	—	—	健康

（1）涠洲岛珊瑚礁生态系统

2016 年，涠洲岛珊瑚礁生态系统健康状况有所好转，由 2015 年亚健康转为健康状态。平均造礁珊瑚覆盖度为 40.5%，较 2015 年增加了 7%，平均硬珊瑚补充量为 5 个/m²。

竹蔗寮海域共鉴定出造礁珊瑚 19 种，平均造礁珊瑚覆盖度为 37.5%，主要优势种为橙黄滨珊瑚。发现珊瑚礁鱼类 7 种，密度为 93 尾/100 m²。共采集到大型底栖动物 11 种，生物多样性指数较高，达到 3.226；均匀度指数为 0.94。共鉴定潮间带底栖生物 18 种，栖息密度平均值 56 个/m²，平均生物量 78.1 g/m²。

牛角坑海域共鉴定出造礁珊瑚 16 种，平均造礁珊瑚覆盖度为 43.5%，主要优势种为牡丹珊瑚属和刺孔珊瑚属。此海域发现记录珊瑚礁鱼类 9 种，密度为 98 尾/100 m²。此海域共采集到大型底栖动物 13 种，生物多样性指数较高，达到 3.45；均匀度指数为 0.93。牛角坑海域共鉴定潮间带底栖生物 21 种，栖息密度平均值 73 个/m²，平均生物量 82.7 g/m²。此海域具有较高的生物多样性，各项指标数略高于竹蔗寮海域调查站位。

（2）山口红树林生态系统

2016 年，山口红树林生态系统总体呈健康状态。红树林群落结构和类型保持稳定，共鉴定出 5 种红树植物，与 2015 年相同，分别是白骨壤、红海兰、木榄、桐花树和秋茄树。共监测到红树林底栖生物 26 种，主要类群是软体动物和节肢动物，平均栖息密度和生物量分别为 148 个/m² 和 245.0 g/m²，底栖生物种类数、密度和生物量与 2015 年相比均稍有下降。

2016 年 5～6 月，白骨壤林遭受广州小斑螟的侵袭，受害面积约 66.0 hm²，通过治理，虫害得到有效控制，外来入侵种互花米草面积与 2015 年基本持平，约 472.0 hm²，入侵红树林区面积约为 171.5 hm²。

（3）北仑河口红树林生态系统

2016 年，北仑河口红树林生态系统整体处于健康水平，红树林群落整体呈向上发展的趋势。根据样方法统计出 9 种植物，其中真红树植物 6 种（白骨壤、桐花树、秋茄树、木榄、卤蕨、海漆），半红树植物 3 种（银叶树、黄槿、水黄皮），主要优势种为桐花树、秋茄树、木榄。监控区内共鉴定浮游植物 28 种，浮游动物 66 种，大型底栖生物 79 种。

白骨壤林 5~6 月发生了较大面积的广州小斑螟虫害，面积约 71.9 hm^2；8~10 月发生了柚木驼蛾虫害，面积约 240.0 hm^2。经积极防治，虫害得到了有效的控制。

（4）北海海草床生态系统

2016 年，北海海草床生态系统整体呈亚健康状态。监测结果表明，沙背海草床面积约 56.7 hm^2，调查仅发现了喜盐草，与 2015 年同期相比，海草覆盖度情况有所提升。榕根山草场发现贝克喜盐草海草床，面积约 12.5 hm^2，长势良好，覆盖度和密度较高，分别为 69.7%和 599 枝/m^2。但受采沙、外来物种入侵、捕捞活动与滩涂养殖等影响，北海海草床生态系统退化趋势短期内难以扭转。

2016 年共记录大型底栖动物 43 种，平均栖息密度为 117 个/m^2，平均生物量为 113.8 g/m^2。

（5）防城港珍珠湾海草床生态系统

2016 年，防城港珍珠湾海草床生态系统呈健康状态。防城港珍珠湾海草床位于防城港交东至山心区域滩涂，矮大叶藻海草床面积 28.0 hm^2，呈带状分布于滩涂的中、低潮带，覆盖度和密度分别为 40.7%和 292 枝/m^2。在高潮带临近红树林区域发现贝克喜盐草分布，总面积为 0.25 hm^2。

2016 年共记录大型底栖动物 15 种，平均栖息密度为 380 个/m^2，平均生物量为 229.4 g/m^2。防城港珍珠湾海草床的密度和生物量均高于北海海草床。

第3章 调查范围与分析方法

为了掌握北部湾北部海洋环境现状及赤潮藻类生态环境特征,我们进行了以下调查:

①2016 年 4 月、6 月、8 月分别对涠洲岛南部海域及琼州海峡西部海域的生态环境进行了大面调查;

②2016 年 8 月、9 月对海口至北海海域生态环境进行了两个航次的走航调查;

③2017 年 4 月、6 月、8 月对北部湾北部、雷州半岛以西至与越南交界海域的生态环境进行了大面调查;

④2017 年 11 月 2 日至 2017 年 11 月 3 日,对涠洲岛海域水文进行调查。

采用单因子标准指数法、水质污染综合评价方法对近岸海域的水质进行评价;采用单因子评价法及潜在生态风险评价法对近岸海域的底质沉积物中重金属污染进行评价;采用生物多样性指标对浮游植物和浮游动物生态现状进行评价。

3.1 调查范围及时间

3.1.1 涠洲岛南部海域生态环境调查

涠洲岛南部海域生态环境调查区坐标范围为:109°04′30″E～109°08′30″E,20°59′00″N～21°02′00″N。

调查时间为 2016 年 4 月、2016 年 6 月、2016 年 8 月。

调查内容主要分为近岸海域海水水质、浮游生物等两大类。

海水水质调查共布设 14 个调查站位。

浮游生物调查共布设 14 个调查站位。

涠洲岛南部海域生态环境调查站位见图 3-1。

3.1.2 琼州海峡西部海域生态环境调查

琼州海峡西部海域生态环境调查范围西起海南省临高县以西海域,东至海南省海口市及广东省徐闻县间海域。调查区坐标范围为:109°25′00″E～110°05′00″E,20°00′00″ N～20°15′00″ N。

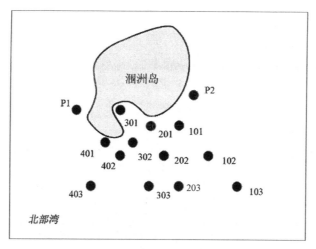

图 3-1　涠洲岛南部海域生态环境调查站位图

调查时间为 2016 年 4 月、2016 年 6 月、2016 年 8 月。

调查内容主要分为近岸海域海水水质、浮游生物等两大类。

海水水质调查共布设 15 个调查站位。

浮游生物调查共布设 15 个调查站位。

琼州海峡西部海域生态环境调查站位见图 3-2。

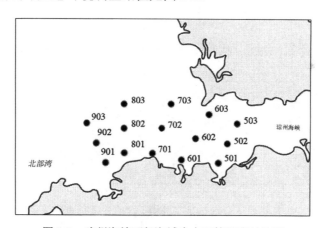

图 3-2　琼州海峡西部海域生态环境调查站位图

3.1.3　海口至北海海域生态环境调查

海口至北海海域生态环境调查，主要为海口至北海间的断面走航调查，调查区坐标范围为：110°05′53″E～109°07′28″E，20°12′19″N～21°25′50″N。

调查时间为 2016 年 8 月、2016 年 9 月。

调查内容主要分为近岸海域海水水质、浮游生物等两大类。

　　海水水质调查：2016 年 8 月共布设 9 个调查站位；2016 年 9 月共布设 14 个调查站位。

　　浮游生物调查：2016 年 8 月共布设 9 个调查站位；2016 年 9 月共布设 14 个调查站位。

　　海口至北海海域生态环境调查站位见图 3-3、图 3-4。

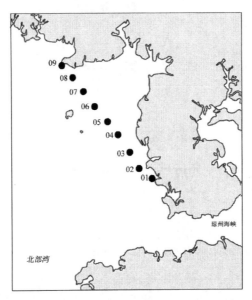

图 3-3　海口至北海海域生态环境调查站位图（2016 年 8 月）

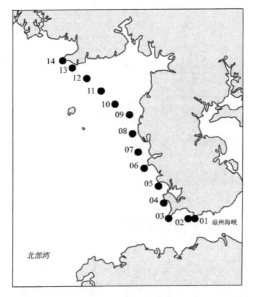

图 3-4　海口至北海海域生态环境调查站位图（2016 年 9 月）

3.1.4　北部湾北部海域生态环境调查

北部湾北部海域生态环境调查范围西起中越交界处，东至雷州半岛近岸海域，南至涠洲岛南部海域，北至广西近岸海域。调查区坐标范围为：108°10′00″E～109°30′00″E，21°00′00″N～21°35′00″N。

调查时间为 2017 年 4 月、2017 年 6 月、2017 年 8 月。

调查内容主要分为近岸海域海水水质、浮游生物、底质沉积物等三大类。

海水水质调查共布设 33 个调查站位。

浮游生物调查共布设 33 个调查站位。

底质沉积物调查共布设 14 个调查站位。

北部湾北部海域生态环境调查站位见图 3-5。

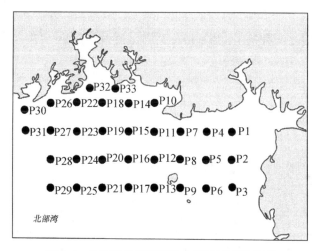

图 3-5　北部湾北部海域生态环境调查站位图

3.1.5　涠洲岛海域水文调查

涠洲岛海域水文调查主要针对涠洲岛近岸海域，调查区坐标范围为：109°00′00″E～109°20′00″E，21°00′00″N～21°10′00″N。

调查时间为 2017 年 11 月 2 日 12 时～2017 年 11 月 3 日 12 时；2018 年 3 月 13 日 12 时～2018 年 3 月 14 日 13 时。

调查内容主要为流速、流向。

涠洲岛海域水文调查共设 4 个调查站位，站位分别见图 3-6。

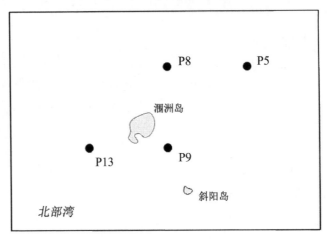

图 3-6　涠洲岛海域水文调查站位图

3.2　调查内容及检测方法

3.2.1　调查内容

1. 海洋水文

海洋水文调查项目有：水温、盐度、流速、流向。

2. 海水水质

海水水质调查项目有：pH、溶解氧、化学需氧量、营养盐、总氮、总磷、浑浊度、碱性磷酸酶、重金属及有毒元素（铜、铅、锌、镉、总铬、砷、汞）。

3. 浮游生物

浮游生物调查项目为：分级叶绿素 a、浮游植物、浮游动物。

4. 底质沉积物

底质沉积物质量调查项目包括：重金属及有毒元素（砷、铜、铅、锌、镉、铬、总汞）。

3.2.2　调查与检测方法

1. 海洋水文

海洋水文观测的基本要素、技术指标、观测方法和资料处理等均按《海洋调查规范》

（GB/T 12763—2007）及《海洋监测规范》（GB 17378—2007）所规定的方法进行，见表 3-1。

表 3-1　水文调查项目观测方法、仪器及分辨率

项目	观测方法	仪器名称及型号	分辨率
水温	定点观测	便携式多参数分析仪 HQ30D 型	0.1℃
盐度	定点观测	便携式多参数分析仪 HQ30D 型	0.01
流速	定点观测	直读式海流计 SLC9-2 型	≤±1.5%
流向	定点观测	直读式海流计 SLC9-2 型	≤±4°

2. 海水水质

海水样品的采集、保存、运输、储藏、检测及数据处理等均按《海洋调查规范》（GB/T 12763—2007）及《海洋监测规范》（GB 17378—2007）所规定的方法进行。调查项目的分析方法、仪器及检出限见表 3-2。

表 3-2　水质调查项目分析方法、仪器及检出限

项目	分析方法	仪器名称及型号	检出限
pH	pH 计法	PHSJ-4A 型 pH 计	—
溶解氧	碘量法	—	0.042 mg/L
化学需氧量	碱性高锰酸钾法	—	0.15 mg/L
总氮	过硫酸钾氧化法	Cary100 紫外可见分光光度计	3.78×10^{-3} mg/L
总磷	过硫酸钾氧化法	Cary100 紫外可见分光光度计	0.09×10^{-3} mg/L
浊度	浊度计法	浊度与温度监测系统 CSI OBS-3A 型	0.4NTU
硝酸盐	锌镉还原法	Cary100 紫外可见分光光度计	0.7×10^{-3} mg/L
亚硝酸盐	萘乙二胺分光光度法	Cary100 紫外可见分光光度计	0.5×10^{-3} mg/L
氨	次溴酸盐氧化法	Cary100 紫外可见分光光度计	0.4×10^{-3} mg/L
活性磷酸盐	磷钼蓝分光光度法	Cary100 紫外可见分光光度计	0.2×10^{-3} mg/L
石油类	紫外分光光度法	Cary100 紫外可见分光光度计	3.5×10^{-3} mg/L
铜	无火焰原子吸收分光光度法	AA 800 原子吸收光谱仪	0.2×10^{-3} mg/L
铅	无火焰原子吸收分光光度法	AA 800 原子吸收光谱仪	0.03×10^{-3} mg/L
锌	火焰原子吸收分光光度法	AA 800 原子吸收光谱仪	3.1×10^{-3} mg/L
镉	无火焰原子吸收分光光度法	AA 800 原子吸收光谱仪	0.01×10^{-3} mg/L
总铬	无火焰原子吸收分光光度法	AA 800 原子吸收光谱仪	0.4×10^{-3} mg/L
砷	原子荧光法	AFS-830 原子荧光光度计	0.5×10^{-3} mg/L
汞	原子荧光法	AFS-830 原子荧光光度计	0.007×10^{-3} mg/L

3. 浮游生物

浮游生物样品的采集、保存、运输、储藏、检测及数据处理等均按《海洋调查规范》（GB/T 12763—2007）及《海洋监测规范》（GB 17378—2007）所规定的方法进行。

浮游生物采用生物多样性指数描述，定量或定性分析海洋浮游生物环境等级。具体计算公式如下。

①香农-维纳多样性指数（H'）计算公式：

$$H' = -\sum_{i=1}^{S} P_i \log_2 P_i$$

②Pielou 均匀度（J）计算公式：

$$J = H'/\log_2 S$$

③群体优势度（D）计算公式：

$$D = (N_1 + N_2)/N$$

④丰富度（d）计算公式：

$$d = (S-1)\ln N$$

⑤个体优势度指数（Y）计算公式：

$$Y = f_i(N_i/N)$$

式中，N——样品的总丰度；

N_i——样品中第 i 种的丰度；

P_i——第 i 种丰度与样品丰度的比值，即 N_i/N；

S——样品中的种类总数；

N_1、N_2——第一、第二优势种的丰度；

f_i——该种出现的频率。

4. 底质沉积物质量

底质沉积物样品的采集、保存、运输、储藏、检测及数据处理等均按《海洋调查规范》（GB/T 12763—2007）及《海洋监测规范》（GB 17378—2007）所规定的方法进行。调查项目的分析方法、仪器及检出限见表3-3。

表 3-3　海洋沉积物调查项目分析方法、仪器及检出限

项目	分析方法	仪器名称及型号	检出限
铜	无火焰原子吸收分光光度法	AA 800 原子吸收光谱仪	0.5×10^{-6} mg/L
铅	无火焰原子吸收分光光度法	AA 800 原子吸收光谱仪	1.0×10^{-6} mg/L
锌	火焰原子吸收分光光度法	AA 800 原子吸收光谱仪	6.0×10^{-6} mg/L
镉	无火焰原子吸收分光光度法	AA 800 原子吸收光谱仪	0.04×10^{-6} mg/L
铬	无火焰原子吸收分光光度法	AA 800 原子吸收光谱仪	2.0×10^{-6} mg/L
总汞	原子荧光法	AFS-830 原子荧光光度计	0.002×10^{-6} mg/L

续表

项目	分析方法	仪器名称及型号	检出限
砷	原子荧光法	AFS-830 原子荧光光度计	0.06×10^{-6} mg/L
含水率	重量法	XS105DU 电子天平	2.0%
石油类	紫外分光光度法	Cary100 紫外可见分光光度计	3.0×10^{-6} mg/L
有机碳	重铬酸钾氧化－还原容量法	（滴定）	0.03×10^{-2} mg/L
硫化物	亚甲基蓝分光光度法	Cary100 紫外可见分光光度计	0.3×10^{-6} mg/L

第4章 北部湾北部生态环境调查与评价

4.1 环境理化因子时空分布

在北部湾北部海域共进行了 3 个航次的环境理化因子调查，调查时间分别为 2017 年 4 月、6 月和 8 月。水深小于 5 m 站位只采表层水样，水深大于 5 m 而小于 12 m 站位采 2 层水样（表层、底层），水深大于 12 m 站位采集 3 层水样（表层、10 m 层和底层）。

4.1.1 温盐

1. 水温

3 个调查航次不同水层水温时空分布见图 4-1~图 4-3。从空间分布来看，4 月和 6 月基本表现为从东北往西南水温逐渐降低趋势，尤以 4 月规律最为明显。8 月则表现为从西向东略有升高。从时间上来看 8 月水温最高，表层平均水温为 30.31℃，10 m 层平均水温为 30.38℃，底层平均水温为 30.20℃；4 月水温最低，表层平均水温为 23.72℃，10 m 层平均水温为 23.10℃，底层平均水温为 23.22℃。不同层次之间水温相差不大

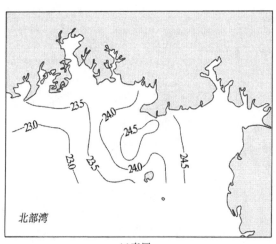

(a)表层

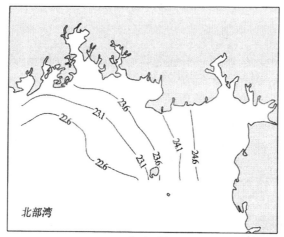

(b)10m层

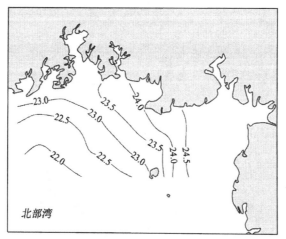

(c)底层

图 4-1　2017 年 4 月北部湾北部水温等值线图（单位：℃）

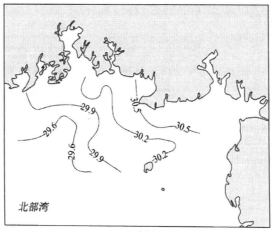

(a)表层

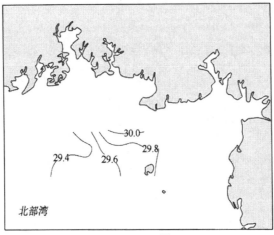

(b)10m层

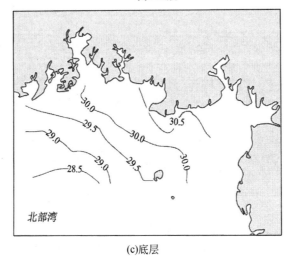

(c)底层

图 4-2　2017 年 6 月北部湾北部水温等值线图（单位：℃）

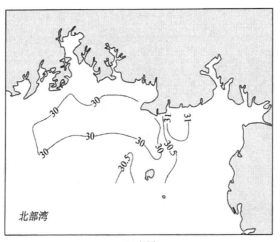

(a)表层

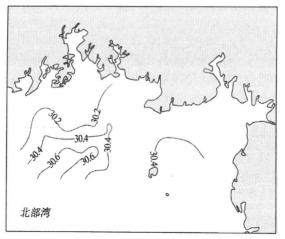

(b)10m层

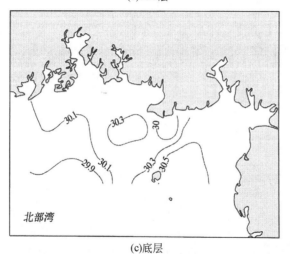

(c)底层

图 4-3 2017 年 8 月北部湾北部水温等值线图（单位：℃）

（图 4-4～图 4-6），4 月和 6 月表层水温普遍略高于 10 m 层和底层，10 m 层水温稍高于底层水温。8 月水温垂直分布则无明显规律。

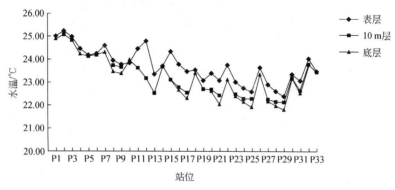

图 4-4 2017 年 4 月北部湾北部水温垂直分布

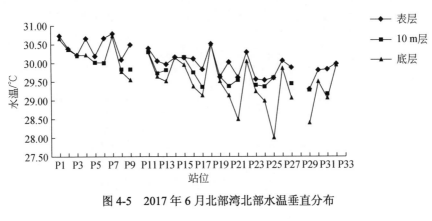

图 4-5　2017 年 6 月北部湾北部水温垂直分布

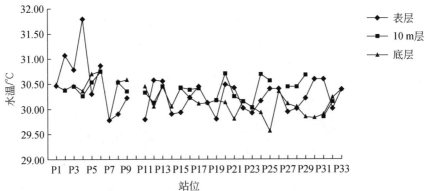

图 4-6　2017 年 8 月北部湾北部水温垂直分布

2. 盐度

3 个调查航次各水层盐度时空分布见图 4-7～图 4-9。从图可知，3 个调查航次各水层盐度分布均总体呈北低南高分布，且在湾口和河口处盐度出现明显的低值区，说明该

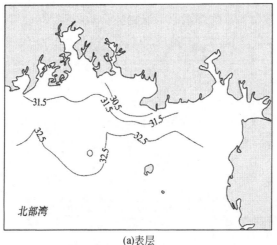

(a)表层

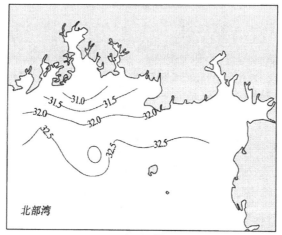

(b)10m层

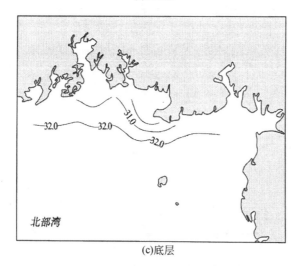

(c)底层

图 4-7　2017 年 4 月北部湾北部盐度等值线图

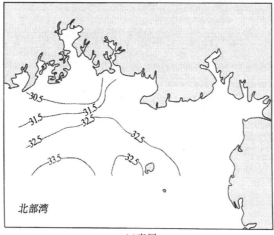

(a)表层

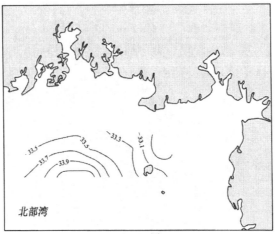

(b)10m层

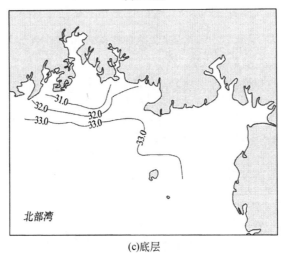

(c)底层

图 4-8　2017 年 6 月北部湾北部盐度等值线图

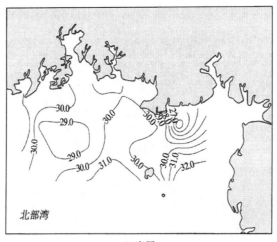

(a)表层

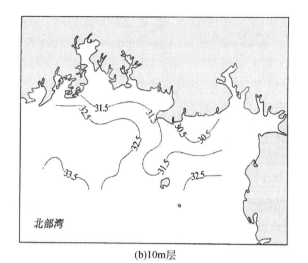

(b)10m层

(c)底层

图 4-9 2017 年 8 月北部湾北部盐度等值线图

区域盐度分布受到径流的显著影响。4 月盐度分布受径流影响最为显著。从时间上看，4 月盐度分布范围为 26.69~32.95，平均为 32.22；6 月盐度分布范围为 28.47~34.25，平均为 32.72；8 月盐度分布范围为 24.07~34.40，平均为 32.47。

4 月不同水层之间盐度相差甚小，底层略高于表层和 10 m 层；6 月和 8 月表层和 10 m 层、底层之间的差异逐渐增大，尤其是在 8 月，底层盐度明显高于 10 m 层和表层，见图 4-10~图 4-12。

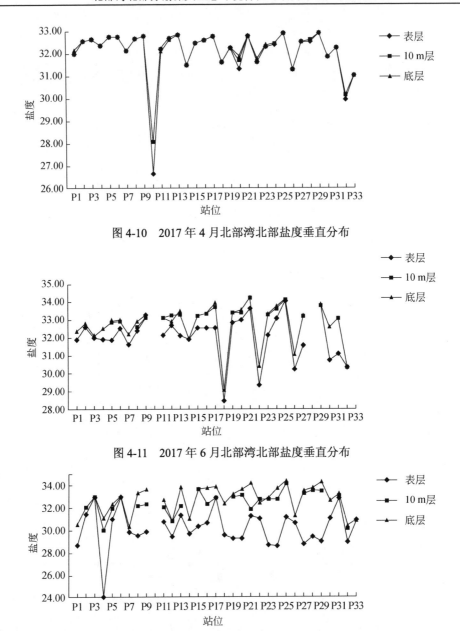

图 4-10 2017 年 4 月北部湾北部盐度垂直分布

图 4-11 2017 年 6 月北部湾北部盐度垂直分布

图 4-12 2017 年 8 月北部湾北部盐度垂直分布

4.1.2 pH

2017 年 4 月和 8 月调查航次各水层 pH 时空分布见图 4-13 和图 4-14。4 月表层水 pH 低值区位于廉州湾和钦州湾湾口附近,高值区位于钦州湾南面和涠洲岛西北面之间的区域。10 m 层和底层水 pH 受廉州湾和钦州湾淡水影响减弱,靠近大陆区域值较低,高值区与表层水分布相似,同样位于远离大陆和涠洲岛的区域。8 月表层、10 m 层和底层水

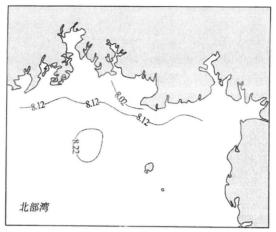

(a)表层

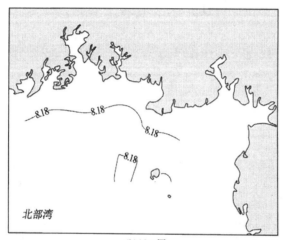

(b)10m层

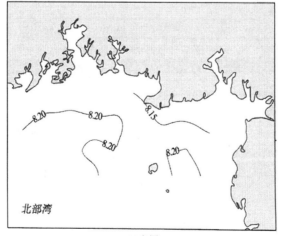

(c)底层

图 4-13　2017 年 4 月北部湾北部 pH 等值线图

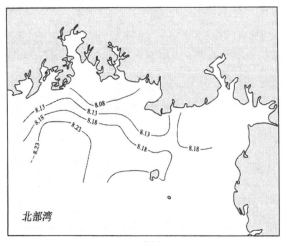

(a)表层

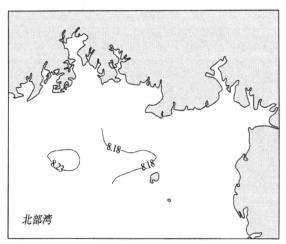

(b)10m层

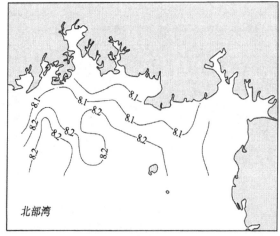

(c)底层

图 4-14　2017 年 8 月北部湾北部 pH 等值线图

pH 同样也表现为湾口处值较低，但湾口处等值线较为平滑，这可能跟 8 月该海域海水混合作用较强有关，远离大陆区域 pH 升高，高值区也是位于调查区域的西南部。4 月 pH 分布范围为 7.82～8.28，平均为 8.17；8 月 pH 分布范围为 8.00～8.27，平均为 8.15。垂直分布上，4 月大部分站位表层 pH 略低于 10 m 层和底层，10 m 层和底层 pH 基本一致。8 月则普遍表现为表层 pH 最高，10 m 层次之，底层 pH 最低。详见图 4-15 和图 4-16。

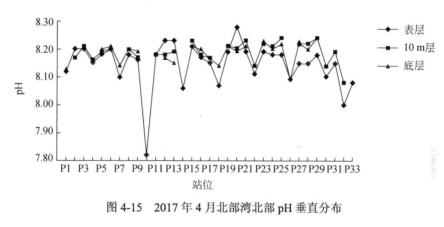

图 4-15　2017 年 4 月北部湾北部 pH 垂直分布

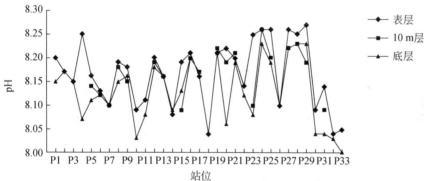

图 4-16　2017 年 8 月北部湾北部 pH 垂直分布

4.1.3　DO

3 个调查航次各水层溶解氧（DO）时空分布见图 4-17～图 4-19。在空间分布上，除 6 月北部浅水区域表层水 DO 普遍低于南部深水区外，未发现有其他明显的规律性。4 月 DO 分布范围为 4.49～9.99 mg/L，平均为 8.64 mg/L；6 月 DO 分布范围为 6.23～8.55 mg/L，平均为 7.69 mg/L；8 月 DO 分布范围为 4.95～9.81 mg/L，平均为 7.27 mg/L。4 月 DO 值最高，6 月和 8 月相近。在垂直分布上，4 月表层水 DO 普遍略高于 10 m 层和底层，底层水除在个别站位显著低于 10 m 层外，在大部分站位这两个水层 DO 值相差不大。6 月表层、10 m 层 DO 值相差不大，但底层 DO 值在近岸地区明显高于表层。8 月表层和 10 m

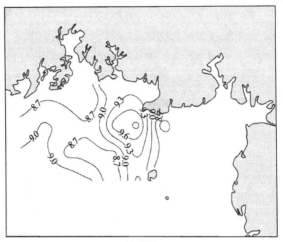

(a)表层

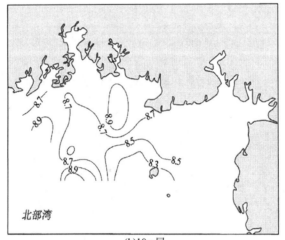

(b)10m层

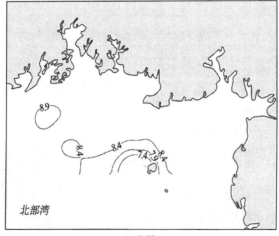

(c)底层

图 4-17　2017 年 4 月北部湾北部 DO 等值线图（单位：mg/L）

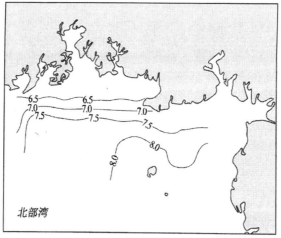

(a)表层

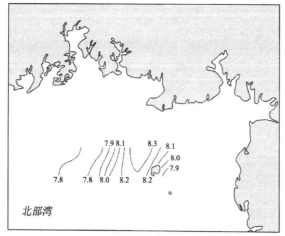

(b)10m层

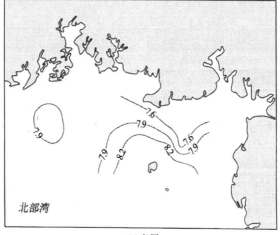

(c)底层

图 4-18　2017 年 6 月北部湾北部 DO 等值线图（单位：mg/L）

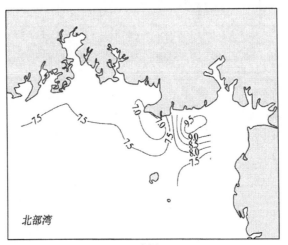

(a)表层

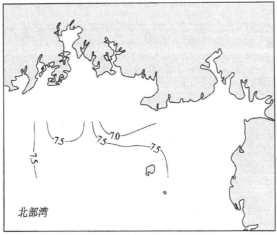

(b)10m层

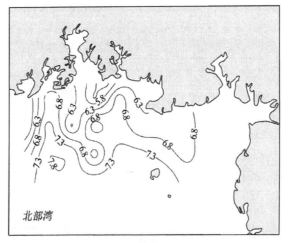

(c)底层

图 4-19　2017 年 8 月北部湾北部 DO 等值线图（单位：mg/L）

层水 DO 值总体上相差不大，但表层局部地区（北海市附近）DO 值要高于 10 m 层，底层水 DO 值明显低于表层和 10 m 层。详见图 4-20～图 4-22。

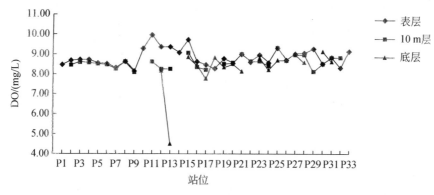

图 4-20　2018 年 4 月北部湾北部 DO 垂直分布

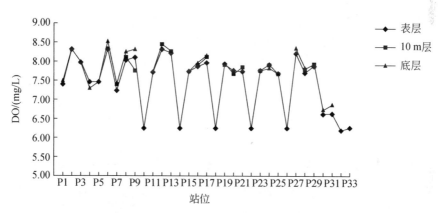

图 4-21　2018 年 6 月北部湾北部 DO 垂直分布

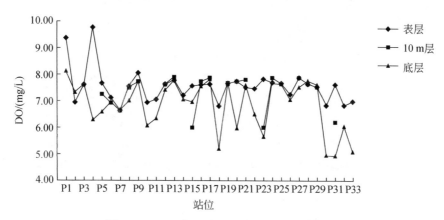

图 4-22　2018 年 8 月北部湾北部 DO 垂直分布

4.1.4　化学需氧量

2017 年 3 个调查航次北部湾北部海域化学需氧量（COD）的变化范围及平均值如表 4-1 所示，其对应的等值线分布见图 4-23～图 4-25。

表 4-1　2017 年 3 个调查航次北部湾北部海域 COD 的变化范围及平均值　　（单位：mg/L）

层次	4 月		6 月		8 月	
	变化范围	平均值	变化范围	平均值	变化范围	平均值
表层	0.57～5.97	1.36	0.36～1.34	0.70	0.46～2.25	0.85
10 m 层	0.42～3.31	0.90	0.52～2.05	1.05	0.54～1.32	0.85
底层	0.42～1.76	0.78	0.36～3.54	0.81	0.38～2.01	0.70

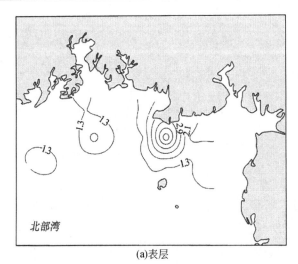

(a)表层

(b)10m层

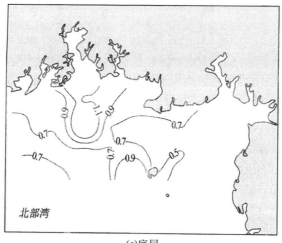

(c)底层

图 4-23 2017 年 4 月北部湾北部海域 COD 等值线分布图（单位：mg/L）

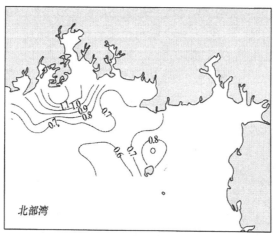

(a)表层

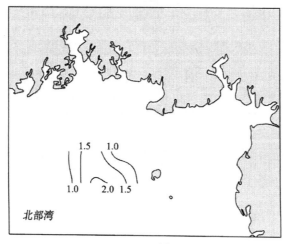

(b)10m层

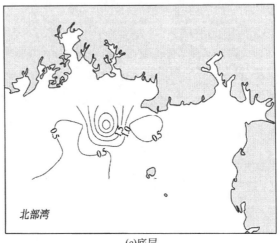

(c)底层

图 4-24　2017 年 6 月北部湾北部海域 COD 等值线分布图（单位：mg/L）

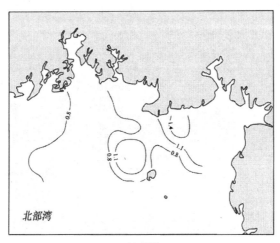

(a)表层

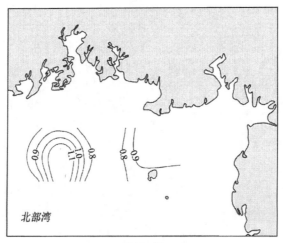

(b)10m层

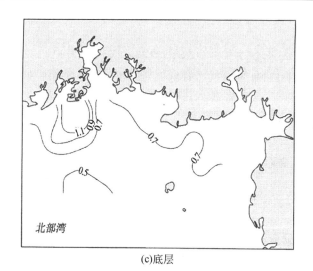

(c)底层

图 4-25　2017 年 8 月北部湾北部海域 COD 等值线分布图（单位：mg/L）

2017 年 4 月，北部湾北部海域表层 COD 平均值为 1.36 mg/L，区域性变化较大，变化范围为 0.57～5.97 mg/L，变化幅度为 5.40 mg/L；10 m 层 COD 平均值为 0.90 mg/L，区域性变化也较大，变化范围为 0.42～3.31 mg/L，变化幅度为 2.89 mg/L；底层 COD 平均值为 0.78 mg/L，区域性变化相对较小，变化范围为 0.42～1.76 mg/L，变化幅度为 1.34 mg/L。

从图 4-23a 北部湾北部海域表层 COD 等值线分布图可以看出，2017 年 4 月表层 COD 值基本呈现近岸高离岸低的特点，其中 P19 号站位为第二类海水水质，其余调查区域内水质状况良好，全部站位达到第一类海水水质标准；从图 4-23b 北部湾北部海域 10 m 层 COD 等值线分布图可以看出，2017 年 4 月 10 m 层 COD 值在北海西南海域的 P16 号站位为第三类海水水质，也基本呈现近岸高离岸低的特点，其余站位达到第一类海水水质标准；从图 4-23c 北部湾北部海域底层 COD 等值线分布图可以看出，2017 年 4 月底层 COD 值尤其在钦州湾出口至涠洲岛东北部基本呈现近岸高离岸低的特点，但总体来说调查海区 COD 分布差别较小，而且整个调查区域内水质状况良好，全部站位达到第一类海水水质标准。

2017 年 6 月，涠洲岛海域 COD 含量在三次调查中最低，其中，表层 COD 平均值为 0.70 mg/L，变化范围为 0.36～1.34 mg/L，变化幅度为 0.98 mg/L；10 m 层 COD 平均值为 1.05 mg/L，变化范围为 0.52～2.05 mg/L，变化幅度为 1.53 mg/L；底层 COD 平均值为 0.81 mg/L，变化范围为 0.36～3.54 mg/L，变化幅度为 3.18 mg/L。

从图 4-24a 北部湾北部海域表层 COD 等值线分布图可以看出，2017 年 6 月表层 COD 值在防城港湾口至北海廉州湾一带基本呈现近岸高离岸低的特点，整个调查区域内水质状况良好，全部站位达到第一类海水水质标准；从图 4-24b 北部湾北部海域 10 m 层 COD 等值线分布图可以看出，2017 年 6 月 10 m 层 COD 值无明显的分布规律，其中 P21 号站位为第二类海水水质，其余调查站位水质状况良好，达到第一类海水水质标准；从图 4-24c 北部湾北部海域底层 COD 等值线分布图可以看出，2017 年 6 月底层 COD 值在 P15 号站位附近有一个较高值，为第三类海水水质，其余调查站位水质达到第一类海水水质标准。

2017 年 8 月，北部湾北部海域表层 COD 平均值为 0.85 mg/L，区域性变化不大，变化范围为 0.46～2.25 mg/L，变化幅度为 1.79 mg/L；10 m 层 COD 平均值为 0.85 mg/L，区域性变化较小，变化范围为 0.54～1.32 mg/L，变化幅度为 0.78 mg/L；底层 COD 平均值为 0.70 mg/L，区域性变化相对也较小，变化范围为 0.38～2.01 mg/L，变化幅度为 1.63 mg/L。

从图 4-25a 北部湾北部海域表层 COD 等值线分布图可以看出，2017 年 8 月表层 COD 值北海廉州湾附近海域基本呈现近岸高离岸低的特点，在涠洲岛西北面的 P12 号站位为第二类海水水质，其余水质调查区域站位均达第一类海水水质标准；从图 4-25b 北部湾北部海域 10 m 层 COD 等值线分布图可以看出，具有 10 m 层水的站位 2017 年 8 月 10 m 层 COD 值无明显的分布规律，所有调查站位水质状况良好，全部站位达到第一类海水水质标准；从图 4-25c 北部湾北部海域底层 COD 等值线分布图可以看出，2017 年 8 月底层 COD 值基本呈现近岸高离岸低的特点，尤其在防城港湾口至钦州湾口一带海域，所有调查站位水质状况良好，全部站位达到第一类海水水质标准。

4.2 生物因子时空分布

4.2.1 叶绿素 a

叶绿素 a 是浮游植物进行光合作用最主要的色素，海域叶绿素 a 浓度是表征浮游植物现存生物量和反映海水肥瘠程度的重要指标。因此，叶绿素 a 往往是海洋生态环境调查的重要内容，也是作为海域生物资源评估的重要依据。

2017 年 4 月、6 月和 8 月 3 个调查航次北部湾北部海域不同层次的叶绿素 a 浓度范围及平均值见表 4-2。整个调查期间，叶绿素 a 的浓度变化范围为 0.20～13.31 μg/L，平均值为 2.32 μg/L。

表 4-2 3 个调查航次北部湾北部海域叶绿素 a 浓度范围和平均值　　（单位：μg/L）

层次	4 月		6 月		8 月	
	范围	平均值	范围	平均值	范围	平均值
表层	0.38～8.61	2.44±1.74	0.60～11.63	3.10±2.78	0.68～13.31	3.01±2.47
10 m 层	0.50～3.56	1.77±0.76	0.27～5.60	1.53±1.48	0.43～3.03	1.54±0.79
底层	0.36～6.73	2.18±1.44	0.24～5.78	2.13±2.62	0.20～11.57	2.09±2.66

1.4 月叶绿素 a 分布

2017 年 4 月北部湾北部海水中叶绿素 a 浓度分布如图 4-26 所示。4 月叶绿素 a 浓度在 3 个调查航次中平均值最低，为 (2.44±1.74) μg/L，范围为 0.38～8.61 μg/L。在涠洲岛西北侧的 P12 站位具有最高值，为 8.61 μg/L。该站位表层海水在同期营养盐调查中具有最高值的无机氮（DIN）及硅酸盐（见第 5 章）。而最低值 0.38 μg/L 出现在钦州湾口外的 P18 站位，此外，位于钦州湾口的其他站位如 P32 和 P33，表层海水叶绿素 a 浓度均低于 1.00 μg/L。

对水深大于 15 m 的站位进行 10 m 层的采样，其中有 10 m 层水样的站位一共有 P7～P10、P14～P18、P21～P26 和 P29～P32 19 个。10 m 层水样中叶绿素 a 浓度与表层呈现不一样的分布，10 m 层叶绿素 a 浓度最高值出现在涠洲岛北侧的 P8 站位，为 3.56 μg/L。10 m 层叶绿素 a 浓度平均值低于表层和底层，为 (1.77±0.76) μg/L。

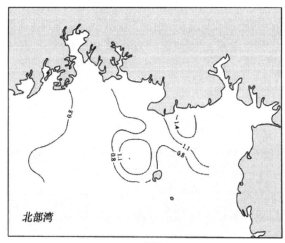

(a)表层

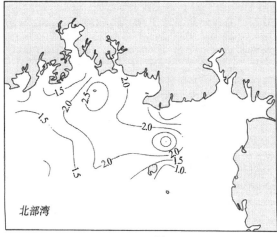

(b)10m层

(c)底层

图 4-26　4 月海水中叶绿素 a 浓度等值线分布图（单位：μg/L）

底层叶绿素 a 浓度的平均值接近表层，为(2.18±1.44) μg/L。最高值位于涠洲岛西侧偏南的 P13 站位，叶绿素 a 的浓度为 6.73 μg/L。最低值 0.36 μg/L 出现在两个站位：P30 和 P32。由图可知，底层叶绿素 a 浓度在研究海域东部较高西部较低，在西侧大多数站位的叶绿素 a 浓度低于 2.00 μg/L，而其东侧则高于该值。

2. 6 月叶绿素 a 分布

6 月北部湾北部表层海水中叶绿素 a 浓度最高，平均值为(3.10±2.78) μg/L。叶绿素 a 浓度最高值出现在防城港近岸的 P26 站位，为 11.63 μg/L，并呈现由近岸向外海逐渐降低的趋势（图 4-27）。另一高值区则分布在北海市和雷州半岛围绕而成的港湾中，同样由近岸向外海逐渐减小。具有较低叶绿素 a 浓度的海域位于研究海域的中部，即涠洲岛西岸外的海域，在该海域内的站位叶绿素 a 浓度普遍低于 2.00 μg/L。

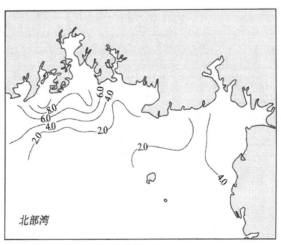

(a)表层

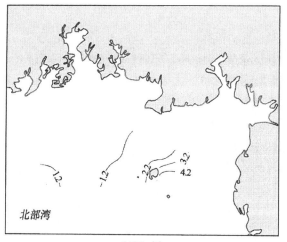

(b)10m层

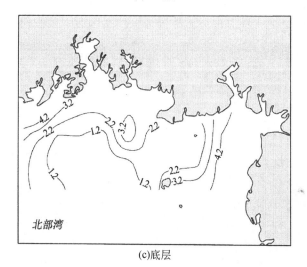

(c)底层

图 4-27　6 月海水中叶绿素 a 浓度等值线分布图（单位：μg/L）

　　6 月具有 10 m 层水样的站位仅有 12 个，主要分布在研究海域的中部，分别为 P8～P9、P12～P13、P16～P17、P20～P21、P24～P25 及 P28～P29 等站位。10 m 层叶绿素 a 浓度分布与表层相似，最高值在涠洲岛东南侧的 P9 站位，为 5.60 μg/L，并由东向西逐渐降低。

　　底层叶绿素 a 浓度分布模式接近于表层，均为由近岸向外海逐渐降低，在涠洲岛东南侧具有一个高值区，由岛近岸向外逐渐降低。与表层和 10 m 层一致，底层叶绿素 a 浓度的低值区也位于研究海域中部，即涠洲岛西岸外的海域。

3. 8 月叶绿素 a 分布

　　8 月表层海水中叶绿素 a 浓度范围为 0.68～13.31 μg/L，平均值为(3.01±2.47) μg/L，4 月表层海水中叶绿素 a 浓度低于平均值，6 月表层海水中叶绿素 a 浓度高于平均值。从分布上看（图 4-28），8 月表层叶绿素 a 浓度分布呈现近海典型的模式，即由近岸向外海逐渐降低。最高值出现在北海市铁山港区近岸的 P4 站位，叶绿素 a 浓度高达 13.31 μg/L，也是这 3 个调查航次中叶绿素 a 浓度的最高值。结合第 5 章可知，在同期调查中，该站位也是无机氮最高值所出现的站位。

8 月水深大于 15 m 的站位有 P5～P6、P8～P9、P12～P13、P16～P17、P19～P21、P23～P25、P27～P29 和 P31 等 18 个。这 18 个站位的 10 m 层叶绿素 a 浓度范围为 0.43～3.03 μg/L，平均值为(1.54±0.79) μg/L，其等值线分布从总体上看也呈近岸向外海降低的趋势，高值区位于涠洲岛近岸及防城港近岸站位，最高值 3.03 μg/L 出现于 P31 站位。

底层叶绿素 a 浓度范围为 0.20～11.57 μg/L，平均值低于表层，但高于 10 m 层，为(2.09±2.66) μg/L。叶绿素 a 浓度高值区位于北海市和雷州半岛之间的海湾，并由近岸向外海逐渐降低，最高值在 P1 站位，为 11.57 μg/L。另一较高值位于防城港市近岸海域，其最靠近陆地的两个站位 P26 和 P30 底层叶绿素 a 浓度分别为 5.82 μg/L 和 5.23 μg/L。与其他层次相同，叶绿素 a 浓度低值区域位于远离陆地的中部海域。

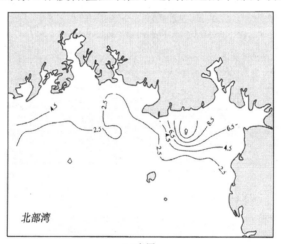

(a)表层

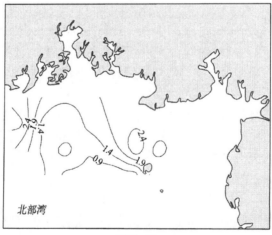

(b)10m层

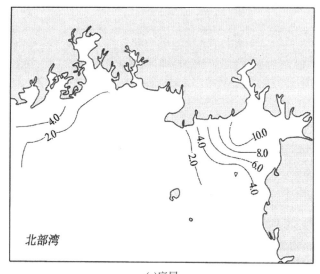

(c)底层

图 4-28 8 月海水中叶绿素 a 浓度等值线分布图（单位：μg/L）

4.2.2 浮游植物

浮游植物是指在水体中营浮游生活的一类低等植物。海洋中的浮游植物主要包括甲藻门（Pyrrophyta）、硅藻门（Bacillariophyta）、绿藻门（Chlorophyta）、蓝藻门（Cyanophyta）、金藻门（Chrysophyta）、黄藻门（Xanthophyta）、裸藻门（Euglenophyta）和隐藻门（Cryptophyta）八大门类。由于对环境变化的敏感性，环境的改变可以改变植物群落的种类组成、结构和丰度等，同时浮游植物群落结构的变化也可以反映海洋环境状况的变化，其时空变化特征与水文、营养盐等环境因子关系密切。因此，海洋浮游植物群落结构和丰度等对于评价海水环境质量及其变化具有重要的指示意义。

1. 种类组成

北部湾北部浮游植物名录见表 4-3。2017 年 4 月、6 月和 8 月 3 个调查航次共鉴定 8门 74 属 200 种（包含变种、变型和未定种）。其中硅藻门 44 属 138 种，甲藻门 21 属 50种，黄藻门 1 属 1 种，金藻门 2 属 4 种，蓝藻门 2 属 3 种，绿藻门 2 属 2 种，隐藻门 1属 1 种及裸藻门 1 属 1 种。3 个调查航次总共包含赤潮藻类 91 种（表 4-2 中标记*的种类），占鉴定种类的 45.5%。浮游植物种类 4 月鉴定 8 门 59 属 143 种，其中赤潮藻类 73种，占 51.0%；6 月鉴定 5 门 56 属 139 种，赤潮藻类 66 种，占 47.5%；8 月鉴定 6 门 37属 137 种，赤潮藻类 70 种，占 51.1%。3 个调查航次均出现的种类为 85 种，占鉴定种类的 42.5%，其中共有赤潮种为 50 种，占鉴定总类的 25.0%。

表 4-3　2017 年北部湾北部春夏季浮游植物名录

序号	中文名	拉丁名	4 月	6 月	8 月
	硅藻门	Bacillariophyta			
1	咖啡形双眉藻	*Amphora coffeaeformis*		＋	
2	双眉藻	*Amphora* sp.	＋	＋	＋
3	冰河拟星杆藻	*Asterionella glacialis*[*]	＋	＋	＋
4	扎氏四棘藻	*Attheya zachariasi*	＋		
5	奇异棍形藻	*Bacillaria paradoxa*[*]	＋		＋
6	丛毛辐杆藻	*Bacteriastrum comosum* var. *comosum*	＋	＋	
7	优美辐杆藻	*Bacteriastrum delicatulum*	＋	＋	＋
8	长辐杆藻	*Bacteriastrum elongatum* var.*elongatum*	＋	＋	＋
9	叉状辐杆藻	*Bacteriastrum furcatum*	＋	＋	
10	透明辐杆藻	*Bacteriastrum hyalinum* var. *hyalinum*	＋	＋	＋
11	地中海辐杆藻	*Bacteriastrum mediterraneum*	＋	＋	＋
12	正盒形藻	*Biddulphia biddulphiana*		＋	
13	高盒形藻	*Biddulphia regia*	＋	＋	＋
14	美丽盒形藻	*Biddulphia pulchella*	＋	＋	＋
15	长耳盒形藻	*Biddulphia aurita*[*]		＋	
16	活动盒形藻	*Biddulphia mobiliensis*		＋	＋
17	中华盒形藻	*Biddulphia sinensis*[*]	＋		＋
18	大洋角管藻	*Cerataulina pelagica*[*]	＋	＋	＋
19	角管藻	*Cerataulina* sp.		＋	
20	窄隙角毛藻	*Chaetoceros affinis*[*]	＋	＋	＋
21	北方角毛藻	*Chaetoceros borealis*	＋		
22	短孢角毛藻	*Chaetoceros brevis*	＋		
23	卡氏角毛藻	*Chaetoceros castracanei*	＋	＋	
24	扁面角毛藻	*Chaetoceros compressus*[*]	＋	＋	
25	深环沟角毛藻	*Chaetoceros constrictus*			＋
26	旋链角毛藻	*Chaetoceros curvisetus*[*]	＋	＋	＋
27	柔弱角毛藻	*Chaetoceros debilis*[*]	＋	＋	＋
28	并基角毛藻	*Chaetoceros decipiens*	＋	＋	＋
29	密联角毛藻	*Chaetoceros densus*	＋		
30	齿角毛藻	*Chaetoceros denticulatus* f. *denticulatus*	＋		
31	冕孢角毛藻	*Chaetoceros diadema*[*]	＋	＋	＋
32	双孢角毛藻	*Chateoceros didymus* var. *didymus*[*]	＋		
33	远距角毛藻	*Chaetoceros distans*	＋	＋	＋

续表

序号	中文名	拉丁名	4 月	6 月	8 月
34	异角毛藻	*Chaetoceros diversus*		+	
35	纤细角毛藻	*Chaetoceros gracilis*	+	+	+
36	垂缘角毛藻	*Chaetoceros laciniosus*[*]	+	+	+
37	平滑角毛藻	*Chaetoceros laevis*		+	+
38	劳氏角毛藻	*Chaetoceros lorenzianus*[*]	+	+	+
39	窄面角毛藻	*Chaetoceros paradoxus*[*]	+		
40	秘鲁角毛藻	*Chaetoceros peruvianus*[*]	+		
41	拟旋链角毛藻	*Chaetoceros pseudocurvisetus*[*]	+		
42	暹罗角毛藻	*Chaetoceros siamense*[*]	+		+
43	聚生角毛藻	*Chaetoceros socialis*[*]	+	+	+
44	角毛藻	*Chaetoceros* sp.	+	+	+
45	圆柱角毛藻	*Chaetoceros teres*	+		+
46	范氏角毛藻	*Chaetoceros van heurckii*	+	+	+
47	威格海母角毛藻	*Chaetoceros wighami*	+		
48	卵形藻	*Cocconeis* sp.		+	+
49	棘冠藻	*Corethron criophilum*	+	+	
50	星脐圆筛藻	*Coscinodiscus asteromphalus*[*]	+		+
51	中心圆筛藻	*Coscinodiscus centralis*[*]			+
52	琼氏圆筛藻	*Coscinodiscus jonesianus*[*]		+	+
53	具边线形圆筛藻	*Coscinodiscus marginato-lineatus*	+	+	+
54	圆筛藻	*Coscinodiscus* sp.	+	+	+
55	细弱圆筛藻	*Coscinodiscus subtilis* var. *subtilis*			+
56	微小小环藻	*Cyclotella caspia*	+	+	+
57	隐秘小环藻	*Cyclotella cryptica*[*]		+	+
58	条纹小环藻	*Cyclotella striata* var. *striata*	+	+	+
59	矮小短棘藻	*Detonula pumila*		+	
60	蜂腰双壁藻	*Diploneis bombus*	+	+	+
61	双壁藻	*Diploneis* sp.	+		
62	布氏双尾藻	*Ditylum brightwellii*[*]	+	+	+
63	太阳双尾藻	*Ditylum sol*	+	+	
64	唐氏藻	*Donkinia* sp.		+	+
65	长角弯角藻	*Eucampia cornuta*	+	+	+
66	短角弯角藻	*Eucampia zodiacus*[*]	+	+	+
67	脆杆藻	*Fragilaria* sp.	+	+	

续表

序号	中文名	拉丁名	4 月	6 月	8 月
68	薄壁几内亚藻	*Guinardia flaccida*[*]	+	+	+
69	条纹几内亚藻	*Guinardia striata*[*]	+	+	+
70	泰晤士旋鞘藻	*Helicotheca tamesis*			+
71	霍氏半管藻	*Hemiaulus hauckii*			+
72	印度半管藻	*Hemiaulus indicus*			+
73	中华半管藻	*Hemiaulus sinensis*			+
74	细弱明盘藻	*Hyalodiscus subtilis*	+	+	
75	环纹娄氏藻	*Lauderia annulata*	+	+	+
76	丹麦细柱藻	*Leptocylindrus danicus*[*]	+	+	+
77	地中海细柱藻	*Leptocylindrus mediterraneus*[*]		+	
78	微小细柱藻	*Leptocylindrus minimus*		+	+
79	细柱藻	*Leptocylindrus* sp.		+	
80	短楔形藻	*Licmophora abbreviata*	+	+	+
81	纤细楔形藻	*Licmophora gracilis*	+		
82	嘴状胸隔藻	*Mastogloia rostrata*	+	+	
83	胸隔藻	*Mastogloia* sp.			+
84	颗粒直链藻	*Melosira granulata*	+		+
85	念珠直链藻	*Melosira monili formis*			+
86	膜状缪氏藻	*Meuniera membranacea*		+	+
87	直舟形藻	*Navicula directa*	+		
88	方格舟形藻	*Navicula cancellata*	+		
89	舟形藻	*Navicula* sp.	+	+	+
90	新月菱形藻	*Nitzschia closterium*[*]	+	+	+
91	长菱形藻	*Nitzschia longissima*[*]	+	+	+
92	洛伦菱形藻	*Nitzschia lorenziana*	+	+	+
93	海洋菱形藻	*Nitzschia marine*	+	+	
94	谷皮菱形藻	*Nitzschia palea*		+	+
95	菱形藻	*Nitzschia* sp.	+	+	
96	具槽帕拉藻	*Paralia sulcata*[*]	+	+	
97	端尖斜纹藻	*Pieurosigma acautum*	+	+	+
98	海洋斜纹藻	*Pieurosigma pelagicum*	+	+	+
99	微小斜纹藻	*Pieurosigma minutum*	+		
100	斜纹藻	*Pieurosigma* sp.	+	+	+
101	多列拟菱形藻	*Pseudo-nitzschia multiseries*	+	+	

序号	中文名	拉丁名	4月	6月	8月
102	柔弱拟菱形藻	*Pseudo-nitzschia delicatissima**	+	+	+
103	尖刺拟菱形藻	*Pseudo-nitzschia pungens**	+	+	+
104	距端假管藻	*Pseudosolenia calcar-avis*	+		+
105	翼根管藻	*Rhizosolenia alata**	+	+	+
106	翼根管藻纤细变型	*Rhizosolenia alata* f. *gracillima**			
107	卡氏根管藻	*Rhizosolenis castracanei*		+	
108	螺端根管藻	*Rhizosolenia cochlea*	+	+	+
109	厚刺根管藻	*Rhizosolenia crassipina*			+
110	柔弱根管藻	*Rhizosolenia delicatula**		+	+
111	脆根管藻	*Rhizosolenia fragilissima**	+	+	+
112	半棘根管藻	*Rhizosolenia hebetata* f. *semispina**	+		
113	覆瓦根管藻	*Rhizosolenia imbricata*		+	
114	粗根管藻	*Rhizosolenia robusta*		+	+
115	刚毛根管藻	*Rhizosolenia setigera**	+	+	+
116	中华根管藻	*Rhizosolenia sinensis*	+	+	+
117	根管藻	*Rhizosolenia* sp.	+	+	
118	笔尖形根管藻粗径变种	*Rhizosolenia styliformis* var. *latissima**		+	
119	笔尖形根管藻	*Rhizosolenia styliformis**		+	+
120	透明根管藻	*Rhizosolenia zosolenia*	+		+
121	中肋骨条藻	*Skeletonema costatum**	+	+	+
122	多恩骨条藻	*Skeletonema dohrnii*	+	+	+
123	热带骨条藻	*Skeletonema tropicum**	+	+	+
124	掌状冠盖藻	*Stephanopyxis palmeriana**		+	
125	塔形冠盖藻	*Stephanopyxis turris* var. *turris*		+	
126	针杆藻	*Synedra* sp.	+	+	+
127	菱形海线藻	*Thalassionema nitzschioides**	+	+	+
128	佛氏海毛藻	*Thalassiothrix frauenfeldii**	+	+	+
129	长海毛藻	*Thalassiothrix longissima*	+	+	+
130	太平洋海链藻	*Thalassionema pacifica**	+	+	+
131	密联海链藻	*Thalassiosira condensata*	+	+	+
132	细弱海链藻	*Thalassiosira subtilis**			+
133	圆海链藻	*Thalassiosira rotula**	+	+	+
134	海链藻	*Thalassiosira* sp.		+	+
135	美丽三角藻	*Triceratium formosum*			+

续表

序号	中文名	拉丁名	4 月	6 月	8 月
136	龙骨藻	*Tropidoneis* sp.	+		
137	优美旭氏藻	*Schröderella delicatula*		+	+
138	优美旭氏藻矮小变型	*Schröderella delicatula* f . *schröderi*			+
	甲藻门	Pyrrophyta			
139	血红哈卡藻	*Akashiwo sanguinea**	+	+	+
140	塔玛亚历山大藻	*Alexandrium catenella**	+	+	+
141	微小亚历山大藻	*Alexandrium minumtum*	+		
142	强壮前沟藻	*Amphidinium carterae**	+		
143	叉角藻	*Ceratium furca**	+	+	+
144	梭角藻	*Ceratium fusus**	+	+	+
145	科氏角藻	*Ceratium kofoidii*		+	+
146	五角角藻	*Ceratium pentagonum*	+	+	+
147	三叉角藻	*Ceratium trichoceros**	+	+	
148	三角角藻	*Ceratium tripos**	+		
149	大角角藻	*Ceratium macroceros**	+	+	+
150	渐尖鳍藻	*Dinophysis acuminata**			+
151	具尾鳍藻	*Dinophysis caudata**	+		+
152	倒卵形鳍藻	*Dinophysis fortii**	+		+
153	勇士鳍藻	*Dinophysis miles**			+
154	具毒冈比甲藻	*Gambierdiscus toxicus**			+
155	多纹膝沟藻	*Gonyaulax polygramma**	+	+	+
156	具刺膝沟藻	*Gonyaulax spinifera**	+	+	+
157	春膝沟藻	*Gonyaulax verior**	+	+	+
158	链状裸甲藻	*Gymnodinium catenatum**	+	+	+
159	裸甲藻	*Gymnodinium* sp.		+	+
160	镰状环沟藻	*Gyrodinium falcatum**	+	+	
161	条纹环沟藻	*Gyrodinium intriatum**	+	+	+
162	螺旋环沟藻	*Gyrodinium spirale**	+	+	+
163	短凯伦藻	*Karenia brevis**	+	+	+
164	米氏凯伦藻	*Karenia mikimotoi**		+	+
165	灰白下沟藻	*Katodinium glaucum**	+	+	+
166	多边舌甲藻	*Lingulodinium polyedrum**	+		+
167	夜光藻	*Noctiluca scintillans**	+		+
168	方鸟尾藻原变种	*Ornithocercus quadratus*			+

续表

序号	中文名	拉丁名	4月	6月	8月
169	亚梨形多甲藻	*Peridinium subpyriforme*		+	+
170	斯氏多沟藻	*Polykrikos schwartzii*	+		+
171	具齿原甲藻	*Prorocentrum dentatum*[*]			+
172	东海原甲藻	*Prorocentrum donghaiense*[*]	+		
173	扁豆原甲藻	*Prorocentrum lenticulatum*	+	+	+
174	海洋原甲藻	*Prorocentium micans*[*]	+	+	+
175	微小原甲藻	*Prorocentrium minimum*[*]	+	+	+
176	反曲原甲藻	*Prorocentrum sigmoides*[*]	+	+	+
177	三鳍原甲藻	*Prorocentrum triestinum*[*]	+	+	
178	斯氏扁甲藻	*Pyrophacus steinii*	+	+	+
179	双刺原多甲藻	*Protoperditinim bipes*		+	
180	锥形原多甲藻	*Protoperdinium conicum*[*]	+	+	+
181	歧散原多甲藻	*Protoperidinium divergens*[*]			+
182	优美原多甲藻	*Protoperidinium elegans*[*]		+	+
183	里昂原多甲藻	*Protoperidinium leonis*[*]	+	+	
184	椭圆原多甲藻	*Protoperidinium oblongum*	+		
185	五角原多甲藻	*Protoperidinium quinquecorne*[*]	+	+	
186	原多甲藻	*Protoperidinium* sp.		+	
187	粗梨甲藻	*Pyrocystis robusta*		+	
188	锥状斯克里普藻	*Scrippsiella trochoidea*[*]	+	+	+
	黄藻门	Xanthophyta			
189	海洋卡盾藻	*Chattonella marina*[*]	+		
	金藻门	Chrysophyta			
190	小等刺硅鞭藻	*Dictyochafibula*[*]	+	+	+
191	六刺硅鞭藻	*Dictyocha speculum*	+		
192	六刺硅鞭藻八角变种	*Dictyocha speculum* var *octonarium*	+		
193	球形棕囊藻	*Phaeocystis globosa*[*]	+	+	+
	蓝藻门	Cyanophyta			
194	鱼腥藻	*Anabaena* sp.			+
195	束毛藻	*Trichodesmium* sp.			+
196	红海束毛藻	*Trichodesmium erythraeum*[*]	+	+	+
	绿藻门	Chlorophyta			
197	针形纤维藻	*Ankistudesmus acicularis*	+		
198	亚心形扁藻	*Platymonas subcordiformis*	+		

续表

序号	中文名	拉丁名	4月	6月	8月
	隐藻门	Cryptophyta			
199	伸长斜片藻	*Plagioselmis prolonga**	＋	＋	＋
	裸藻门	Euglenophyta			
200	裸藻	*Euglena* sp.	＋		＋

注：标记*为赤潮种

3 个调查月份不同门类藻种的组成比例见图 4-29，4 月、6 月和 8 月浮游植物种类组成中，均为硅藻类最多，占鉴定种类的比例分别为 67.83%、71.94%和 68.12%；甲藻次之，在 4 月、6 月和 8 月调查中所占比例分别为 25.17%、25.18%和 26.81%。

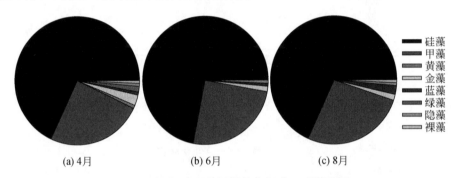

图 4-29　不同调查月份浮游植物组成（后附彩图）

2. 浮游植物丰度

调查期间，浮游植物的丰度为(0.45～1074.43)×10⁴ ind/L。其中，4 月浮游植物丰度为(0.45～318.30)×10⁴ ind/L，平均值为 43.91×10⁴ ind/L。6 月浮游植物丰度为(2.37～1074.43)×10⁴ ind/L，平均值为 138.07×10⁴ ind/L。8 月浮游植物丰度为(1.48～675.65)×10⁴ ind/L，平均值为 64.41×10⁴ ind/L。其中，6 月的浮游植物丰度最高，表层浮游植物丰度在不同调查时期的大小顺序与表层叶绿素 a 浓度一致。

浮游植物丰度平面分布见图 4-30。4 月，浮游植物分布呈现两个高值区域，一个在研究海域北部的近岸海域，浮游植物丰度在 P10 站位，为 257.54×10⁴ ind/L；另一个高值区位于涠洲岛西侧的海域，浮游植物最高丰度出现在 P21 站位，高达 318.30×10⁴ ind/L。而在靠近越南的海域丰度相对较低，最低丰度出现在 P31 站位，仅为 0.45×10⁴ ind/L。

在浮游植物丰度平均值最大的 6 月，丰度高值区位于防城港市近岸海域的 P22、P26和 P27 站位，最高丰度在 P22 站位，为 1074.43×10⁴ ind/L，P26 站位和 P27 站位的丰度分别为 952.07×10⁴ ind/L 和 706.82×10⁴ ind/L，而最低丰度出现在 P30 站位，仅为 2.34×10⁴ ind/L（图 4-31）。

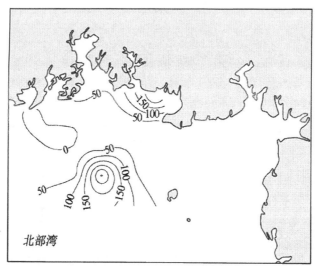

图 4-30　4 月浮游植物丰度等值线分布图（单位：×10⁴ ind/L）

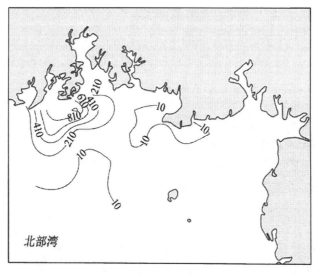

图 4-31　6 月浮游植物丰度等值线分布图（单位：×10⁴ ind/L）

8 月浮游植物丰度高值区位于北海市市近岸海域的 P4 站位，丰度分别为 675.65×10⁴ ind/L，而最低丰度出现在 P14 站位，为 1.25×10⁴ ind/L（图 4-32）。与 4 月和 6 月的调查类似，8 月涠洲岛附近海域的浮游植物丰度也较低。

3. 优势种、常见浮游植物及其季节变化

优势种是群落中数量和生物量所占比例最多的一个或几个物种，也是反映群落特征的种类。对不同调查航次的浮游植物进行物种优势度（McNaughton index，Y）指数的计算，公式为

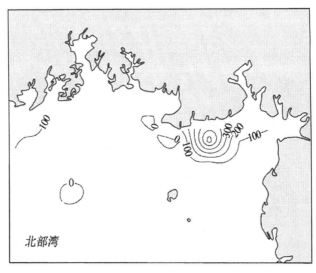

图 4-32　8 月浮游植物丰度等值线分布图（单位：×10⁴ ind/L）

$$Y = (n_i / N) f_i$$

式中，n_i 为第 i 种的个体数；N 为样品的总个体数；f_i 为该种在各样品中出现的频率（沈国英等，2010）。以 $Y > 0.02$ 确定优势种，本书中用物种 $f_i > 0.33$ 作为常见浮游植物的确定值。

2017 年 4 月调查中浮游植物的优势种（$Y > 0.02$）和常见浮游植物（$f_i > 0.33$）见表 4-4。优势种有 6 种，分别为角毛属中的旋链角毛藻、柔弱角毛藻和劳氏角毛藻，拟菱形藻属中的柔弱拟菱形藻，棕囊藻属的球形棕囊藻，以及束毛藻属的红海束毛藻。这 6 个优势种都为中国近海常见赤潮种（郭皓，2004）。此外，4 月该海域常见的浮游植物还有小等刺硅鞭藻、菱形海线藻、叉角藻、新月菱形藻及海洋原甲藻等，在这 19 种常见浮游植物中，赤潮种类占了 15 种。由表 4-4 可知，在优势种中旋链角毛藻优势度最高为 0.1216，平均丰度为 20.11×10⁴ ind/L，占总细胞丰度的 23.6%。出现频率最高为柔弱拟菱形藻，频率为 0.879，在 29 个调查站位中均有出现，在 P10 站位丰度高达 18.8×10⁴ ind/L。而球形棕囊藻为优势种中平均丰度和占总细胞丰度比例最高的种类，分别为 105.18×10⁴ ind/L 和 29.03%。在常见浮游植物中，新月菱形藻出现频率最高，频率为 0.879，其次是海洋原甲藻和小等刺硅鞭藻，两者频率均为 0.818。

表 4-4　4 月北部湾北部海域浮游植物优势种和常见浮游植物

中文名	拉丁名	频率 f_i	优势度 Y	平均丰度 /(×10⁴ ind/L)	占总细胞丰度的比例/%
优势种					
旋链角毛藻	*Chaetoceros curvisetus*[*]	0.515	0.1216	20.11	23.60
柔弱角毛藻	*Chaetoceros debilis*[*]	0.545	0.0424	6.25	7.77
劳氏角毛藻	*Chaetoceros lorenzianus*[*]	0.455	0.0217	4.60	4.77

中文名	拉丁名	频率 f_i	优势度 Y	平均丰度 /（$\times 10^4$ind/L）	占总细胞丰度的比例/%
柔弱拟菱形藻	*Pseudo-nitzschia delicatissima**	0.879	0.0378	2.15	4.30
球形棕囊藻	*Phaeocystis globosa**	0.121	0.0352	105.18	29.03
红海束毛藻	*Trichodesmium erythraeum**	0.333	0.0260	10.27	7.80
常见浮游植物					
冰河拟星杆藻	*Asterionella glacialis**	0.364	0.0015	0.48	0.40
并基角毛藻	*Chaetoceros decipiens*	0.364	0.0082	2.72	2.25
垂缘角毛藻	*Chaetoceros laciniosus*	0.455	0.0117	2.50	2.58
条纹几内亚藻	*Guinardia striata**	0.364	0.0012	0.41	0.34
丹麦细柱藻	*Leptocylindrus Cleve**	0.394	0.0034	0.97	0.87
舟形藻	*Navicula* sp.	0.333	0.0003	0.10	0.08
新月菱形藻	*Nitzschia closterium**	0.879	0.0125	0.71	1.42
洛伦菱形藻	*Nitzschia lorenziana*	0.515	0.0012	0.19	0.23
脆根管藻	*Rhizosolenia fragilissima**	0.364	0.0009	0.30	0.25
菱形海线藻	*Thalassionema nitzschioides**	0.515	0.0020	0.33	0.38
圆海链藻	*Thalassiosira rotula**	0.364	0.0008	0.27	0.23
叉角藻	*Ceratium furca**	0.788	0.0019	0.13	0.24
春藤沟藻	*Gonyaulax verior**	0.333	0.0002	0.09	0.07
海洋原甲藻	*Prorocentium micans**	0.818	0.0014	0.09	0.17
微小原甲藻	*Prorocentrium minimum**	0.667	0.0023	0.23	0.34
三鳍原甲藻	*Prorocentrum triestinum**	0.606	0.0042	0.50	0.69
锥状斯克里普藻	*Scrippsiella trochoidea**	0.545	0.0007	0.11	0.14
小等刺硅鞭藻	*Dictyocha fibula**	0.818	0.0093	0.61	1.13
伸长斜片藻	*Plagioselmis prolonga**	0.394	0.0037	1.03	0.93

注：标记*为赤潮种

　　6 月调查海域浮游植物的丰度最大，平均值为 138.07×10^4 ind/L。但该时期优势种只有 3 种，分别为柔弱拟菱形藻、旋链角毛藻和冰河拟星杆藻（表 4-5）。这 3 个优势种均为赤潮种类，其中柔弱拟菱形藻出现的频率高达 0.969，且平均丰度为 89.68×10^4 ind/L，占总细胞丰度的 61.31%，是该海域浮游植物生物量的主要贡献者。第二个优势种冰河拟星杆藻的平均丰度也较高，为 40.78×10^4 ind/L，占总细胞丰度的 14.39%。除了上述 3 个优势种，6 月该海域出现频率大于 0.33 的常见浮游植物还有大洋角管藻、柔弱角毛藻、短角弯角藻、薄壁几内亚藻及新月菱形藻等 34 种，其中赤潮种类为 24 种。如表 4-5 所示，在常见浮游植物中海洋原甲藻出现频率最高，为 0.906，其次是菱形海线藻（0.813）。但是对总细胞丰度贡献较大的常见浮游植物为红海束毛藻（3.14%）、中肋骨条藻（2.12%）

和丹麦细柱藻（1.57%）。其中，红海束毛藻在 P30 站位的丰度为 1.15×10^6 ind/L，平均丰度为 12.95×10^4 ind/L。

表 4-5　6 月北部湾北部海域浮游植物优势种和常见浮游植物

中文名	拉丁名	频率 f_i	优势度 Y	平均丰度 $/(\times 10^4$ ind/L)	占总细胞丰度的比例/%
优势种					
柔弱拟菱形藻	*Pseudo-nitzschia delicatissima*[*]	0.969	0.5939	89.68	61.31
旋链角毛藻	*Chaetoceros curvisetus*[*]	0.656	0.0215	7.09	3.28
冰河拟星杆藻	*Asterionella glacialis*[*]	0.500	0.0719	40.78	14.39
常见浮游植物					
大洋角管藻	*Cerataulina pelagica*[*]	0.406	0.0002	0.19	0.05
柔弱角毛藻	*Chaetoceros debilis*[*]	0.625	0.0049	1.79	0.79
垂缘角毛藻	*Chaetoceros laciniosus*	0.563	0.0040	1.78	0.71
平滑角毛藻	*Chaetoceros laevis*	0.469	0.0017	1.09	0.36
劳氏角毛藻	*Chaetoceros lorenzianus*[*]	0.656	0.0042	1.38	0.64
圆筛藻	*Coscinodiscus* sp.	0.438	0.0001	0.09	0.03
微小小环藻	*Cyclotella caspia*	0.563	0.0002	0.09	0.04
短角弯角藻	*Eucampia zodiacus*[*]	0.406	0.0002	0.17	0.05
薄壁几内亚藻	*Guinardia flaccida*[*]	0.438	0.0005	0.38	0.12
条纹几内亚藻	*Guinardia striata*[*]	0.625	0.0027	0.99	0.44
丹麦细柱藻	*Leptocylindrus danicus*[*]	0.781	0.0123	2.85	1.57
新月菱形藻	*Nitzschia closterium*[*]	0.563	0.0014	0.63	0.25
长菱形藻	*Nitzschia longissima*[*]	0.500	0.0002	0.11	0.04
洛伦菱形藻	*Nitzschia lorenziana*	0.344	0.0001	0.05	0.01
谷皮菱形藻	*Nitzschia palea*	0.594	0.0005	0.19	0.08
海洋斜纹藻	*Pieurosigma pelagicum*	0.406	0.0001	0.08	0.02
尖刺拟菱形藻	*Pseudo-nitzschia pungens*[*]	0.563	0.0030	1.32	0.53
翼根管藻	*Rhizosolenia alata*[*]	0.344	0.0001	0.13	0.03
柔弱根管藻	*Rhizosolenia delicatula*[*]	0.531	0.0011	0.56	0.21
脆根管藻	*Rhizosolenia fragilissima*[*]	0.594	0.0063	2.51	1.05
根管藻	*Rhizosolenia* sp.	0.063	0.0000	0.13	0.01
笔尖形根管藻	*Rhizosolenia styliformis*[*]	0.500	0.0003	0.15	0.05
中肋骨条藻	*Skeletonema costatum*[*]	0.375	0.0079	7.99	2.12

续表

中文名	拉丁名	频率 f_i	优势度 Y	平均丰度 /($\times 10^4$ ind/L)	占总细胞丰度 的比例/%
热带骨条藻	*Skeletonema tropicum**	0.344	0.0034	4.02	0.98
针杆藻	Synedra sp.	0.344	0.0001	0.12	0.03
菱形海线藻	*Thalassionema nitzschioides**	0.813	0.0034	0.72	0.41
佛氏海毛藻	*Thalassiothrix frauenfeldii**	0.656	0.0019	0.64	0.29
优美旭氏藻	*Schröderella delicatula*	0.563	0.0028	1.25	0.50
叉角藻	*Ceratium furca**	0.500	0.0001	0.07	0.02
海洋原甲藻	*Prorocentium micans**	0.906	0.0005	0.08	0.05
反曲原甲藻	*Prorocentrum sigmoides**	0.500	0.0002	0.09	0.03
锥状斯克里普藻	*Scrippsiella trochoidea**	0.688	0.0004	0.12	0.06
球形棕囊藻	*Phaeocystis globosa**	0.500	0.0019	1.06	0.37
红海束毛藻	*Trichodesmium erythraeum**	0.344	0.0108	12.95	3.14

注：标记*为赤潮种

8 月调查航次发现北部湾北部海域夏季浮游植物的优势种有 4 种，频率大于 0.33 的浮游植物有 20 种，在这 24 种中赤潮藻类共有 21 种（表 4-6）。4 个优势种分别为脆根管藻、柔弱拟菱形藻、丹麦细柱藻和微小细柱藻。浮游植物生物量的贡献者主要是脆根管藻和柔弱拟菱形藻，它们对浮游植物总细胞丰度的贡献分别为 21.92% 和 17.76%，平均丰度分别为 17.25×10^4 ind/L 和 17.97×10^4 ind/L。优势种微小细柱藻的频率只有 0.273，但其平均丰度较高，为 21.01×10^4 ind/L，占总细胞丰度的 8.90%。常见浮游植物中，出现频率较高的有条纹几内亚藻、翼根管藻和佛氏海毛藻，3 种出现频率均为 0.788。而对生物量贡献较大的是旋链角毛藻和红海束毛藻，占总细胞丰度的比例分别为 3.58% 和 2.06%。值得注意的是，在 8 月调查中，太平洋海链藻虽然只在 4 个站位出现，但是其平均丰度高达 88.64×10^4 ind/L，生物量占总细胞丰度的 16.68%。尤其是在 P4 站位，太平洋海链藻的细胞丰度达到 3.52×10^6 ind/L，达到赤潮水平。

表 4-6　8 月北部湾北部海域浮游植物优势种和常见浮游植物

中文名	拉丁名	频率 f_i	优势度 Y	平均丰度 /($\times 10^4$ ind/L)	占总细胞丰度 的比例/%
优势种					
脆根管藻	*Rhizosolenia fragilissima**	0.818	0.1793	17.25	21.92
柔弱拟菱形藻	*Pseudo-nitzschia delicatissima**	0.636	0.1130	17.97	17.76
丹麦细柱藻	*Leptocylindrus danicus**	0.697	0.0241	3.20	3.46
微小细柱藻	*Leptocylindrus minimus*	0.273	0.0243	21.01	8.90

续表

中文名	拉丁名	频率 f_i	优势度 Y	平均丰度 /($\times 10^4$ ind/L)	占总细胞丰度 的比例/%
常见浮游植物					
旋链角毛藻	*Chaetoceros curvisetus**	0.394	0.0141	5.85	3.58
红海束毛藻	*Trichodesmium erythraeum**	0.515	0.0106	2.58	2.06
具边线形圆筛藻	*Coscinodiscus marginato-lineatus*	0.364	0.0004	0.18	0.10
条纹小环藻	*Cyclotella striata var. striata**	0.364	0.0005	0.26	0.15
长角弯角藻	*Eucampia cornuta**	0.364	0.0011	0.55	0.31
薄壁几内亚藻	*Guinardia flaccida**	0.636	0.0027	0.42	0.42
条纹几内亚藻	*Guinardia striata**	0.788	0.0068	0.71	0.87
翼根管藻	*Rhizosolenia alata**	0.788	0.0033	0.34	0.42
翼根管藻纤细变型	*Rhizosolenia alata f. gracillima**	0.394	0.0004	0.17	0.10
柔弱根管藻	*Rhizosolenia delicatula**	0.636	0.0055	0.87	0.86
刚毛根管藻	*Rhizosolenia setigera**	0.515	0.0009	0.22	0.18
中华根管藻	*Rhizosolenia sinensis*	0.576	0.0013	0.25	0.23
笔尖形根管藻	*Rhizosolenia styliformis**	0.455	0.0003	0.09	0.06
菱形海线藻	*Thalassionema nitzschioides**	0.636	0.0030	0.47	0.46
佛氏海毛藻	*Thalassiothrix frauenfeldii**	0.788	0.0021	0.22	0.27
梭角藻	*Ceratium fusus**	0.485	0.0005	0.13	0.10
海洋原甲藻	*Prorocentium micans**	0.485	0.0002	0.05	0.04
微小原甲藻	*Prorocentrium minimum**	0.394	0.0002	0.08	0.05
锥状斯克里普藻	*Scrippsiella trochoidea**	0.697	0.0009	0.12	0.13
太平洋海链藻	*Thalassionema pacifica**	0.121	0.0202	88.64	16.68

注: 标记*为赤潮种

综上所述,相同海区中优势种和常见浮游植物会随着季节变化而变化,不同季节之间既有重叠也有交替。在 3 个调查航次共同出现的优势种为柔弱拟菱形藻,可见该藻种是北部湾北部海域中最常见的赤潮种类。此外,旋链角毛藻、脆根管藻、球形棕囊藻、红海束毛藻及丹麦细柱藻等众多赤潮种类都是该海域的优势种,由此推测,在条件适宜的条件下,这些藻类均可在北部湾海域发生赤潮。

4. 群落多样性

浮游植物物种多样性指数采用香农-维纳多样性指数(H'):

$$H' = -\sum_{i=1}^{s} (n_i / N) \log_2 (n_i / N);$$

均匀度指数采用皮卢均匀度指数(J):

$$J = H' / \log_2 S;$$

式中，n_i 为第 i 个中的个体数，N 为样品的总个体数；S 为样品中种类的总数。

经过计算，3 个调查航次的浮游植物 H' 平均值 8 月（2.64）>6 月（2.51）>4 月（1.91），3 个调查航次的平均值为 2.35。8 月大多数站位（19 个）的 H'>3.0，而 4 月只有 3 个站位的 H'>3.0，6 月介于两者之间，为 12 个。6 月与 8 月之间的浮游植物 H' 差值小于 6 月与 4 月的差值。H' 在不同调查时间变化较大，显示春夏季浮游植物群落的不稳定。生物多样性指数法评价水体受污染的程度为：H' 在 3~4 时为清洁区域，在 2~3 时为轻度污染，在 1~2 时为中度污染，而<1 为重度污染。用该法评价北部湾北部海域水体的污染水平，结果见表 4-7 和图 4-33。

表 4-7　生物多样性指数法评价北部湾北部海域水体污染程度结果

调查时间	H'	评价级别
4 月	0.07~4.09	清洁（57.6%）、轻度污染（18.2%）、中度污染（9.1%）、重度污染（15.1%）
6 月	0.22~4.48	清洁（37.5%）、轻度污染（31.3%）、中度污染（25.0%）、重度污染（6.2%）
8 月	0.57~3.56	清洁（9.3%）、轻度污染（31.3%）、中度污染（53.1%）、重度污染（6.3%）

4 月北部湾北部海域水体处于清洁水平的海域面积比较广（57.6%），但是有 15.1% 的水体污染情况比较严重，重度污染海域主要集中在北部湾中部海域。6 月重度污染范围有所减小，主要集中在防城港近岸海域。8 月大部分海域处于中度污染状态（53.1%），近岸的清洁程度较高，而在涠洲岛周围，尤其是其北面和西面海域呈重度污染的现象。

J 平均值 8 月（0.56）>6 月（0.51）>4 月（0.42），与 H' 的变化趋势一致，而且各月的变化趋势与 H' 相同，均为 4 月与 6 月之间的变化大于 6 月与 8 月的变化，这说明了北部湾北部浮游植物群落结构在春夏季之间的改变主要发生在 4~6 月。

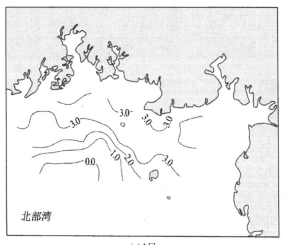

(a)4月

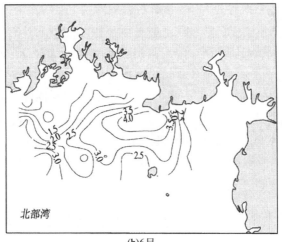

(b)6月

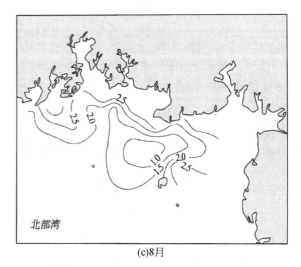

(c)8月

图 4-33　3 个调查航次北部湾北部浮游植物香农-维纳多样性指数等值线分布图

4.2.3　浮游动物

1. 种类组成

共调查 3 个航次，调查期间样品用大型浮游生物网（孔径 0.505 mm）垂直拖网进行采集。包括浮游动物幼体在内，样品中共鉴定浮游动物 152 种（类），其中水母类 39 种，栉水母类 2 种，枝角类 2 种，介形类 6 种，桡足类 48 种，糠虾类 5 种，涟虫类 2 种，端足类 4 种，磷虾类 3 种，十足类 5 种，毛颚类 6 种，被囊类 7 种，浮游幼虫（体）23 种。其中 4 月 115 种（类），6 月 124 种（类），8 月 114 种（类）（表 4-8）。

表 4-8　浮游动物种类名录

中文名	拉丁名	4 月	6 月	8 月
水母类				
锥形多管水母	*Aequorea conica*	＋	＋	＋
半口壮丽水母	*Aglaura hemistoma*	＋	＋	＋
双手水母	*Amphinema* sp.	＋	＋	
高手水母	*Bougainvillia* sp.		＋	
橙黄高手水母	*Bouganinvilla muscus*	＋	＋	
单囊美螅水母	*Clytia folleata*	＋	＋	＋
半球美螅水母	*Clytia hemisphaerica*	＋	＋	＋
美螅水母	*Clytia* sp.	＋	＋	
八囊摇篮水母	*Cunina octonaria*	＋	＋	＋
异摇篮水母	*Cunina peregrina*	＋	＋	＋
外肋水母	*Ectopleura* sp.		＋	
短腺和平水母	*Eirene brevigona*		＋	＋
短柄和平水母	*Eirene brevistylis*		＋	＋
锡兰和平水母	*Eirene ceylonensis*		＋	＋
六福和平水母	*Eirene haxnemalis*	＋	＋	＋
细颈和平水母	*Eirene menoni*	＋	＋	＋
黑球真唇水母	*Eucheilota menoni*	＋	＋	＋
真囊水母	*Euphysora bigelowi*	＋	＋	＋
刺胞真囊水母	*Euphysora knides*	＋	＋	＋
真囊水母	*Euphysora* sp.	＋		
疣真囊水母	*Euphysora verrucosa*	＋	＋	＋
真瘤水母	*Eutima* sp.		＋	
肉质介螅水母	*Hydractinia carnea*		＋	
芽介螅水母	*Hydractinia minuta*	＋	＋	
软水母	*Leptomedusae* sp.	＋	＋	＋
四叶小叶水母	*Liriope tetraphylla*	＋	＋	＋
薮枝螅水母	*Obelia* sp.	＋		
印度八似杯水母	*Octophialucium indicum*		＋	
异距小帽水母	*Petasiella asymmetrica*	＋	＋	＋
两手筐水母	*Solmundella bitentaculata*	＋	＋	＋
端粗范氏水母	*Vannuccia forbesii*	＋	＋	＋
嵴状镰螅水母	*Zanclea costata*		＋	
方拟多面水母	*Abylopsis tetragona*		＋	＋

续表

中文名	拉丁名	4 月	6 月	8 月
华丽盛装水母	*Agalma elegans*	+	+	
巴斯水母	*Bassia bassensis*	+	+	
双生水母	*Diphyes chamissonis*	+	+	+
细浅室水母	*Lensia subtilis*	+	+	
拟细浅室水母	*Lensia subtiloides*	+	+	+
双小水母	*Nanomia bijuga*	+	+	
栉水母类				
瓜水母	*Beroe cucumis*	+	+	+
球型侧腕水母	*Pleurobrachia globosa*	+	+	+
枝角类				
肥胖三角溞	*Evadne tergestina*	+	+	+
鸟喙尖头溞	*Penilia avirostris*	+	+	+
介形类				
短圆荚萤	*Cycloleberis brevis*	+		+
尖尾海萤	*Cypridina acuminata*	+	+	+
齿形海萤	*Cypridina dentata*	+	+	+
真刺真浮萤	*Euconchoecia aculeata*	+	+	+
后圆真浮萤	*Euconchoecia maimai*	+		
小齿真浮萤	*Euphilomedes interpuncta*			
桡足类				
丹氏纺锤水蚤	*Acartia danae*	+	+	
纺锤水蚤	*Acartia* sp.			+
太平洋纺锤水蚤	*Acartia pacifica*	+	+	+
刺尾纺锤水蚤	*Acartia spinicauda*		+	
驼背隆哲水蚤	*Acrocalanus gibber*	+	+	+
微驼隆哲水蚤	*Acrocalanus gracilis*	+		
椭形长足水蚤	*Calanopia elliptica*	+	+	+
小长足水蚤	*Calanopia minor*		+	+
汤氏长足水蚤	*Calanopia thompsoni*		+	+
中华哲水蚤	*Calanopia sinicus*	+		
伯氏平头水蚤	*Calanopia bradyi*	+	+	+
微刺哲水蚤	*Canthocalanus pauper*	+	+	+
背针胸刺水蚤	*Centropages dorsispinatus*	+		+
叉胸刺水蚤	*Centropages furcatus*	+	+	+

续表

中文名	拉丁名	4 月	6 月	8 月
奥氏胸刺水蚤	*Centropages orsinii*		+	+
瘦尾胸刺水蚤	*Centropages tenuiremis*	+	+	+
近缘大眼剑水蚤	*Corycaeus affinis*	+		
亮大眼剑水蚤	*Corycaeus andrewsi*		+	+
微胖大眼剑水蚤	*Corycaeus crassiusculus*	+		
平大眼剑水蚤	*Corycaeus dahli*	+	+	+
剑水蚤	*Cyclopoida* sp.			+
真哲水蚤	*Euchaeta* sp.	+	+	+
尖额诸猛水蚤	*Euterpina acutifrons*		+	+
双刺唇角水蚤	*Labidocera bipinnata*	+	+	+
真刺唇角水蚤	*Labidocera euchaeta*	+	+	+
小唇角水蚤	*Labidocera minuta*	+	+	+
挪威小毛猛水蚤	*Microsetella norvegica*	+	+	+
小毛猛水蚤	*Microsetella* sp.		+	
大眼剑水蚤	*Mimocorycella* sp.	+	+	
羽长腹剑水蚤	*Oithona plumifera*	+	+	+
拟长腹剑水蚤	*Oithona similis*		+	+
简长腹剑水蚤	*Oithona simplex*	+		+
长腹剑水蚤	*Oithona* sp.	+		+
针刺拟哲水蚤	*Paracalanus aculeatus*		+	+
强额拟哲水蚤	*Paracalanus crassirostristris*		+	
瘦拟哲水蚤	*Paracalanus graccilis*	+	+	
小拟哲水蚤	*Paracalanus parvus*	+		+
拟哲水蚤	*Paracalanus* sp.		+	
强额孔雀哲水蚤	*Paracalanus crassirostris*	+		+
强次真哲水蚤	*Subeucalanus crassus*	+		+
真哲水蚤	*Subeucalanus* sp.		+	
亚强次真哲水蚤	*Subeucalanus subcrassus*	+	+	+
异尾宽水蚤	*Temora discaudata*	+	+	+
柱形尾宽水蚤	*Temora stylifera*			+
锥形尾宽水蚤	*Temora turbinate*	+	+	+
钳形歪水蚤	*Tortanus forcipatus*	+	+	+
瘦歪水蚤	*Tortanus gracilis*		+	+
普通波水蚤	*Undinula vulgaris*	+	+	+

中文名	拉丁名	4 月	6 月	8 月
糠虾类				
宽尾刺糠虾	*Acanthomysis laticauda*	＋	＋	＋
近糠虾	*Anchialina* sp.	＋	＋	＋
端糠虾	*Doxomysis* sp.	＋	＋	
东方棒眼糠虾	*Rhopalophthalmus orientalis*	＋	＋	＋
普通节糠虾	*Siriella vulgaris*		＋	＋
涟虫类				
涟虫类	*Cumacea* sp.	＋		＋
细长涟虫	*Iphinoe tenera*	＋		＋
端足类				
钩虾	*Gammarus* sp.			＋
羽刺似蛮蛾	*Hyperioides sibaginis*	＋	＋	＋
孟加拉蛮蛾	*Lestrigonus bengalensis*	＋	＋	＋
大眼蛮蛾	*Lestrigonus macrophalmus*	＋	＋	＋
磷虾类				
宽额假磷虾	*Pseudeuphausia latifrons*	＋		＋
中华假磷虾	*Pseudeuphausia sinica*	＋	＋	＋
假磷虾	*Pseudeuphausia* sp.	＋	＋	＋
十足类				
日本毛虾	*Acetes japonicus*	＋	＋	＋
毛虾	*Acetes* sp.	＋	＋	＋
汉森萤虾	*Lucifer hanseni*	＋	＋	＋
中型萤虾	*Lucifer intermedius*	＋	＋	＋
萤虾	*Lucifer* sp.	＋	＋	＋
毛颚类				
小形滨箭虫	*Aidanosagitta neglecta*	＋	＋	＋
凶形猛箭虫	*Ferosagitta ferox*	＋	＋	＋
厚领猛箭虫	*Ferosagitta tokiokai*	＋	＋	
肥胖软箭虫	*Flaccisagitta enflata*	＋	＋	＋
太平洋撬虫	*Krohnitta pacifica*	＋	＋	＋
百陶带箭虫	*Zonosagitta bedoti*	＋	＋	＋
被囊类				
软拟海樽	*Dolioletta gegenbauri*	＋	＋	＋
小齿海樽	*Doliolum denticulatum*	＋	＋	＋

续表

中文名	拉丁名	4月	6月	8月
异体住囊虫	*Oikopleura dioica*		+	+
长尾住囊虫	*Oikopleura longicauda*	+	+	+
红住囊虫	*Oikopleura rufescens*	+	+	+
住囊虫	*Oikopleura* sp.	+	+	+
双尾纽鳃樽	*Thalia democratica*	+	+	
浮游幼虫（体）				
辐轮幼虫	*Actinofrocha larvae*	+	+	
阿利玛幼体	*Alimalll larvae*	+	+	+
异尾类幼虫	*Anomura larvae*	+	+	
耳状幼虫	*Auricularia larvae*	+	+	+
羽腕幼虫	*Bipinnaria larvae*	+	+	+
双壳类幼虫	*Bivalve larvae*	+	+	+
短尾类大眼幼虫	*Brachyura megalopa*		+	+
短尾类溞状幼虫	*Brachyura zoea*	+	+	+
蔓足类无节幼虫	*Cirrpedia nauplius*	+	+	+
桡足类桡足幼体	*Copepod copepodite*			+
桡足类幼体	*Copepod larvae*			+
介形幼虫	*Cypris larvae*			
长腕幼虫	*Ephythus larvae*	+	+	+
蝶状幼虫	*Ephyra larvae*		+	+
腹足类幼虫	*Gastropoda larvae*	+	+	+
长尾类溞状幼体	*Macrura zoea*			+
大眼幼体	*Megalopa larvae*	+		
多毛类幼虫	*Metafroch larvae*	+	+	
无节幼体	*Nauplius larvae*			
蛇尾类长腕幼虫	*Ophiuroidea ophiopluteus larvae*	+	+	+
多毛类幼体	*Polychaeta larvae*	+	+	+
磁蟹溞状幼体	*Porcellana zoea*	+	+	+
箭虫幼体	*Sagitta larvae*	+	+	+

2. 丰度和生物量

4 月浮游动物丰度的变化范围为 42～1632 ind/m^3，平均丰度为(380±401) ind/m^3。浮游动物丰度的高值区出现在调查区域的西南面 P24 站位附近，而次高值区在西部近岸海区和涠洲岛东北面出现（图 4-34）。4 月浮游动物生物量的变化范围为 12.74～499.39 mg/L，平均生物量是(122.59±126.45) mg/L，高值区的分布与丰度的分布类似（图 4-35）。

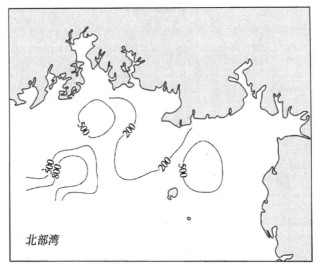

图 4-34　4 月浮游动物丰度水平分布（单位：ind/m³）

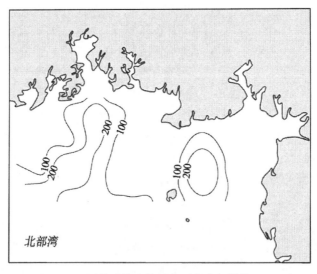

图 4-35　4 月浮游动物生物量水平分布（单位：mg/L）

6 月浮游动物丰度的变化范围为 47～1739 ind/m³，平均丰度为(367±433) ind/m³。浮游动物丰度的高值区出现在 P20 和 P15 站位附近，而次高值区在涠洲岛北面出现（图4-36）。6 月浮游动物生物量的变化范围为 14.38～440.03 mg/L，平均生物量为(129.03±110.67) mg/L，生物量高值区的分布与丰度的分布类似（图 4-37）。

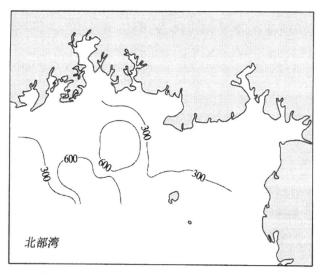

图 4-36 6 月浮游动物丰度水平分布（单位：ind/m³）

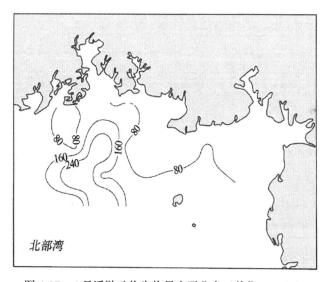

图 4-37 6 月浮游动物生物量水平分布（单位：mg/L）

8 月浮游动物丰度的变化范围为 42～1526 ind/m³，平均丰度为(340±342) ind/m³。与前面两次调查不同，浮游动物丰度的高值区出现在调查区域的西南面，近岸的 P22 站位附近（图 4-38）。8 月浮游动物生物量的变化范围为 12.85～466.96 mg/L，平均生物量为(121.32±108.53) mg/L。生物量高值区的分布与丰度的分布稍有不同，出现在丰度高值区的南面（图 4-39）。

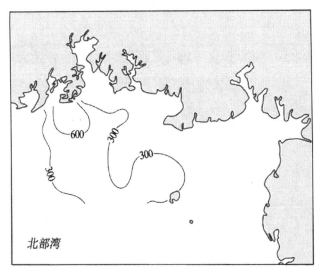

图 4-38　8 月浮游动物丰度水平分布（单位：ind/m³）

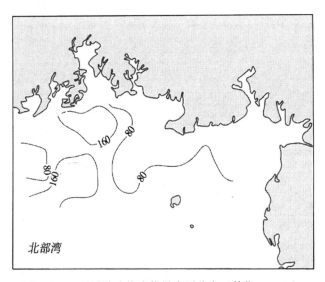

图 4-39　8 月浮游动物生物量水平分布（单位：mg/L）

4.3　生态环境状况评价

　　4 月北部湾北部表层、10 m 层、底层的叶绿素 a 的变化范围分别是 0.38～8.61 μg/L、0.50～3.56 μg/L 和 0.36～6.73 μg/L，并没有超过 10 μg/L 的站位。此时，虽然平均水温并不高，仅为 23℃，但由于各站位间水温差异并不明显，因此，叶绿素 a 与水温之间并无显著的相关关系（见第 5 章），因此可以推断水温并不是影响浮游植物空间分布差异的主要原因。4 月的浮游植物丰度较之其他月份相对较低，因此，捕食者的下行控制可能也不是 4 月浮游植物的主要控制因素。由此推断，营养盐的上行控制才是影响北部湾北部浮游植物生长的关键因子。

4 月的浮游植物以硅藻为主，但相关性分析表明，此时的叶绿素 a 含量与硅酸盐并没有显著的相关关系（见第 5 章），而与无机氮（DIN）和无机磷（PO_4-P）显著正相关，说明氮磷营养盐才是影响 4 月浮游植物生长的重要因子。此时的 DIN 与 PO_4-P 跟盐度存在显著的负相关关系，说明淡水的输入可能是营养盐供给的一个主要的途径。但是从盐度的等值线图来看，4 月淡水的输入影响范围很小，4 月表层近岸只有微弱淡水从钦州湾、南流江附近输入，但影响区域不大，涠洲岛西面附近有外海水输入，在 P12 站位西面附近海域交汇形成锋面。4 月叶绿素 a 的最高值也出现在涠洲岛西北侧的 P12 站位，为 8.61 μg/L；该站位表层海水在同期营养盐调查中具有最高值的无机氮（DIN）。

6 月北部湾北部表层海水中叶绿素 a 浓度最高，最高值出现在防城港近岸的 P26 站位，为 11.63 μg/L，并呈现由近岸向外海逐渐降低的趋势。另一高值区则分布在北海市和雷州半岛围绕而成的港湾中，同样由近岸向外海逐渐减小。同时，6 月表层 PO_4-P、DIN、硅酸盐均呈现明显的近岸高、外海低的特点。而且硅酸盐、DIN 与叶绿素 a 呈现显著的正相关关系，而 DIN、硅酸盐均与盐度呈现显著负相关（见第 5 章）。而且此时钦州湾附近海域有明显的淡水输入，表明北部湾北部近岸海域浮游植物的生长情况主要还是受陆源输入营养盐的影响。但是从盐度看，雷州半岛附近并不存在明显的梯度，而此时浮游动物的高值区与叶绿素高值区并不重合，因此，涠洲半岛西面近岸海区浮游植物的分布特征尚待进一步研究。

虽然 6 月底层的叶绿素 a 的均值要比表层高，但是其水平分布状况与表层分布类似，此时表层和底层的盐度、营养盐分布状况也类似，因此，底层叶绿素 a 的空间分布应该与表层叶绿素 a 空间分布的调控因素类似。但是在 10 m 层，河流输入的影响变小，10 m 层 DIN 高值区位于涠洲岛附近，西南侧的 P13 站位，而在涠洲岛以东的海域 DIN 浓度较低。但涠洲岛东面的叶绿素 a 含量却较高，可能受到琼州海峡西进水的影响。

8 月淡水输入增加，外海水向南面退缩，表层淡水输入最多，无论是表层、10 m 层还是底层，DIN 的空间分布明显受到淡水输入的影响，分布上都呈现近岸高而外海低的特点，而在涠洲岛海域，则稍高于其他外海海域。8 月 PO_4-P 的含量是 3 个调查航次中最高的。表层近岸一圈，从雷州半岛到防城港最高，往外逐渐降低。10 m 层可见外海水从涠洲岛西南进入进行稀释，分布特征为由北至南递减，最高值位于钦州湾口外的 P16 站位。底层与表层类似。8 月硅酸盐空间分布与 6 月类似。但是相关性分析显示盐度只与 DIN 存在显著的负相关关系，而与 PO_4-P、硅酸盐并不存在显著的负相关关系（见第 5 章），导致这一结果的具体原因尚需进一步研究。

8 月叶绿素 a 含量高值区位于北海市和雷州半岛之间的海湾，并由近岸向外海逐渐降低，最高值在 P1 站位。其中，叶绿素 a 与 DIN、硅酸盐均呈显著正相关，与 4 月和 6 月一致，说明浮游植物的生长主要依赖于海域中氮和硅营养盐（见第 5 章）。同时叶绿素 a 也与盐度呈极显著的负相关关系，而浮游动物的高值区与叶绿素 a 的高值区并无重合，因此，北部湾北部浮游植物空间分布可能更容易受淡水输入带来的氮的影响。

第5章　北部湾北部营养盐的时空分布、结构特征及其生态响应

海水中营养盐是包括氮、磷和硅酸盐及微量元素等在内的海洋生态系统的生源物质，海域中营养盐的含量直接影响海洋的生产力及生物资源，并对全球气候变化起着重要作用，是研究海洋生态系统的关键要素。海域中的营养盐含量过高，会导致海水的富营养化状态，而海水富营养化则被证实与赤潮频发息息相关，因为营养盐为赤潮生物提供了物质基础。

本章主要研究 2017 年春夏季北部湾北部海域营养盐的时空分布、结构特征及其生态响应。

5.1　营养盐的时空分布与结构特征

北部湾北部 3 个调查航次的海水营养盐调查结果如表 6-1 所示，整个调查期间无机氮（DIN）、无机磷（PO_4-P）和硅酸盐（SiO_3-Si）的浓度范围分别为 0.45～36.25 μmol/L、0.06～1.92 μmol/L 和 0.94～28.10 μmol/L，而总氮（TDN）及总磷（TDP）的浓度范围分别为 4.76～60.31 μmol/L 和 0.10～2.35 μmol/L。

表 5-1　3 个调查航次北部湾北部海域海水营养盐分布范围和平均值　　　（单位：μmol/L）

项目	层次	4 月		6 月		8 月	
		范围	平均值	范围	平均值	范围	平均值
DIN 浓度	表层	0.70～36.25	4.22±6.05	1.44～9.62	4.39±2.12	0.45～27.06	2.31±4.59
	10 m 层	0.87～5.92	3.38±1.46	3.25～8.33	4.90±1.39	0.67～5.27	1.70±1.09
	底层	1.08～7.88	3.59±1.80	2.33～13.73	4.75±2.71	0.48～6.14	2.13±1.33
PO_4-P 浓度	表层	0.08～0.39	0.18±0.08	0.06～0.41	0.15±0.08	0.08～0.48	0.29±0.10
	10 m 层	0.08～0.27	0.17±0.05	0.07～1.92	0.31±0.51	0.07～0.52	0.32±0.12
	底层	0.08～0.35	0.19±0.06	0.07～0.27	0.13±0.06	0.10～0.63	0.31±0.13
SiO_3-Si 浓度	表层	5.09～26.13	11.49±4.01	5.56～28.10	10.90±6.55	3.94～16.06	7.63±3.54

续表

项目	层次	4 月		6 月		8 月	
		范围	平均值	范围	平均值	范围	平均值
SiO_3-Si 浓度	10 m 层	4.72~17.88	12.48±3.14	5.80~7.84	6.72±0.72	3.99~15.95	7.60±3.79
	底层	6.52~19.53	12.16±3.08	5.34~21.65	8.92±4.43	0.94~20.45	9.31±4.50
TDN 浓度	表层	6.96~45.94	14.81±9.30	7.54~26.84	13.38±4.80	5.85~32.45	9.94±5.59
	10 m 层	7.54~25.56	14.26±6.16	9.17~22.14	11.77±3.43	5.87~31.68	12.00±6.52
	底层	7.56~23.53	12.50±3.84	8.39~21.17	12.16±3.35	4.76~60.31	10.54±9.24
TDP 浓度	表层	0.14~1.00	0.36±0.19	0.10~0.77	0.30±0.17	0.24~1.22	0.49±0.22
	10 m 层	0.21~0.78	0.42±0.18	0.14~2.35	0.48±0.61	0.27~0.94	0.47±0.16
	底层	0.20~0.83	0.39±0.16	0.11~0.55	0.30±0.14	0.28~0.85	0.44±0.12

5.1.1　DIN

1. 4 月 DIN 分布

4 月 DIN 分布如图 5-1 所示。3 个层次 DIN 浓度的变化范围分别为 0.70~36.25 μmol/L、0.87~5.92 μmol/L 和 1.08~7.88 μmol/L，平均值分别为 (4.22± 6.05) μmol/L、(3.38±1.46) μmol/L 和 (3.59±1.80) μmol/L。表层 DIN 高值区位于涠洲岛西北处的 P12 站位，DIN 浓度高达 36.25 μmol/L。而 10 m 层 DIN 高值区位于涠洲岛及附近海域，其中在涠洲岛东南部的 P9 站位浓度最高，为 5.92 μmol/L。底层 DIN 高值区位于研究海域的中间部分，两边比较低，在 P27 站位具有最高值，为 7.88 μmol/L。

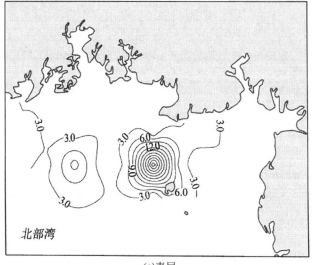

(a)表层

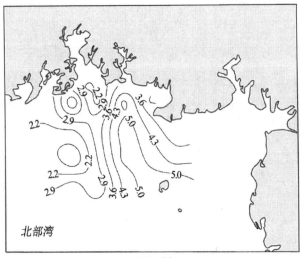

(b)10m层

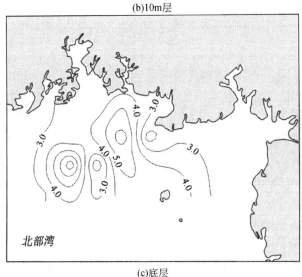

(c)底层

图 5-1　4 月北部湾北部 DIN 分布（单位：μmol/L）

2. 6 月 DIN 分布

6 月表层海水中的 DIN 浓度呈现典型的近岸高，越往外海越低的趋势（图 5-2）。DIN 浓度变化范围为 1.44～9.62 μmol/L，平均值为(4.39±2.12) μmol/L。高值区位于防城港近岸及钦州湾口处，而在涠洲岛附近海域具有较低值。10 m 层的 DIN 呈现与表层分布不一样的趋势，高值区位于涠洲岛西南侧的 P13 站位，为 8.33 μmol/L，而在涠洲岛以东的海域 DIN 浓度较低。这 12 个站位的 10 m 层次水样 DIN 浓度平均值为(4.90±1.39)μmol/L。对于底层 DIN 分布，大致上与表层 DIN 含量分布一致，均为近岸向外海逐渐降低的分布模式。底层 DIN 浓度最高值出现在钦州湾口的 P19 站位，为 13.73 μmol/L，在铁山港及涠洲岛临近海域 DIN 均较低。

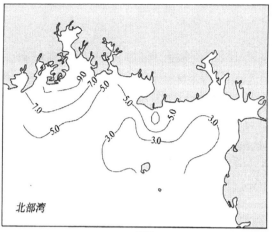

(a)表层

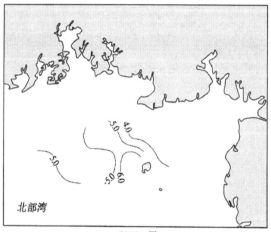

(b)10m层

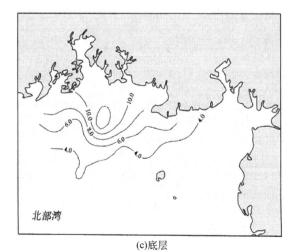

(c)底层

图 5-2　6 月北部湾北部 DIN 分布（单位：μmol/L）

3. 8 月 DIN 分布

8 月是 3 个调查航次中 DIN 含量最低的，DIN 浓度范围为 0.45~27.06 μmol/L。其中最高值 27.06 μmol/L 出现在北海市近岸的 P4 站位表层海水中，最低值 0.45 μmol/L 同样也出现在表层海水中，位于 P29 站位。DIN 无论是在表层、10 m 层还是底层，分布上都呈现近岸高而外海低的特点，而在涠洲岛海域，则稍高于其他外海海域（图 5-3）。10 m 层的高值区位于靠近防城港近岸的站位中，最高值为 P31 站位的 5.27 μmol/L。底层 DIN 分布呈现明显的近岸高于外海的特点，其中，在钦州湾口及北海市近岸和防城港周边海域均较高，DIN 浓度范围为 0.48~6.14 μmol/L，平均值为(2.13±1.33) μmol/L，高于 10 m 层[(1.70±1.09) μmol/L]但低于表层平均值[(2.31±4.59) μmol/L]。

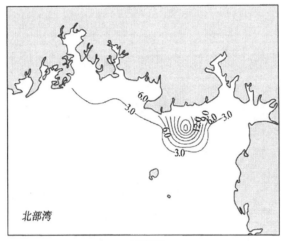

(a)表层

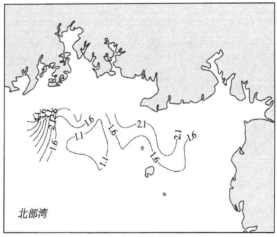

(b)10m层

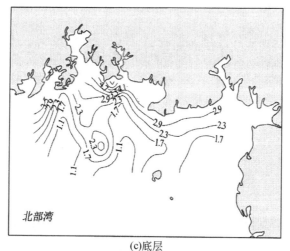

(c)底层

图 5-3　8 月北部湾北部 DIN 分布（单位：μmol/L）

5.1.2　PO$_4$-P

1. 4 月 PO$_4$-P 分布

4 月所有调查站位的 PO$_4$-P 浓度变化范围为 0.08～0.39 μmol/L，表层、10 m 层和底层平均值相差甚小，分别为（0.18±0.08）μmol/L、（0.17±0.05）μmol/L 和（0.19±0.06）μmol/L。对于表层，最高值出现在站位 P7 和 P12，高值区为北海近岸至涠洲岛的海域，在研究海域的西部较低；10 m 层的最高值出现在 P17 站位，为 0.27 μmol/L；底层在 P15 站位具有最高值，为 0.35 μmol/L（图 5-4）。

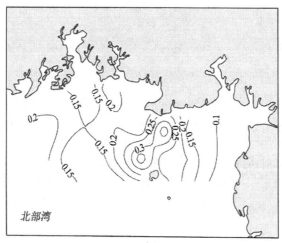

(a)表层

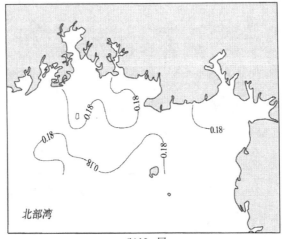

(b)10m层

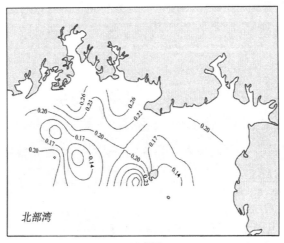

(c)底层

图 5-4　4 月北部湾北部 PO$_4$-P 分布（单位：μmol/L）

2. 6 月 PO$_4$-P 分布

6 月 PO$_4$-P 浓度变化范围为 0.06～1.92 μmol/L，表层、10 m 层和底层 PO$_4$-P 浓度分布如图 5-5 所示。对于表层，最高值 0.41 μmol/L 出现在钦州湾口的站位 P32，PO$_4$-P 浓度分布趋势为近岸高、外海低，高值区位于钦州湾和廉州湾处；10 m 层的 12 个调查站位中，分布呈现自北向南降低的趋势，最高值出现在研究海域中部的 P20 站位，为 1.92 μmol/L，这也是调查中的最高值；与 10 m 层一致，底层高值区也位于研究中部，在 P16 站位具有最高值为 0.27 μmol/L，在研究海域西部 PO$_4$-P 浓度均较低。

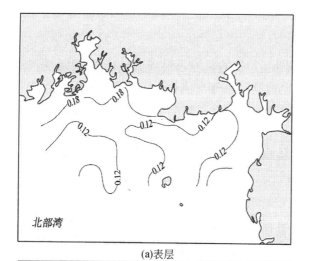

(a)表层

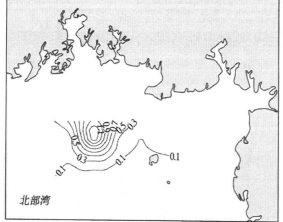

(b)10m层

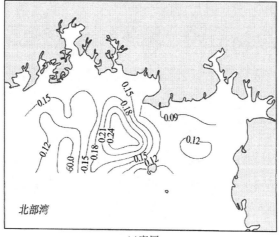

(c)底层

图 5-5　6 月北部湾北部 PO$_4$-P 分布（单位：μmol/L）

3. 8 月 PO₄-P 分布

与 DIN 相反，8 月 PO₄-P 浓度是 3 个航次中最高的，浓度范围为 0.07～0.63 μmol/L。由图 5-6 可知，表层 PO₄-P 分布近岸高于外海，高值区位于雷州半岛和北海之间的海湾；10 m 层 PO₄-P 的分布特征为由北至南递减，最高值位于钦州湾口外的 P16 站位，为 0.52 μmol/L；底层 PO₄-P 分布与表层一致，也呈现近岸高于外海的特点，尤其是在钦州湾近岸和廉州湾海域浓度较高，但最高值位于 P5 站位，为 0.63 μmol/L，也是本次调查的最高 PO₄-P 浓度。

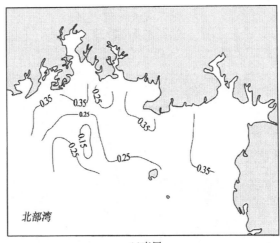

(a)表层

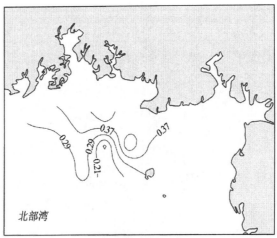

(b)10m层

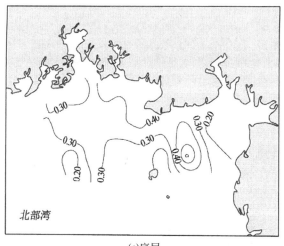

(c)底层

图 5-6　8 月北部湾北部 PO_4-P 分布（单位：μmol/L）

5.1.3　SiO_3-Si

1. 4 月 SiO_3-Si 分布

4 月 SiO_3-Si 浓度在表层、10 m 层和底层的变化范围分别为 5.09~26.13 μmol/L、4.72~17.88 μmol/L 和 6.52~19.53 μmol/L，平均值分别为(11.49±4.01) μmol/L、(12.45± 3.14) μmol/L 及(12.16±3.08) μmol/L，不同站位 SiO_3-Si 浓度分布见图 5-7。由图可知，无论是哪个水层，夏季 SiO_3-Si 浓度的高值区均分布于研究海域的中部。表层最高值位于 P12 站位，在钦州湾口及北海市和雷州半岛之间的海湾均较低，意味着径流对 SiO_3-Si 的贡献很小甚至冲淡海水中的 SiO_3-Si 含量；相对于表层，10 m 层的 SiO_3-Si 分布较为均匀，在 P16 站位具有最高值，为 17.88 μmol/L，其次是 P15 站位，为 17.45 μmol/L；底层的高值区分布趋势与 10 m 层一致，最高值位于 P15 站位，为 19.53 μmol/L，其次为 P16 站位的 18.46 μmol/L。

2. 6 月 SiO_3-Si 分布

6 月不同水层的 SiO_3-Si 分布见图 5-8，该调查航次中表层和底层 SiO_3-Si 浓度分布呈现出明显的近岸高于外海的特点，这可能意味着 6 月居民生活污水及江水径流带来了更多的 SiO_3-Si。表层的 SiO_3-Si 浓度变化范围为 5.56~28.10 μmol/L，平均值为(10.90±6.55) μmol/L，高值区位于钦州湾至廉州湾处的海域；10 m 层的 SiO_3-Si 浓度范围为 5.80~7.84 μmol/L，平均值为(6.72±0.72) μmol/L，稍微低于表层，高值区位于西部，而在涠洲岛西面的海域较低；底层的分布趋势与表层一致，均为近岸高于外海，不一样的是底层的高值区位于防城港西面的海域，最高值出现在 P31 站位。

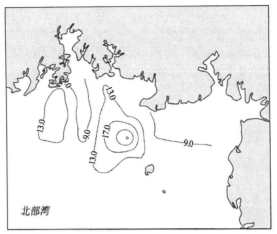

(a)表层

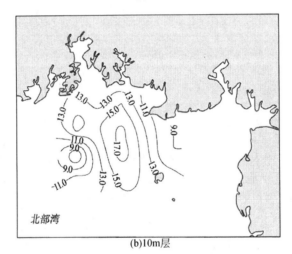

(b)10m层

(c)底层

图 5-7　4 月北部湾北部 SiO$_3$-Si 分布（单位：μmol/L）

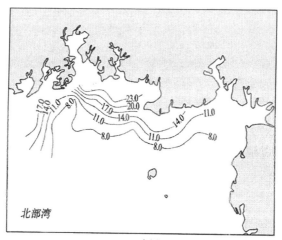

(a)表层

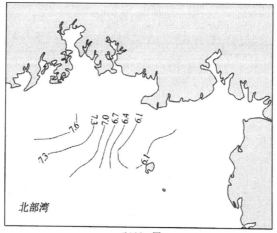

(b)10m层

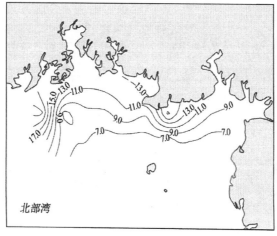

(c)底层

图 5-8　6 月北部湾北部 SiO$_3$-Si 分布（单位：μmol/L）

3. 8 月 SiO_3-Si 分布

8 月调查发现 SiO_3-Si 浓度范围为 0.94～20.45 μmol/L，最高值和最低值均出现在底层，3 个层次中底层平均值最高，为(9.31±4.50) μmol/L。由图 5-9 可知，8 月表层 SiO_3-Si 浓度分布与 6 月一致，均为明显的近岸高于外海，最高值位于钦州湾口处的 P32 和 P33 站位，浓度分别为 16.06 μmol/L 和 15.17 μmol/L。而在研究海域的中部及西部，SiO_3-Si 浓度较低。10 m 层的 SiO_3-Si 浓度低值区同样分布于研究海域的中部，近岸较高，与表层不同的是，10 m 层在涠洲岛西侧的海域 SiO_3-Si 浓度也较高，该水层最高值位于此处的 P13 站位，为 15.95 μmol/L。底层的分布整体上看也为近岸高外海低，近岸的高值区位于钦州湾处，但最高值位于 P24 站位，为 20.45 μmol/L。

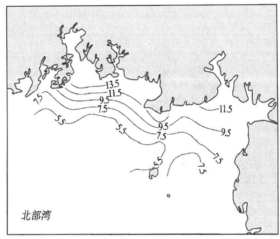

(a)表层

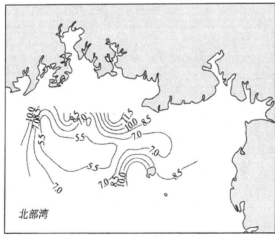

(b)10m层

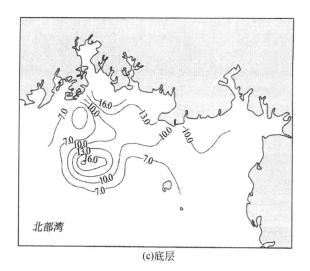

(c)底层

图 5-9　8 月北部湾北部 SiO₃-Si 分布（单位：μmol/L）

5.1.4　TDN

1. 4 月 TDN 分布

4 月为北部湾的枯水期，在当月调查检测到的 TDN 浓度范围为 6.96～45.94 μmol/L，高于 6 月和 8 月调查的平均值。如图 5-10 所示，研究海域的表层 TDN 分布没有明显的规律性，总体上看，在研究海域的东侧较低，西侧较高，最高值位于 P12 站位，为 45.94 μmol/L；10 m 层的 TDN 高值区位于钦州湾口及邻近海域，并向外海递减，最高值出现在 P22 站位，为 25.56 μmol/L；底层 TDN 在涠洲岛以北的 P8 站位具有最高值，为 23.53 μmol/L。

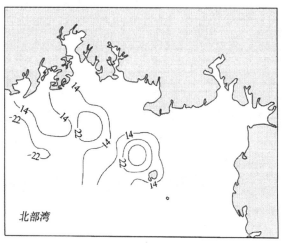

(a)表层

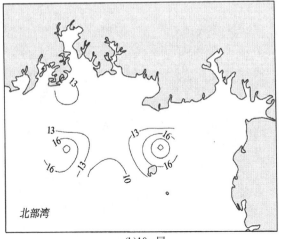

(b)10m层

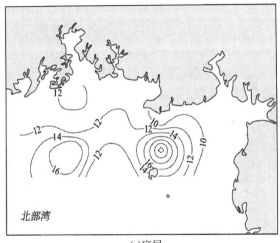

(c)底层

图 5-10 4 月北部湾北部 TDN 分布（单位：μmol/L）

2.6 月 TDN 分布

6 月 TDN 分布具有明显的规律性，均为近岸向外海逐渐降低的趋势（图 5-11）。表层、10 m 层和底层的 TDN 浓度变化范围分别为 7.54～26.84 μmol/L、9.17～22.14 μmol/L和 8.39～21.17μmol/L，平均值分别为(13.38±4.80) μmol/L、(11.77±3.43) μmol/L 和(12.16±3.35) μmol/L。表层和底层的 TDN 高值区都位于钦州湾及其邻近海域，最高值分别位于 P32 和 P19 站位。10 m 层的 TDN 最高值位于 P20 站位，分布上由该站位往东、西和南递减。

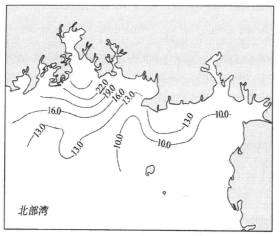

(a)表层

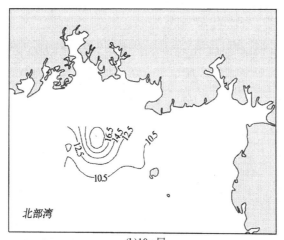

(b)10m层

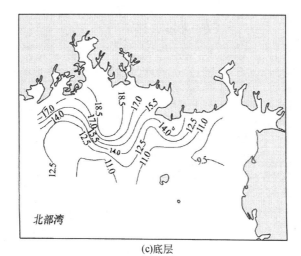

(c)底层

图 5-11　6 月北部湾北部 TDN 分布（单位：μmol/L）

3. 8 月 TDN 分布

8 月北部湾北部 TDN 分布如图 5-12 所示。8 月 TDN 浓度为 3 次调查中最低，其中在表层的平均值最低，为 (9.94±5.59) μmol/L，范围为 5.85～32.45 μmol/L。分布上有具有明显的由近岸向外海递减的趋势，最高值位于北海市近岸的 P4 站位，该站位也是当月调查 TDN 浓度最高的站位；10 m 层的 TDN 浓度范围为 5.87～31.68 μmol/L，在涠洲岛东部海域具有高值区，最高值位于涠洲岛东南侧的 P9 站位；与表层一致，底层的 TDN 分布也呈现明显的近岸高于外海的特点。底层的 TDN 平均值为 (10.54±9.24) μmol/L，高值区位于钦州近岸，最高值出现在钦州湾口和廉州湾之间的 P33 站位，为 60.31 μmol/L。

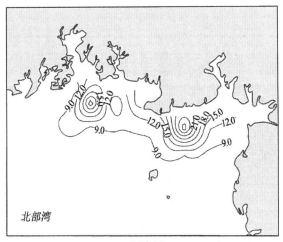

(a)表层

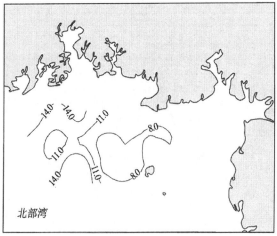

(b)10m层

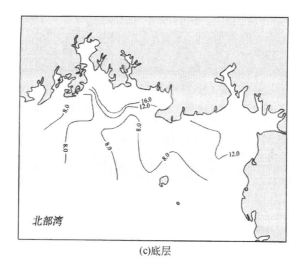

(c)底层

图 5-12　8 月北部湾北部 TDN 分布（单位：μmol/L）

5.1.5　TDP

1. 4 月 TDP 分布

4 月北部湾北部的 TDP 浓度为 0.14～1.00 μmol/L，平均值为 0.39 μmol/L，其中 10 m 层的平均值最高，为(0.42±0.18) μmol/L，其次是底层[(0.39±0.19) μmol/L]，表层稍低 [(0.36±0.19) μmol/L]。由图 5-13 可知，4 月北部湾北部表层 TDP 分布上无规律性，总体上看，在研究海域的西部较高，东侧较低，最高值位于 P28 站位，为 1.00 μmol/L；10 m 层 TDP 在研究海域中部具有高值区，最高值出现在涠洲岛东北侧的 P7 站位，为 0.78 μmol/L，其次是研究海域中部的 P16 站位，为 0.77 μmol/L；底层最高值出现在靠近越南海域的 P30 站位，此外在北海廉州湾外有个次高值区。

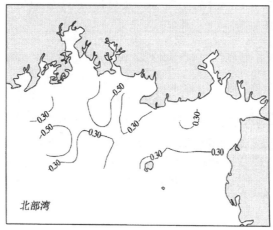

(a)表层

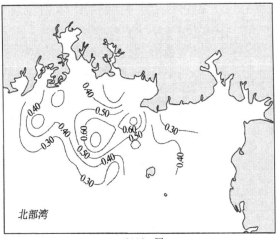

(b)10m层

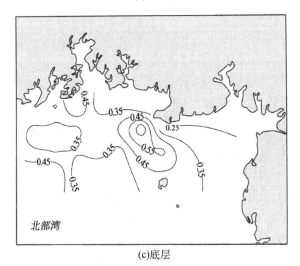

(c)底层

图 5-13　4 月北部湾北部 TDP 分布（单位：μmol/L）

2. 6 月 TDP 分布

　　6 月表层 TDP 分布具有明显的规律性，即沿岸高外海低（图 5-14），尤其是在钦州湾和廉州湾 TDP 高于其他区域，另一高值区为雷州半岛沿岸。表层 TDP 浓度范围为 0.10～0.77 μmol/L，最高值位于廉州湾外侧的 P10 站位，最低值位于研究海域南侧的 P13 站位；10 m 层最高值为 2.35 μmol/L，出现在研究海域中部的 P20 站位，而最低值为 0.14 μmol/L，位于 P28 站位；底层不同站位 TDP 浓度范围为 0.11～0.55 μmol/L，分布高值区位于防城港近岸海域及雷州半岛近岸水域。

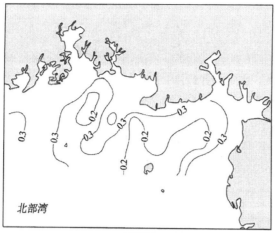

(a)表层

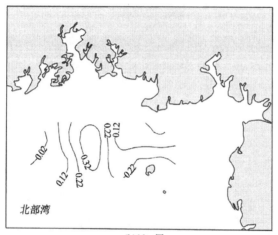

(b)10m层

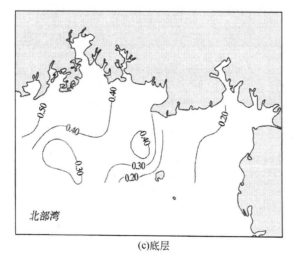

(c)底层

图 5-14 6 月北部湾北部 TDP 分布（单位：μmol/L）

3. 8 月 TDP 分布

8 月北部湾北部的 TDP 输入增加，不同站位的变化范围为 0.24～1.22 μmol/L，在 3 次调查中平均值最高。如图 5-15 所示，表层 TDP 高值区位于钦州湾口处，最高值出现在此处的 P18 站位，其次，在铁山港外侧海域 TDP 也较高；而 10 m 层的高值区位于防城港附近海域，其中 P23 站位具有最高值，为 0.94 μmol/L，在北海附近海域较低；底层的 TDP 变化范围为 0.28～0.85 μmol/L，呈现明显的近岸高于外海的特点。和表层一样，底层的高值区主要分布在钦州湾和廉州湾，这是受南流江、大风江、钦江和茅岭江入海的影响，由此可以推断，8 月 TDP 主要来源于这些地表径流的输入。

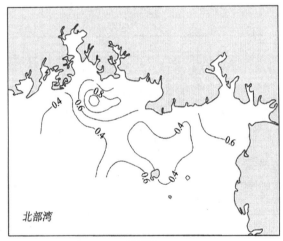

(a)表层

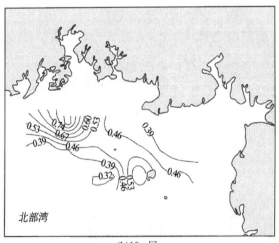

(b)10m层

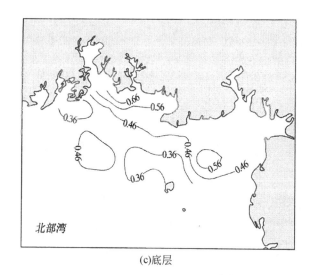

(c)底层

图 5-15　8 月北部湾北部 TDP 分布（单位：μmol/L）

综上可知，北部湾北部海域表层各项营养盐随着季节变化如图 5-16 所示。DIN、SiO$_3$-Si 及 TDN 都在 8 月的调查中具有最低平均值，而 PO$_4$-P 和 TDP 刚好与之相反，在 8 月份最高。10 m 水层和底层的各项营养盐参数季节变化则无此规律（图 5-17，图 5-18）。

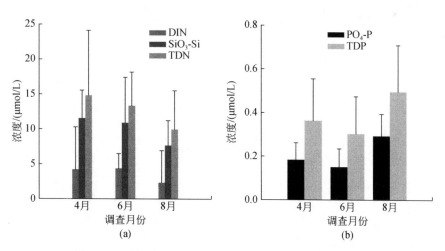

图 5-16　不同季节北部湾北部海域表层各项营养盐平均值

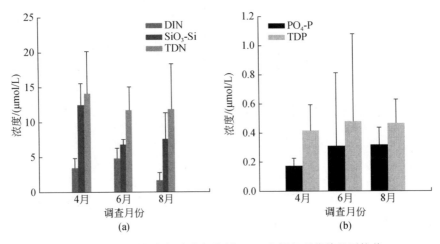

图 5-17　不同季节北部湾北部海域 10 m 水层各项营养盐平均值

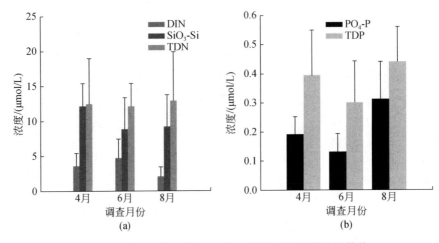

图 5-18　不同季节北部湾北部海域底层各项营养盐平均值

5.2　营养盐组成结构

海水中氮、磷、硅等营养元素的含量是维持浮游植物生长繁殖的物质基础,而营养盐的结构对浮游植物的生长及群落组成具有重要的影响作用。Redfield(1963)认为海洋中硅藻对氮、磷和硅需求的原子比为 N：Si：P=16：16：1。Justić(1995)和 Dortch 等(1989,1992)建立了评估某一种营养盐的化学计量限制标准,这个标准认为当 DIN/PO_4-P＜10 且 SiO_3-Si/DIN＞1 时可认为海区为氮限制;DIN/PO_4-P＞22 且 SiO_3-Si/PO_4-P＞22 时为磷限制;当 SiO_3-Si/PO_4-P＜10 且 SiO_3-Si/DIN＜1 时为硅限制,这个标准也被称为浮游植物营养盐的相对限制性法则。而 Nelson 等(1992)提出了另一个法则,即浮游植物营养盐的绝对限制性法则,根据该法则 DIN = 1 μmol/L、PO_4-P = 0.1 μmol/L 和 SiO_3-Si =

2 µmol/L 分别为浮游植物生长所需的氮、磷和硅最低阈值。本节主要结合这两个法则分析北部湾北部海域在调查期间的营养盐结构，揭示该海域不同时期浮游植物生长的可能限制因子（表 5-2，表 5-3）。

表 5-2　3 个调查航次北部湾北部海域氮、磷和硅的比值

营养盐结构	层次	4 月		6 月		8 月	
		范围	平均值	范围	平均值	范围	平均值
DIN/PO$_4$-P	表层	3.5～96.7	23.8±20.6	11.5～73.9	33.8±16.3	1.5～122.2	9.6±20.8
	10 m 层	4.4～41.9	20.9±9.5	2.6～86.1	33.8±22.4	1.9～16.4	5.9±3.4
	底层	5.5～36.0	19.2±7.6	10.4～126.5	39.0±24.0	1.7～27.4	7.8±5.6
SiO$_3$-Si/PO$_4$-P	表层	23.4～163.6	72.3±29.7	25.6～161.5	80.3±36.3	10.2～70.2	29.2±14.5
	10 m 层	23.8～152.4	78.6±28.1	3.8～98.5	47.0±26.5	9.2～105.5	29.8±22.8
	底层	32.4～142.6	68.9±24.1	23.5～199.2	75.7±44.4	3.3～160.6	36.0±28.2
SiO$_3$-Si/DIN	表层	0.7～12.2	4.2±2.3	1～8.3	2.7±1.3	0.3～17.1	6.1±3.4
	10 m 层	2.2～7.5	4.2±1.5	0.7～2.0	1.5±0.3	2.0～16.2	5.4±3.3
	底层	1.7～8.3	4.0±1.6	0.6～5.1	2.1±1.0	0.3～18.5	5.7±3.5

表 5-3　3 个调查航次北部湾北部海域营养盐限制发生的站位数

营养盐限制	4 月			6 月			8 月		
	表层	10 m 层	底层	表层	10 m 层	底层	表层	10 m 层	底层
	(n=33)	(n=19)	(n=30)	(n=33)	(n=12)	(n=26)	(n=33)	(n=19)	(n=33)
氮限制									
DIN/PO$_4$-P＜10, SiO$_3$-Si/DIN＞1	4	1	3	0	1	0	27	17	25
DIN＜1 µmol/L	2	1	0	0	0	0	14	4	7
磷限制									
DIN/PO$_4$-P＞22, SiO$_3$-Si/PO$_4$-P＞22	10	7	9	24	8	22	2	0	1
PO$_4$-P ＜0.1 µmol/L	3	1	1	8	2	7	1	1	0
硅限制									
SiO$_3$-Si/PO$_4$-P＜10, SiO$_3$-Si/DIN＜1	0	0	0	0	0	0	0	0	1
SiO$_3$-Si＜2 µmol/L	0	0	0	0	0	0	0	0	1

5.2.1 DIN/PO₄-P

在北部湾北部海域，2016 年 4 月表层、10 m 层和底层水体中 DIN/PO$_4$-P 值范围分别为 3.5～96.7、4.4～41.9 和 5.5～36.0，平均值分别为 23.8±20.6、20.9±9.5 和 19.2±7.6，表层平均值大于 22（表 5-2）。从整体上看，4 月该海域存在潜在的磷限制；营养盐限制因子分析结果表明，4 月表层海水中只有 4 个站位为相对氮限制状态（DIN/PO$_4$-P<10, SiO$_3$-Si/DIN>1），2 个站位为绝对氮限制（DIN<1 μmol/L），分别为 P5 站位和 P13 站位；而有 10 个站位处于相对磷限制状态（DIN/PO$_4$-P>22, SiO$_3$-Si/PO$_4$-P>22）（表 5-3），10 m 层和底层也分别有 7 个和 9 个站位处于相对磷限制状态。不同水层的 DIN/PO$_4$-P 分布如图 5-19 所示，表层在 P24 站位具有最大的 DIN/PO$_4$-P 值，高达 96.7，第二个高值在 P12 站位，为 93.1；10 m 层 DIN/PO$_4$-P 高值区位于涠洲岛的东南片；而底层的高值区主要分布在研究海域的西部靠近防城港近岸的海域，以及涠洲岛邻近海域。

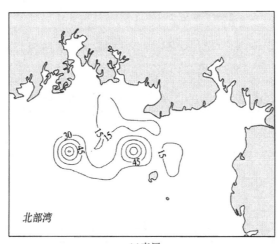

(a)表层

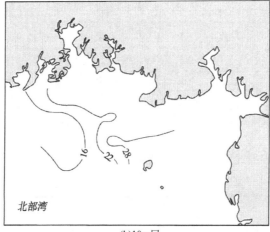

(b)10m层

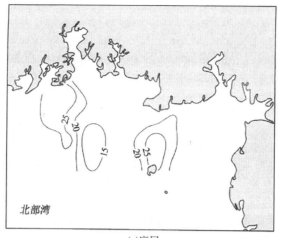

(c)底层

图 5-19　4 月北部湾北部海域 DIN/PO$_4$-P 分布

6 月表层、10 m 层和底层的 DIN/PO$_4$-P 值范围分别为 11.5～73.9、2.6～86.1 和 10.4～126.5，平均值分别为 33.8±16.3、33.8±22.4 和 39.0±24.0（表 5-2），仍高于 Redfield 比值，且相较 4 月增大很多，主要是由于 6 月水体中 DIN 浓度稍高于 4 月，而 PO$_4$-P 浓度却稍低于 4 月。DIN/PO$_4$-P 值的增大意味着该海域潜在磷限制状态加剧。经分析，6 月所有水层水样中，只有 1 个站位处于相对氮限制的状态，即 P20 的 10 m 层；而表层、10 m 层和底层处于相对磷限制状态的站位分别有 24、8 和 22 个站位，更分别有 8、2 和 7 个站位的 PO$_4$-P 浓度小于 0.1 μmol/L。如图 5-20 所示，不同水层的 DIN/PO$_4$-P 呈现不同的分布趋势，表层海水该比值的高值区主要分布在防城港近岸和北海近岸海域，最大值高达 73.9，位于北海近岸的 P7 站位；在 10 m 层的海域中，DIN/PO$_4$-P 布呈现南部高北部低的趋势，最大值位于涠洲岛西南方的 P13 站位；而底层该比值分布呈现明显的近岸高、外海低的趋势，在 P19 站位具有最大值。

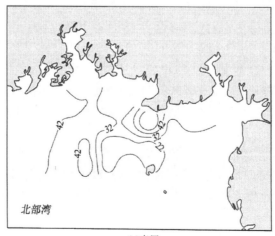

(a)表层

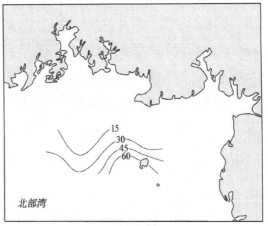

(b)10m层

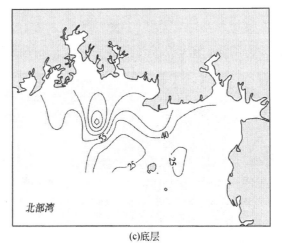

(c)底层

图 5-20　6 月北部湾北部海域 DIN/PO$_4$-P 分布

　　相比于 4 月和 6 月，8 月调查中北部湾北部海域的 DIN/PO$_4$-P 值大幅度降低，表层、10 m 层和底层的范围分别为 1.5～122.2、1.9～16.4 和 1.7～27.4，平均值分别为 9.6±20.8、5.9±3.4 和 7.8±5.6（表 5-2），均小于 Redfield 比值，且小于 10，这是由于 8 月水体中 DIN 浓度降低，而 PO$_4$-P 浓度升高。DIN/PO$_4$-P 值大幅度降低意味着该海域由 4 月及 6 月的氮限制可能转为磷限制。经营养盐限制因子分析，8 月表层、10 m 和底层分别有 27 个、17 个和 25 个站位 DIN/PO$_4$-P<10 且 SiO$_3$-Si/DIN>1，并分别有 14 个、4 个和 7 个站位的 DIN<1 μmol/L（表 6-3）。而 3 个水层中处于相对磷限制状态的站位分别有 2 个、0 个和 1 个站位，其中，PO$_4$-P 浓度<0.1 μmol/L 分别有 1 个、1 个和 0 个站位的。不同水层的 DIN/PO$_4$-P 分布见图 5-21，表层海水 DIN/PO$_4$-P 最大值为 122.2，位于北海近岸的 P4 站位，另一个该比值大于 22 的站位为钦州近岸的 P33 站位，除了这两个站位外其余站位 DIN/PO$_4$-P 大多小于 10；在 10 m 层的海域中，DIN/PO$_4$-P 分布呈现西部海域高于东部的特点，在该水层的所有研究站位该比值均小于 10；底层 DIN/PO$_4$-P 分布为近岸稍高于外海，在涠洲岛的东南海域为高值区。

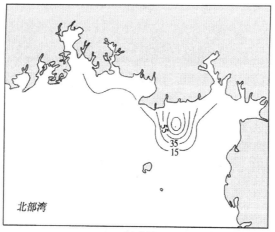

(a)表层

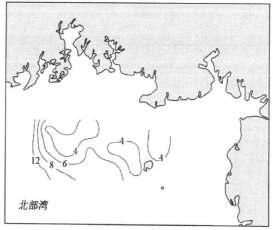

(b)10m层

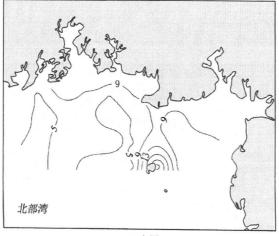

(c)底层

图 5-21　8 月北部湾北部海域 DIN/ PO$_4$-P 比值分布

5.2.2　SiO₃-Si/PO₄-P

由表 5-2 可知，无论是 4 月、6 月还是 8 月，所调查站位各水层的 SiO₃-Si/PO₄-P 平均值均高于 22，大小顺序为 4 月（73.3）＞6 月（67.7）＞8 月（31.7），与各调查时间的 SiO₃-Si 平均值大小排序一致。8 月该比值的大幅度降低与 DIN/PO₄-P 一样，也是由 8 月 SiO₃-Si 含量的降低，以及 PO₄-P 浓度的升高所引起。如表 5-3 所示，北部湾北部海域在 4 月和 6 月均不存在硅限制，只有 8 月的底层在 P22 站位出现 SiO₃-Si/PO₄-P＜10 且 SiO₃-Si/DIN＜1 的现象，且该站位的 SiO₃-Si 浓度低于硅藻生长的阈值，仅为 0.94 μmol/L。

不同调查月份的 SiO₃-Si/PO₄-P 分布分别如图 5-22～图 5-24 所示。4 月表层海水中 SiO₃-Si/PO₄-P 高值区位于北部湾北部海域中部，而在北部湾北部近岸海域均较低；10 m

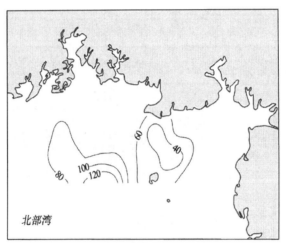

(a)表层

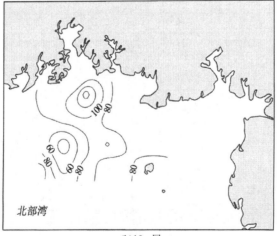

(b)10m层

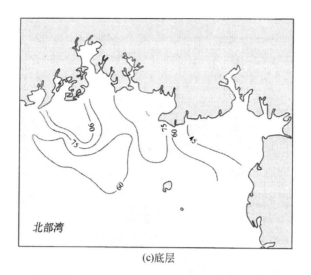

(c)底层

图 5-22　4 月北部湾北部海域 SiO_3-Si/PO_4-P 分布

层的高值区位于钦州湾口处，在 P18 站位具有最大值；而底层的高值区在防城港近岸水域，在铁山港和雷州半岛之间的海域较低。6 月的 SiO_3-Si/PO_4-P 分布在表层和底层具有类似的趋势，均为钦州至北海近岸海域较高，外海较低；而 10 m 层则为北部海域低，南部海域高，高值区位于涠洲岛的东南方向（图 5-23）。8 月不同水层的 SiO_3-Si/PO_4-P 分布差异较大，其中表层具有两个高值区，一个位于钦州近岸海域，另一个位于涠洲岛的西南海域；而 10 m 层的高值区位于整个研究海域的西南方向，最大值出现在 P29 站位，为 105.5；底层除了在 P24 站位具有最大值 160.6，在其他站位分布较为均匀，无明显分区。

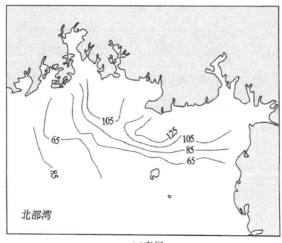

(a)表层

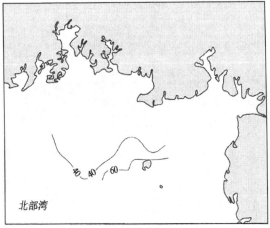

(b)10m层

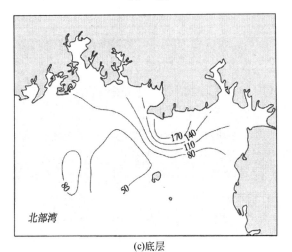

(c)底层

图 5-23　6 月北部湾北部海域 SiO₃-Si/PO₄-P 分布

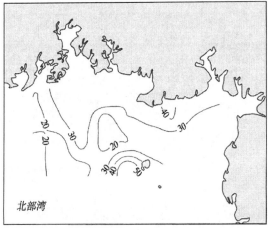

(a)表层

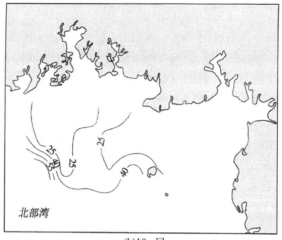

(b)10m层

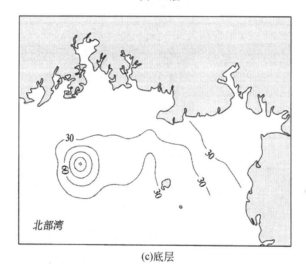

(c)底层

图 5-24　8 月北部湾北部海域 SiO_3-Si/PO_4-P 分布

5.2.3　SiO_3-Si/DIN

如前文所述，SiO_3-Si/DIN 是用来辅助指示海区是否处于氮限制或者硅限制的指标。由表 5-2 可知，无论是 4 月、6 月还是 8 月，SiO_3-Si/DIN 平均值均大于 1，意味着根据相对限制性法则，该海区几乎不存在硅限制的现象，这与 5.2.2 节中的结论一致。3 个航次调查的 SiO_3-Si/PO_4-P 平均值大小顺序为 8 月（5.7）＞4 月（4.1）＞6 月（2.1）。

4 月表层海水中 SiO_3-Si/DIN 分布如图 5-25 所示，高值区位于北部湾北部海域中部偏涠洲岛方向的海域，最高值为 12.2 位于 P13 站位；在 10 m 层呈现明显的西部海域高东部海域低的趋势，在 P23 站位具有最大值为 7.5；底层的 SiO_3-Si /DIN 在涠洲岛邻近海域较低，在 P11 站位具有最高值，为 8.3。6 月表层的 SiO_3-Si/DIN 在三娘湾和廉州湾邻近海域具有高值区，呈现近岸高外海低的趋势（图 5-26）;10 m 层的该比值在涠洲岛西岸具有低值区，其他海域分布较为均匀；而底层的高值区在北海市近岸及铁山港邻近海域，以及研究海域的西部即靠近越南的海域。8 月的 SiO_3-Si/DIN 分布如图 5-27 所示，在北部湾北部近岸海域中，除了防城港近岸具有一个高值区，其余近岸均较低，此外，在涠洲岛与雷州半岛中部海域也具有一个高值区；对于 10 m 层的调查站位，高值区位于涠洲岛西部海域；而在底层，最高值位于 P24 站位，为 18.5，该站位也是底层中硅酸盐含量最高的站位。

综上所述，北部湾北部海域在春夏季几乎不存硅限制的现象，因而该海域在春夏季浮游植物均以硅藻为主。在 4 月和 6 月，该海域浮游植物存在潜在的磷限制，而到了 8 月由于 DIN 输入的减少及 PO_4-P 浓度的增加，浮游植物转入相对氮限制的状态。

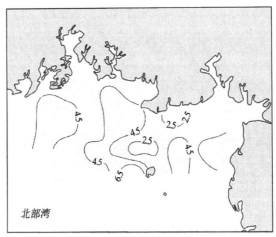

(a)表层

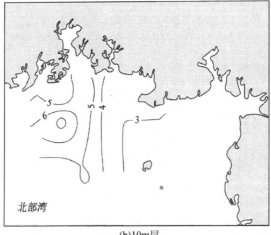

(b)10m层

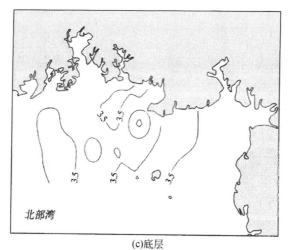

(c)底层

图 5-25　4 月北部湾北部海域 SiO_3-Si/DIN 分布

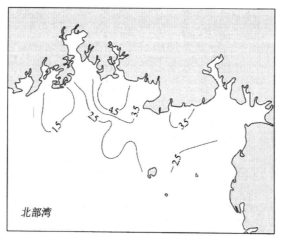

(a)表层

(b)10m层

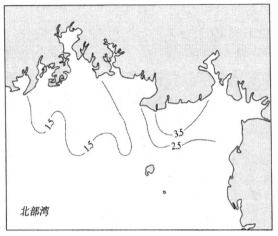

(c)底层

图 5-26　6 月北部湾北部海域 SiO$_3$-Si/DIN 分布

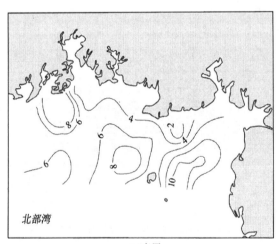

(a)表层

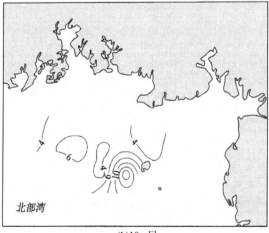

(b)10m层

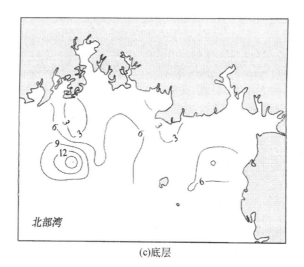

(c)底层

图 5-27　8 月北部湾北部海域 SiO_3-Si/DIN 分布

5.3　营养盐与环境因子的相关性分析

利用 IBM SPSS Statistics 13.0 对表层海水营养盐和其他环境因子做了皮尔森相关性分析（Pearson correlation analysis），4 月、6 月和 8 月的分析结果分别见表 5-4～表 5-6。

经分析，4 月与营养盐之间相关性比较大的环境因子是叶绿素 a（Chl a）和盐度，其中，叶绿素 a 含量与 NO_3^-、DIN 及 TDN 之间呈现极显著正相关（$p < 0.01$），而与 PO_4-P 之间为显著正相关（$p < 0.05$），这可能是由于在高无机营养盐的条件下，浮游植物的生物量也较大。而盐度对营养盐的影响则相反，盐度与 NH_4^+、NO_3^-、DIN、PO_4-P、SiO_3-Si 及 TDN 呈显著或极显著负相关，这意味着这些营养物质可能来自淡水。浊度主要影响 NO_3^-、DIN 及 PO_4-P 的含量，与三者之间呈显著或极显著正相关。此外，pH 与 NO_2^- 为显著负相关，DO 与 SiO_3-Si 含量显著正相关，而温度与 NH_4^+ 呈显著负相关。由表 5-4 还可以看出，DIN 和 NH_4^+、NO_3^-、PO_4-P、SiO_3-Si 及 TDN 存在显著或极显著正相关关系，说明 NH_4^+ 和 NO_3^- 是 DIN 的主要贡献者，而 PO_4-P 与 SiO_3-Si 则可能与 DIN 具有相同的来源。

表 5-4　4 月北部湾北部海域营养盐与其他环境因子的皮尔森相关性

	NH_4^+	NO_3^-	NO_2^-	DIN	PO_4-P	SiO_3-Si	TDN	TDP	Chl a	pH	DO	温度	盐度	浊度
NH_4^+	1													
NO_3^-	0.541**	1												
NO_2^-	−0.069	0.045	1											
DIN	0.601**	0.993**	0.127	1										

	NH_4^+	NO_3^-	NO_2^-	DIN	PO_4-P	SiO_3-Si	TDN	TDP	Chl a	pH	DO	温度	盐度	浊度
PO_4-P	0.23	0.475**	0.343	0.498**	1									
SiO_3-Si	0.248	0.680**	0.332	0.690**	0.481**	1								
TDN	0.570**	0.662**	0.037	0.679**	0.312	0.396*	1							
TDP	−0.04	0.033	−0.133	0.015	0.157	0.083	0.387*	1						
Chl a	0.125	0.602**	−0.22	0.555**	0.407*	0.186	0.492**	0.154	1					
pH	0.111	0.222	−0.366*	0.185	0.107	0.173	0.185	−0.039	0.331	1				
DO	−0.104	0.19	−0.216	0.147	0.125	0.378*	0.012	−0.06	0.153	0.096	1			
温度	−0.395*	−0.008	−0.143	−0.061	−0.082	−0.171	−0.243	0.022	0.34	0.023	−0.025	1		
盐度	−0.352*	−0.768**	0.135	−0.740**	−0.366*	−0.401*	−0.569**	−0.228	−0.737**	−0.223	−0.19	−0.054	1	
浊度	0.199	0.512**	−0.202	0.480**	0.411*	0.005	0.31	0.084	0.764**	0.186	−0.098	0.222	−0.621**	1

注：*在 0.05 水平显著相关，**在 0.01 水平显著相关

6月除温度和浊度外，其他环境因子包括 Chl a、pH、DO 与盐度均与各项营养盐存在较大相关性（表 5-5）。Chl a 与 NO_3^-、DIN 及 TDN 呈极显著正相关，与 SiO_3-Si 呈显著正相关，说明氮和硅是影响浮游植物生物量的主要营养元素。pH 与 DO 呈极显著正相关，两者均与 NO_3^-、DIN、PO_4-P、SiO_3-Si、TDN 及 Chl a 呈极显著负相关，此外盐度也与上述除 PO_4-P 外的其他环境因子呈极显著负相关。DIN 和 NH_4^+、NO_3^-、PO_4-P、SiO_3-Si、TDN 及 TDP 存在显著或极显著正相关关系，说明这些营养盐可能与春季一样，具有同源性。

表 5-5　6 月北部湾北部海域营养盐与其他环境因子的皮尔森相关性

	NH_4^+	NO_3^-	NO_2^-	DIN	PO_4-P	SiO_3-Si	TDN	TDP	Chl a	pH	DO	温度	盐度	浊度
NH_4^+	1													
NO_3^-	0.003	1												
NO_2^-	0.641**	−0.048	1											
DIN	0.360*	0.934**	0.211	1										
PO_4-P	0.255	0.412*	0.112	0.474**	1									
SiO_3-Si	0.05	0.576**	−0.151	0.547**	0.625**	1								
TDN	−0.007	0.845**	−0.033	0.787**	0.423*	0.738**	1							
TDP	0.751**	0.303	0.529**	0.553**	0.727**	0.421*	0.306	1						
Chl a	−0.201	0.653**	−0.197	0.536**	0.34	0.391*	0.558**	0.154	1					
pH	0.015	−0.686**	0.216	−0.626**	−0.517**	−0.799**	−0.784**	−0.314	−0.667**	1				

续表

	NH$_4^+$	NO$_3^-$	NO$_2^-$	DIN	PO$_4$-P	SiO$_3$-Si	TDN	TDP	Chl a	pH	DO	温度	盐度	浊度
DO	−0.031	−0.726**	0.169	−0.681**	−0.507**	−0.827**	−0.798**	−0.356*	−0.612**	0.942**	1			
温度	−0.139	0.06	−0.283	0.007	−0.126	0.117	−0.057	−0.106	0.223	−0.014	−0.105	1		
盐度	0.005	−0.722**	0.155	−0.669**	−0.322	−0.528**	−0.711**	−0.273	−0.696**	0.764**	0.765**	−0.349	1	
浊度	−0.196	0.136	−0.176	0.067	0.161	0.474**	0.354	−0.031	0.129	−0.536**	−0.538**	0.124	−0.314	1

注：*在 0.05 水平显著相关，**在 0.01 水平显著相关

8 月各项其他环境因子与营养盐之间均存在较大相关性（表 5-6）。其中，Chl a 与 NO$_3^-$、NO$_2^-$、DIN 及 TDN 呈极显著正相关，与 SiO$_3$-Si 呈显著正相关，与 4 月和 6 月一致，说明浮游植物的生长主要依赖于海域中氮和硅营养盐。DO 与 NH$_4^+$呈极显著负相关，但与 NO$_3^-$和 DIN 呈极显著正相关。温度和盐度对营养盐具有相反的相关性，温度与 NO$_3^-$、DIN、TDN 及 Chl a 均为显著或极显著正相关，但盐度与这四个因子之间呈现极显著负相关，说明了这些营养盐可能来自江河水等径流。夏季 DIN 与 PO$_4$-P 和 SiO$_3$-Si 之间没有显著相关性，意味着夏季的 PO$_4$-P 和 SiO$_3$-Si 可能与 DIN 具有不同的来源。

表 5-6　8 月北部湾北部海域营养盐与其他环境因子的皮尔森相关性

	NH$_4^+$	NO$_3^-$	NO$_2^-$	DIN	PO$_4$-P	SiO$_3$-Si	TDN	TDP	Chl a	pH	DO	温度	盐度	浊度
NH$_4^+$	1													
NO$_3^-$	−0.06	1												
NO$_2^-$	0.449**	0.423*	1											
DIN	0.07	0.991**	0.516**	1										
PO$_4$-P	0.372*	−0.102	0.122	−0.054	1									
SiO$_3$-Si	0.759**	0.16	0.653**	0.271	0.399*	1								
TDN	0.293	0.757**	0.571**	0.799**	0.088	0.375*	1							
TDP	0.493**	−0.075	0.173	−0.013	0.331	0.411*	0.304	1						
Chl a	0.076	0.782**	0.583**	0.803**	0.17	0.384*	0.704**	0.043	1					
pH	−0.731**	0.139	−0.482**	0.032	−0.378*	−0.788**	−0.169	−0.569**	−0.052	1				
DO	−0.446**	0.587**	−0.12	0.518**	−0.292	−0.329	0.321	−0.197	0.503**	0.621**	1			
温度	−0.238	0.631**	0.158	0.605**	0.061	0.027	0.421*	0.002	0.539**	0.107	0.435*	1		
盐度	0.068	−0.644**	−0.297	−0.640**	0.225	−0.028	−0.568**	0.228	−0.612**	−0.368*	−0.557**	−0.1	1	
浊度	0.462**	0.096	0.534**	0.163	0.019	0.561**	0.2	0.019	0.106	−0.410*	−0.155	0.08	0.033	1

注：*在 0.05 水平显著相关，**在 0.01 水平显著相关

5.4　营养盐对海洋生态系统的影响分析

北部湾海域三面环陆，水交换较差，承载能力和净化动力相对较弱，生态环境十分脆弱。北部湾入海污染源有三种类型：沿岸入海点源、沿岸入海面源和海上污染源。沿岸入海点源主要有直接排入海中的工业污染源、城镇居民生活排污口和入海河流；沿岸入海面源主要是沿岸地区农业耕地、畜禽养殖、农村生活排水；海上污染源主要包括海水养殖排水、石油开采泄漏、沿海港口码头作业船舶和海上航行作业的机动船（张宏科等，2008）。随着泛北部湾经济合作的兴起，广西沿海工业所占 GDP 的比重大大提高，这无疑给北部湾的生态环境带来更多的压力。在正常的近岸水体中，浮游植物的优势种为硅藻，当水体中的营养盐发生变化，如某一种元素成为浮游植物生长限制因子时，就会导致甲藻或者其他门类的藻取代硅藻变成优势种。而若此时富营养的河流或生活污水向该海域输入时，就会导致该海域浮游植物种类发生演替乃至生态系统失衡，严重时则引起赤潮的发生。通常，海水营养盐浓度的升高只会导致生物量的增加，但是由于陆源或者沿岸养殖废水中的营养盐比例往往严重偏离 Redfield 比值，由此引起沿岸水体营养比例的失调，从而导致生物多样性减小，一些种类迅速繁殖或诱发有害赤潮，破坏生态系统的平衡。本章通过营养盐对浮游植物群落的影响来反映北部湾北部营养盐对该海域生态系统的影响。

对北部湾营养盐调查结果为：4 月（春季）和 6 月该海域主要为磷限制，夏季（8月）为氮限制限制。这与吴敏兰（2014）在 2011 年的调查认为磷是春夏季北部湾北部海域的主要限制因子不尽一致，可能是不同调查年份存在变化，在其 2011 年调查中，春夏季的 PO_4-P 浓度均值均为 0.06 μmol/L，满足营养盐的绝对限制性法则。对不同季节的优势种和营养盐进行相关性分析，结果如表 5-7。春夏季除红海束毛藻外的其他优势种及浮游植物总丰度均不受单一营养元素的显著影响，但红海束毛藻与 SiO_3-Si/PO_4-P 之间呈极显著正相关，在红海束毛藻占绝对优势的站位中，PO_4-P 浓度均较低（0.09～0.21 μmol/L），这意味着有可能束毛藻在低磷的条件下更具有竞争优势，当环境中 SiO_3-Si 浓度增加，束毛藻就有可能引发赤潮。调查期间北部湾北部海域浮游植物生长不受 SiO_3-Si 限制，因此春夏季浮游植物整体上均以硅藻为主，6 月该海域的磷限制加剧，优势种由 6 种变成 3 种。4 月，优势种中除了旋链角毛藻不受单一营养元素的显著影响，柔弱拟菱形藻、冰河拟星杆藻及浮游植物丰度均与 DIN、TDN 及 DIN/PO_4-P 呈显著正相关，而均与 SiO_3-Si/DIN 之间呈显著负相关，说明这三种优势种的生长均受益于 DIN 浓度的增加。夏季，当海区营养盐限制因子由磷转为氮时，大量根管藻出现成为北部湾北部海域的主要浮游植物种类，其中脆根管藻为优势种，此外还有细柱藻，而柔弱拟菱形藻从春季开始一直都是该海域的优势种之一。夏季的优势种中，硅藻的繁殖消耗大量的 SiO_3-Si，因而导致脆根管藻、柔弱拟菱形藻和丹麦细柱藻与 SiO_3-Si 含量呈显著或极显著负相关，脆根管藻还与 DIN、TDN 及 SiO_3-Si/PO_4-P 之间呈显著负相关，这可能与脆根管藻具有较强的低氮耐受力有关。DIN 浓度的较少及 PO_4-P 浓度的增加，使得浮游植物丰度主要受到 DIN 的正调控。不可忽略的是，在无机氮磷相对限制，甚至是无机氮磷满足绝对限制，低于浮游植物生长阈值的条件下浮游植物均能生长，这可能是因为海水中溶解态有机氮、磷水解成无机态形式供浮游植物利用。

表 5-7　春夏季北部湾北部浮游植物优势种与营养盐相关性

时间	项目	DIN	SiO_3-Si	TDN	TDP	DIN/PO_4-P	SiO_3-Si/DIN	SiO_3-Si/PO_4-P	TDN/TDP
4 月	红海束毛藻							0.545**	
6 月	柔弱拟菱形藻	0.634**		0.432*		0.525**	−0.398*		
	冰河拟星杆藻	0.570**		0.415*		0.557**	−0.379*		
	总丰度	0.628**		0.453**		0.526**	−0.378*		
8 月	脆根管藻	−0.357*	−0.688**	−0.428*	−0.425*			−0.471**	
	柔弱拟菱形藻		−0.445**		−0.348*				
	丹麦细柱藻		−0.416*		−0.355*				
	总丰度	0.869**	−0.002	0.615**		0.868**			0.802**

注：**在 0.01 水平显著相关；*在 0.05 水平显著相关。表中仅列具有显著相关性结果

研究结果表明了北部湾北部海域浮游植物不同季节群落结构组成和优势种的变化，除了可能与温度、盐度、水文等条件有关外，还受营养盐和营养盐比例的影响，这是由于不同类群的浮游植物适应营养环境的能力不同，浮游植物群落结构也就在不同类群的浮游植物竞争中发生变化。如春季在营养盐丰富的水体中，硅藻具有更强的竞争力能够在浮游植物群落中迅速繁殖并占据优势地位，而在磷营养盐相对缺乏时，对低磷适应能力能力较强的蓝藻（红海束毛藻）就形成优势。在蓝藻或者甲藻等其他藻类占优势的时候，如果营养盐突然增加，就会导致该种赤潮的发生，研究海域中大量赤潮生物种类的存在，为各种赤潮的发生提供了可能性，因此应依据海域中的环境容量，控制海域排放污染物总量，从源头上控制有害赤潮的发生。

第6章 典型海区生态环境调查与评价

6.1 环境理化因子时空分布

将涠洲岛南部海域及琼州海峡西部海域作为典型海区，共进行了 3 个航次的典型海区环境理化因子调查，调查时间分别为 2016 年 4 月、6 月和 8 月。涠洲岛南部海域分层采集海水，在水深小于 5 m 站位只采集表层海水，水深大于 5 m 而小于 7 m 站位采集表层和底层海水，水深大于 7 m 站位采集表层、5 m 层和底层海水。琼州海峡西部海域只采集表层海水。各航次环境理化因子时空分布和垂直分布描述如下。

6.1.1 温盐

1. 水温

（1）涠洲岛南部海域

3 个调查航次涠洲岛南部海域各水层水温时空分布见图 6-1～图 6-3。从图可见，4 月表层水温自北往南逐渐升高，5 m 层水温低值区位于调查区域中部，而底层水温分布与 5 m 层正好相反，在 5 m 层水温低值区域底层水温反而最高。6 月表层和 5 m 层水温分布趋势近似，均为北高南低走势，底层为中间低，四周高。8 月表层和 5 m 层水温也呈自北往南逐渐升高趋势，底层水温在调查区域中部形成一个低值区。4 月水温分布范围为 23.4～25.0℃，平均为 24.1℃；6 月水温分布范围为 28.2～29.8℃，平均为 29.4℃；8 月水温分布范围为 28.7～30.4℃，平均为 30.1℃。在垂直分布上，4 月表层水温最高，5 m 层和底层水温接近。6 月在 101、201、203、303 和 403 这 5 个站位底层水温高于表层和 5 m 层，在 102、103 和 202 这 3 个站位表层水温最高，在 301、302、401 和 402 这 4 个站位表层和底层水温接近。8 月表层水温普遍高于 5 m 层和底层，底层水温最低。详见图 6-4～图 6-6。

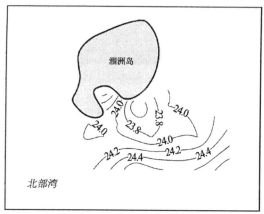

(a)表层

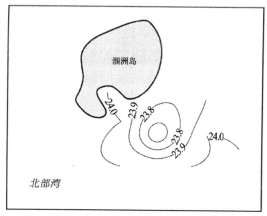

(b)5m层

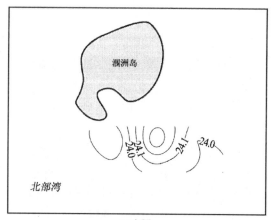

(c)底层

图 6-1　2016 年 4 月涠洲岛南部海域水温等值线图（单位：℃）

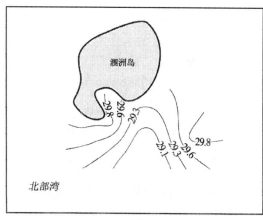

(a)表层

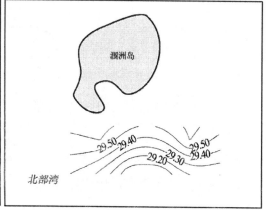

(b)5m层

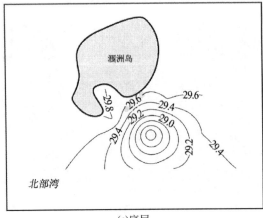

(c)底层

图 6-2 2016 年 6 月涠洲岛南部海域水温等值线图（单位：℃）

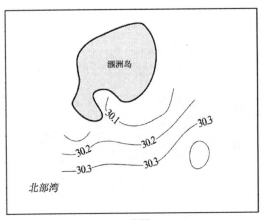

(a)表层

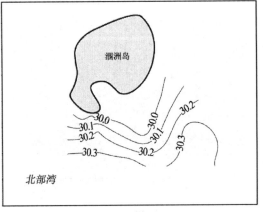

(b)5m层

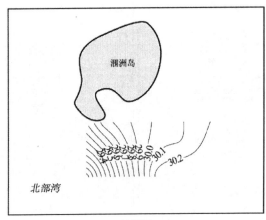

(c)底层

图 6-3 2016 年 8 月涠洲岛南部海域水温等值线图（单位：℃）

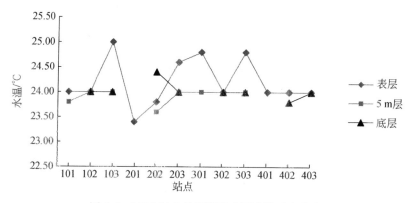

图 6-4　2016 年 4 月涠洲岛南面水温垂直分布

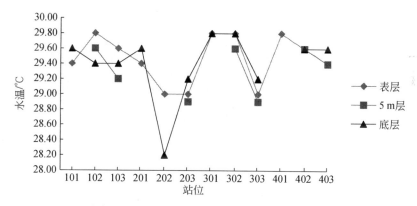

图 6-5　2016 年 6 月涠洲岛南面水温垂直分布

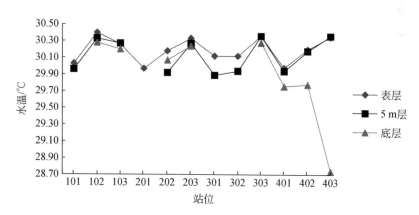

图 6-6　2016 年 8 月涠洲岛南部海域水温垂直分布

（2）琼州海峡西部海域

3 个调查航次琼州海峡西部海域表层水温时空分布见图 6-7。从图可见，4 月表层水温自东向西逐渐降低，6 月则相反，自东向西逐渐升高，8 月水温随纬度而增加，即自南向北逐渐升高。4 月表层水温分布范围为 22.40～25.20℃，平均为 23.65℃；6 月表层水温分布范围为 28.60～30.40℃，平均为 29.43℃；8 月表层水温分布范围为 30.80～31.80℃，平均为 31.18℃。

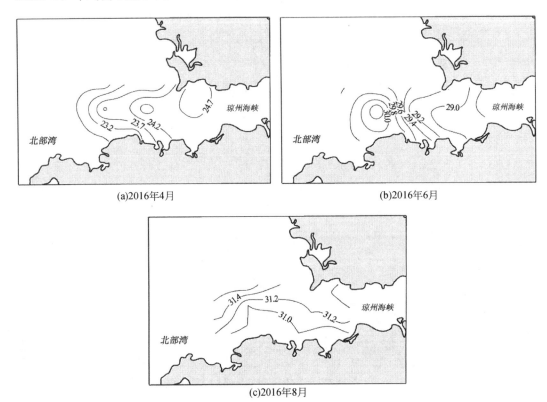

(a)2016年4月

(b)2016年6月

(c)2016年8月

图 6-7　3 个调查航次琼州海峡西部海域表层水温等值线图（单位：℃）

2. 盐度

（1）涠洲岛南部海域

　　3 个调查航次涠洲岛南部海域各水层盐度时空分布见图 6-8～图 6-10。4 月表层和底层水盐度总体均呈自北往南逐渐增高趋势，5 m 层盐度在调查区域西部有一个低值区。6 月表层和 5 m 层水在调查区域东北部靠近涠洲岛区域盐度较均匀，在南部盐度突然增高，底层水盐度则自西北往东南逐渐降低，并在东南部形成低值区。8 月表层和 5 m 层盐度水平分布相同，均呈自西南向东北逐渐增高趋势，底层水则由西往东逐渐降低。调查区域内 4 月盐度分布范围为 27.30～30.40，平均为 29.60；6 月盐度分布范围为 26.40～34.30，平均为 27.76，8 月盐度分布范围为 30.32～31.28，平均为 30.52。在垂直分布上，4 月表层水盐度普遍高于 5 m 层和底层，6 月则是底层盐度稍高于表层和 5 m 层，8 月盐度垂直分布无明显规律，在 101、102 和 203 站位表层水盐度稍高于 5 m 层和底层，在 202、303、401、402 和 403 站位底层水盐度高于表层和 5 m 层。详见图 6-11～图 6-13。

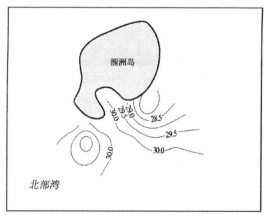

(a)表层

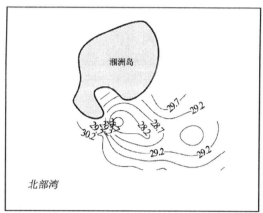

(b)5m层

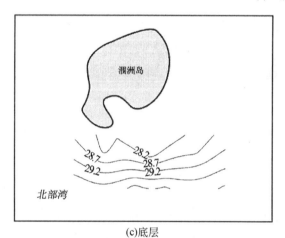

(c)底层

图 6-8　2016 年 4 月涠洲岛南部海域盐度等值线图

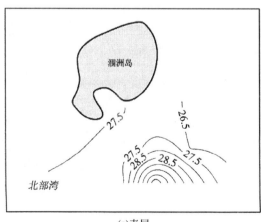

(a)表层

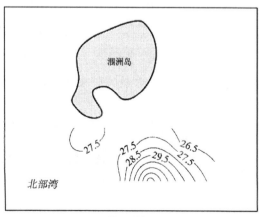

(b)5m层

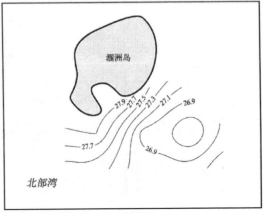

(c)底层

图 6-9　2016 年 6 月涠洲岛南部海域盐度等值线图

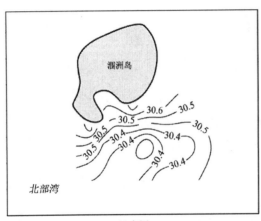

(a)表层

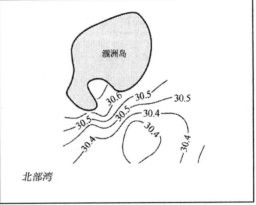

(b)5m层

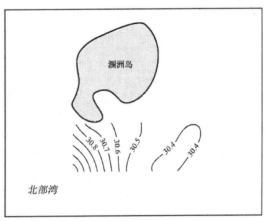

(c)底层

图 6-10　2016 年 8 月涠洲岛南部海域盐度等值线图

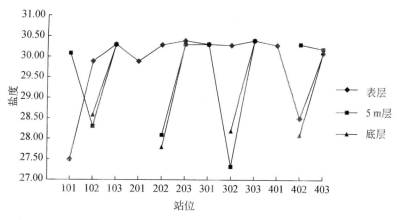

图 6-11　2016 年 4 月涠洲岛南部海域盐度垂直分布

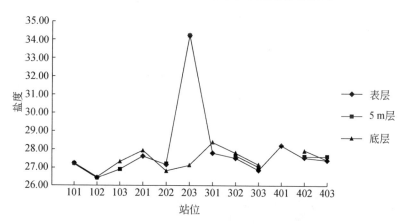

图 6-12　2016 年 6 月涠洲岛南部海域盐度垂直分布

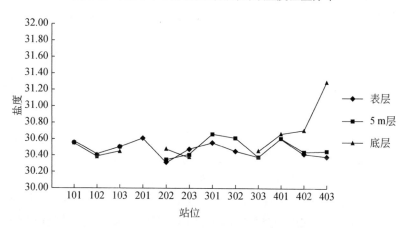

图 6-13　2016 年 8 月涠洲岛南部海域盐度垂直分布

（2）琼州海峡西部海域

3 个调查航次琼州海峡西部海域表层盐度时空分布见图 6-14。4 月和 6 月盐度自东往西逐渐增高,8 月转为自西南向东北逐渐降低。4 月调查区域内盐度分布范围为 22.30～29.60,平均为 26.01;6 月盐度分布范围为 32.70～34.90,平均为 33.50;8 月盐度分布范围为 30.20～32.10,平均为 31.30。

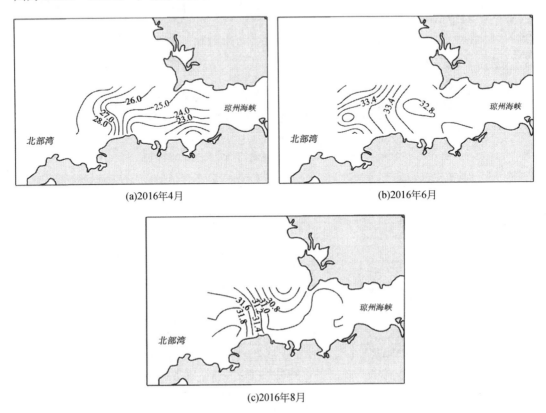

图 6-14　　3 个调查航次琼州海峡西部海域表层盐度等值线图

6.1.2　pH

1. 涠洲岛南部海域

3 个调查航次涠洲岛南部海域各水层 pH 时空分布见图 6-15～图 6-17。从图可见,4 月表层、5 m 层和底层水 pH 水平分布相似,均呈自北往南逐渐升高趋势。6 月表层、5 m 层和底层水 pH 值水平变化规律也相同,均表现为在调查区域的中部偏东南方向形成低值区。8 月 3 个水层均值在调查区域东部形成高值区。不同水层 pH 垂直分布情况见图 6-18～图 6-20,从图可见,4 月除 203 站位外,其余站位底层水 pH 均高于 5 m 层和表层。6 月 pH 垂直分布无明显规律。8 月除 301 站位外,其余站位表层水 pH 均高于或略等于底层。

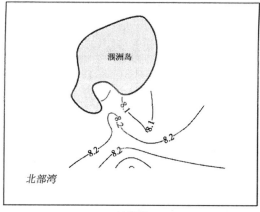

(a)表层

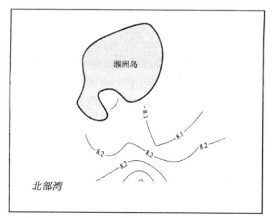

(b)5m层

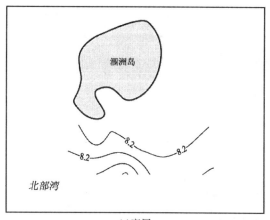

(c)底层

图 6-15　2016 年 4 月涠洲岛南部海域 pH 等值线图

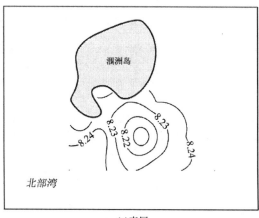

(a)表层

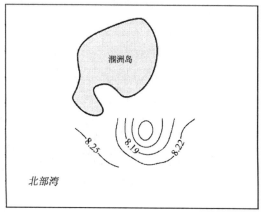

(b)5m层

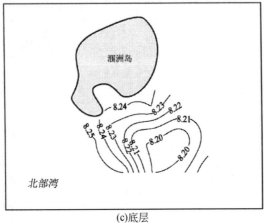

(c)底层

图 6-16　2016 年 6 月涠洲岛南部海域 pH 等值线图

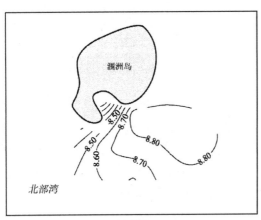

(a)表层

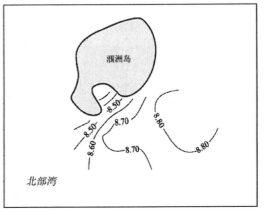

(b)5m层

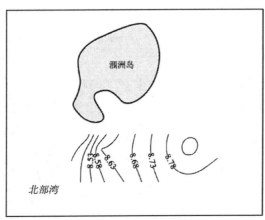

(c)底层

图 6-17　2016 年 8 月涠洲岛南部海域 pH 等值线图

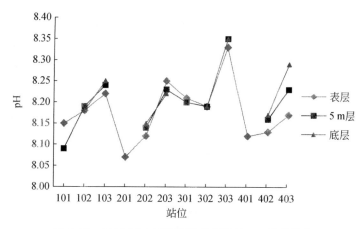

图 6-18　2016 年 4 月涠洲岛南部海域 pH 垂直分布

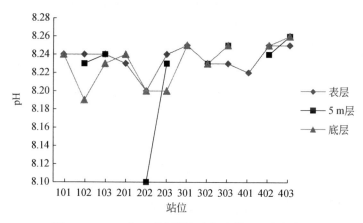

图 6-19　2016 年 6 月涠洲岛南部海域 pH 垂直分布

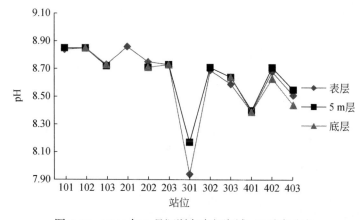

图 6-20　2016 年 8 月涠洲岛南部海域 pH 垂直分布

2. 琼州海峡西部海域

3 个调查航次琼州海峡西部海域表层 pH 分布见图 6-21。从图可见，4 月调查区域内

pH 总体呈自东向西逐渐减小趋势，6 月则自东北往西南逐渐增加，8 月 pH 大致表现为
东部低，西部高。调查区域内 4 月 pH 分布范围为 8.18～8.36，平均为 8.28，6 月 pH 分
布范围为 8.12～8.24，平均为 8.17，8 月 pH 分布范围为 8.02～8.16，平均为 8.10。

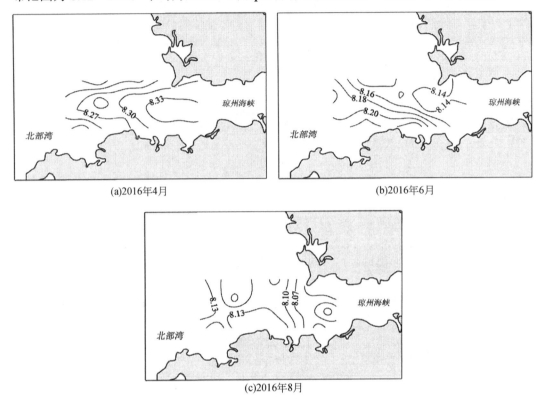

图 6-21　3 个调查航次琼州海峡西部海域表层 pH 等值线图

6.1.3　DO

1. 涠洲岛南部海域

3 个调查航次涠洲岛南部海域各水层溶解氧（DO）时空分布见图 6-22～图 6-24。4 月
表层、5 m 层和底层 DO 值均表现为自北往南逐渐增高趋势。6 月表层水在南湾内 DO 值
较低，同时在调查区域中部偏东南方向也存在一个低值区，5 m 层和底层在该区域 DO
值也较低。8 月表层水 DO 在调查区域中部存在低值区，5 m 层和底层则自西向东 DO 值
逐渐减小，并在东部形成低值区。调查区域内 4 月 DO 分布范围为 8.24～8.25 mg/L，平
均值为 9.64 mg/L；6 月 DO 分布范围为 7.27～8.26 mg/L，平均值为 7.85 mg/L；8 月 DO
分布范围为 6.15～13.35 mg/L，平均值为 7.37 mg/L。垂直分布见图 6-25～图 6-27。4 月
103 站位表层水 DO 值高于 5 m 层和底层，在 303 站位和 403 站位底层和 5 m 层 DO 值
高于表层，其余站位 3 个水层 DO 值接近。6 月 5 m 层 DO 站位明显高于表层和底层。

8 月 401、402 和 403 站位底层水 DO 值明显高于表层和 5 m 层，其余站位则是 5 m 层 DO 值明显高于表层和底层。

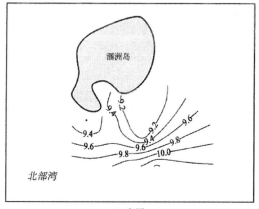

(a)表层

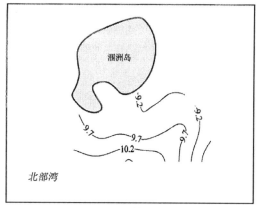

(b)5m层

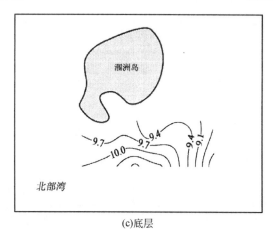

(c)底层

图 6-22 2016 年 4 月涠洲岛南部海域 DO 等值线图（单位：mg/L）

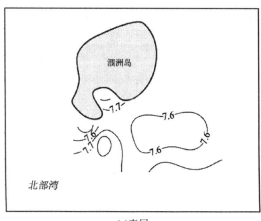

(a)表层

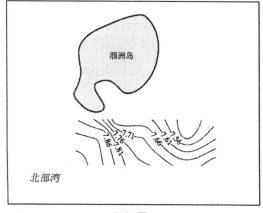

(b)5m层

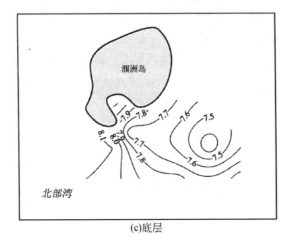

(c)底层

图 6-23　2016 年 6 月涠洲岛南部海域 DO 等值线图（单位：mg/L）

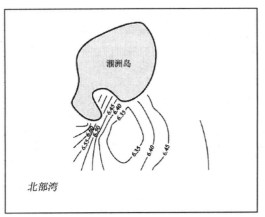

(a)表层

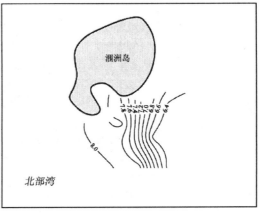

(b)5m层

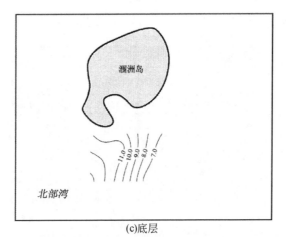

(c)底层

图 6-24　2016 年 8 月涠洲岛南部海域 DO 等值线图（单位：mg/L）

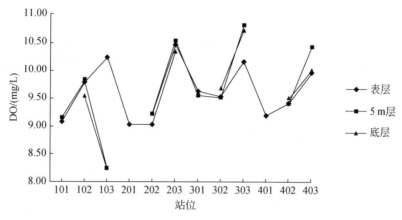

图 6-25　2016 年 4 月涠洲岛南部海域 DO 垂直分布

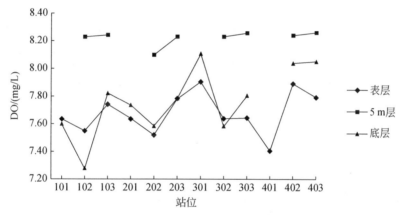

图 6-26　2016 年 6 月涠洲岛南部海域 DO 垂直分布

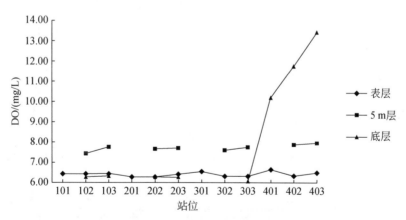

图 6-27　2016 年 8 月涠洲岛南部海域 DO 垂直分布

2. 琼州海峡西部海域

3 个调查航次琼州海峡西部海域表层 DO 分布见图 6-28。从图可见，4 月调查区域内

DO 值呈中部高，南北两侧低趋势。6 月则与 4 月相反，在中部形成低值区，南部 DO 值最高。8 月在灯楼角附近形成高值区。调查区域内 4 月 DO 分布范围为 9.54～10.22 mg/L，平均值为 9.59 mg/L；6 月 DO 分布范围为 6.88～8.22 mg/L，平均值为 7.43 mg/L；8 月 DO 分布范围为 7.37～9.58 mg/L，平均值为 7.95 mg/L。

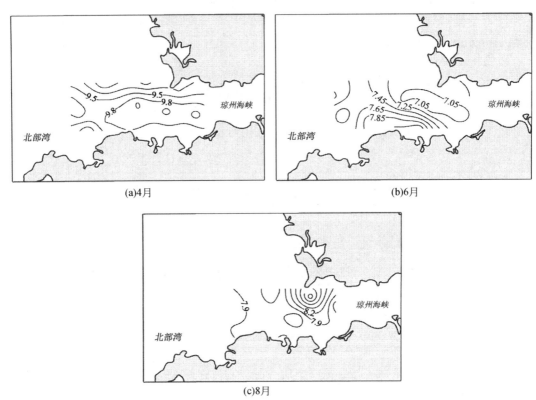

图 6-28　3 个航次琼州海峡西部海域表层 DO 等值线图（单位：mg/L）

6.1.4　COD

1. 涠洲岛南部海域 COD 平面分布特征

2016 年 3 个调查航次涠洲岛南部海域 COD 的变化范围及平均值如表 6-1 所示，其对应的等值线分布图见图 6-29～图 6-31。

表 6-1　2016 年 3 个调查航次涠洲岛南部海域 COD 的变化范围及平均值　（单位：mg/L）

层次	4 月		6 月		8 月	
	变化范围	平均值	变化范围	平均值	变化范围	平均值
表层	0.36～0.65	0.54	0.64～3.02	1.79	0.41～0.68	0.55
5 m 层	0.40～0.85	0.66	0.96～4.53	2.23	0.45～0.80	0.56
底层	0.48～0.73	0.60	0.96～4.57	2.61	0.45～0.68	0.58

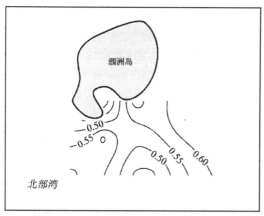

(a)表层

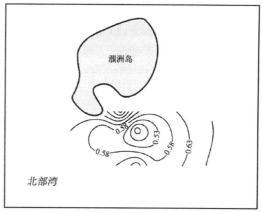

(b)5m层

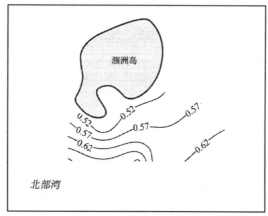

(c)底层

图 6-29 2016 年 4 月涠洲岛南部海域 COD 等值线分布图（单位：mg/L）

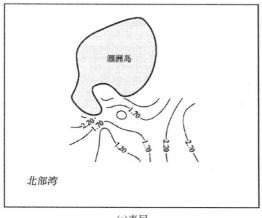

(a)表层

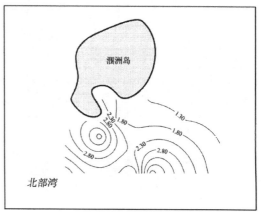

(b)5m层

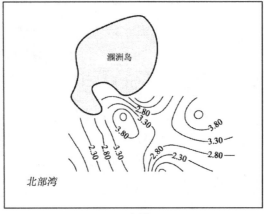

(c)底层

图 6-30　2016 年 6 月涠洲岛南部海域 COD 等值线分布图（单位：mg/L）

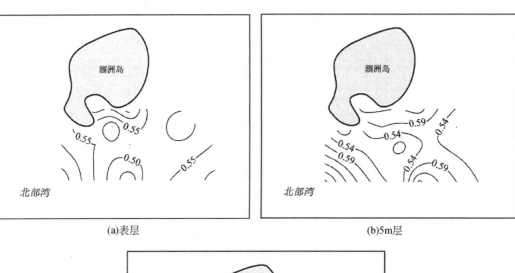

(a)表层　　　　　　　　　　　　　　　　(b)5m层

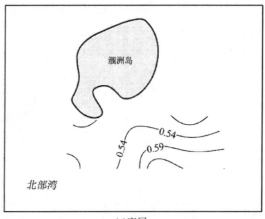

(c)底层

图 6-31　2016 年 8 月涠洲岛南部海域 COD 等值线分布图（单位：mg/L）

　　2016 年 4 月, 涠洲岛南部海域 COD 含量较低, 其中, 表层 COD 平均值为 0.54 mg/L, 区域性变化较小, 变化范围为 0.36～0.65 mg/L, 变化幅度为 0.29 mg/L; 5 m 层 COD 平均值为 0.66 mg/L, 区域性变化较小, 变化范围为 0.40～0.85 mg/L, 变化幅度为 0.45 mg/L; 底层 COD 平均值为 0.60 mg/L, 区域性变化较小, 变化范围为 0.48～0.73 mg/L, 变化幅度为 0.25 mg/L。

　　从图 6-29 涠洲岛南部海域 COD 等值线分布图可以看出, 4 月表层 COD 值基本呈现近岸高离岸低的特点, 整个调查区域内水质状况良好, 全部站位达到第一类海水水质标准; 4 月 5 m 层 COD 值也基本呈现近岸高离岸低的特点, 整个调查区域内水质状况良好, 全部站位达到第一类海水水质标准; 4 月底层 COD 值差别不大, 呈现近岸低离岸高的特点, 整个调查区域内水质状况良好, 全部站位达到第一类海水水质标准。

　　2016 年 6 月, 涠洲岛南部海域 COD 含量在 3 次调查中最高, 其中, 表层 COD 平均值为 1.79 mg/L, 区域性变化较大, 变化范围为 0.64～3.02 mg/L, 变化幅度为 2.38 mg/L; 5 m 层 COD 平均值为 2.23 mg/L, 区域性变化较大, 变化范围为 0.96～4.53 mg/L, 变化幅度为 3.63 mg/L; 底层 COD 平均值为 2.61 mg/L, 区域性变化较大, 变化范围为 0.96～4.57 mg/L, 变化幅度为 3.61 mg/L。

　　从图 6-30 涠洲岛南部海域 COD 等值线分布图可以看出, 6 月表层 COD 值在涠洲岛西南侧基本呈现近岸高离岸低的特点, 近岸的 302 站位及 401 站位为第二类海水水质, 东南侧的离岸 102 站位、103 站位的 COD 值较高, 其中 102 站位超过第二类海水水质标准, 为第三类海水水质, 103 站位为第二类海水水质, 调查区域其余站位达第一类海水水质标准; 6 月 5 m 层 COD 值在涠洲岛西南侧也基本呈现近岸高离岸低的特点, 近岸的 402 站位为第四类海水水质, 此外近岸的 301 站位为第二类海水水质, 离岸的 203 站位为第四类海水水质, 其余调查站位水质状况良好, 全部站位达到第一类海水水质标准; 6 月底层 COD 值在涠洲岛西南侧呈现近岸高离岸低的特点, 其中 202 站位、303 站位为第三类海水水质, 302 站位为第四类海水水质, 在东南侧的 102 站位也为第四类海水水质, 其余调查站位水质达到第一类海水水质标准。

　　2016 年 8 月, 涠洲岛海域 COD 含量在 3 次调查中相对最低, 其中, 表层 COD 平均值为 0.55 mg/L, 区域性变化较小, 变化范围为 0.41～0.68 mg/L, 变化幅度为 0.27 mg/L; 中层 COD 平均值为 0.56 mg/L, 区域性变化较小, 变化范围为 0.45～0.80 mg/L, 变化幅度为 0.35 mg/L; 底层 COD 平均值为 0.58 mg/L, 区域性变化较大, 变化范围为 0.45～0.68 mg/L, 变化幅度为 0.23 mg/L。

　　从图 6-31 涠洲岛海域 COD 等值线分布图可以看出, 8 月表层 COD 值基本呈现近岸高离岸低的特点, 调查区域站位均达第一类海水水质标准; 8 月 5 m 层 COD 值呈现近岸低离岸高的特点, 所有调查站位水质状况良好, 全部站位达到第一类海水水质标准; 8 月底层 COD 值基本呈现近岸高离岸低的特点, 所有调查站位水质均达到第一类海水水质标准。

2. 琼州海峡西部海域表层 COD 平面分布特征

2016 年 3 个调查航次琼州海峡西部海域表层 COD 的变化范围及平均值如表 6-2 所示，其对应的等值线分布图如图 6-32 所示。

表 6-2　2016 年 3 个调查航次琼州海峡西部海域表层 COD 的
变化范围及平均值　　　　　　　　　　　　（单位：mg/L）

层次	4 月		6 月		8 月	
	变化范围	平均值	变化范围	平均值	变化范围	平均值
表层	0.67～5.80	1.34	0.51～0.91	0.65	0.47～2.80	0.89

2016 年 4 月，琼州海峡西部海域表层 COD 含量较高，COD 平均值为 1.34 mg/L，区域性变化较大，变化范围为 0.67～5.80 mg/L，变化幅度为 5.13 mg/L；2016 年 6 月，琼州海峡西部海域表层 COD 含量较低，COD 平均值为 0.65 mg/L，区域性变化较小，变化范围为 0.51～0.91 mg/L，变化幅度为 0.4 mg/L；2016 年 8 月，琼州海峡西部海域表层 COD 含量平均值为 0.89 mg/L，区域性变化也较大，变化范围为 0.47～2.80 mg/L，变化幅度为 2.33 mg/L。

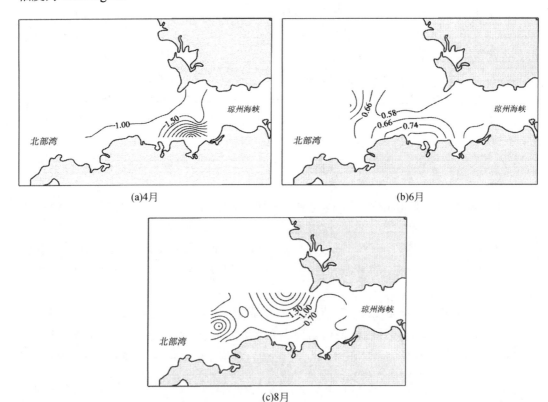

(a)4月　　　　　　　　　　　　　　　　(b)6月

(c)8月

图 6-32　2016 年 3 个调查航次琼州海峡西部海域表层 COD 等值线分布图（单位：mg/L）

从图 6-32 琼州海峡西部海域表层 COD 等值线分布图可以看出，4 月琼州海峡西部海域表层 COD 值近海南海域基本呈现近岸高离岸低的特点，其中最近岸的 501 站位为劣于第四类海水水质，其余调查区域站位均达第一类海水水质标准；6 月琼州海峡西部海域表层 COD 值近海南海域也基本呈现近岸高离岸低的特点，所有调查站位水质状况良好，全部站位达到第一类海水水质标准；8 月琼州海峡西部海域调查站位北侧近广东海域表层 COD 值基本呈现近岸高离岸低的特点，调查站位中 703 站位、902 站位为第二类海水水质，其余调查站位水质均达到第一类海水水质标准。

3. 海口至北海海域表层 COD 平面分布特征

2016 年 2 个调查航次海口至北海海域 COD 的变化范围及平均值如表 6-3 所示，其对应的等值线分布图如图 6-33 所示。

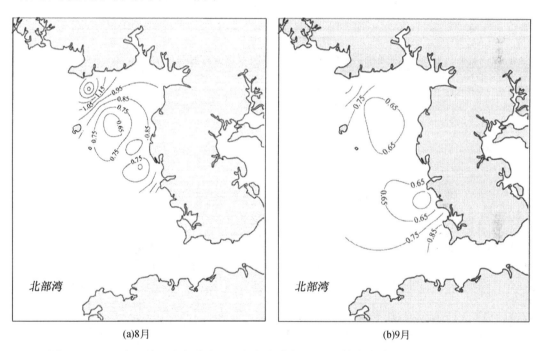

(a)8月　　　　　　　　　　　　　　　　　(b)9月

图 6-33　2016 年 2 个调查航次海口至北海海域表层 COD 等值线分布图（单位：mg/L）

2016 年 8 月，海口至北海海域 COD 平均值为 0.92 mg/L，区域性变化较小，变化范围为 0.58～1.50 mg/L，变化幅度为 0.92 mg/L；2016 年 9 月，海口至北海海域 COD 平均值为 0.79 mg/L，区域性变化较小，变化范围为 0.45～1.19 mg/L，变化幅度为 0.74 mg/L。

表 6-3　2 个调查航次海口至北海海域 COD 的变化范围及平均值　　　（单位：mg/L）

层次	8月		9月	
	变化范围	平均值	变化范围	平均值
表层	0.58～1.50	0.92	0.45～1.19	0.79

　　从图 6-33 海口至北海海域表层 COD 等值线分布图可以看出，8 月海口至北海海域表层 COD 值，以近北海海域较高，所有调查区域站位均达第一类海水水质标准；9 月海口至北海海域表层 COD 值，以近徐闻海域及近北海海域较高，整体来说，所有调查站位水质状况良好，全部站位达到第一类海水水质标准。

6.2　生物因子时空分布

6.2.1　叶绿素 a

　　两个典型海区，琼州海峡西部和涠洲岛部海域在调查期间的叶绿素 a 浓度范围和平均值见表 6-4。

表 6-4　典型海区不同航次的叶绿素 a 浓度范围和平均值　　　　（单位：μg/L）

海域	4 月		6 月		8 月	
	范围	平均值	范围	平均值	范围	平均值
琼州海峡西部	0.05～2.91	0.48±0.82	0.10～1.10	0.26±0.26	0.15～0.96	0.44±0.24
涠洲岛南部	0.81～4.12	2.24±1.02	0.51～1.00	0.76±0.15	0.10～0.46	0.29±0.10

1. 琼州海峡西部海域叶绿素 a

　　调查期间，琼州海峡西部海域的叶绿素 a 浓度在 4 月具有最高平均值，为 (0.48±0.82) μg/L，在此期间不同站位含量变化范围为 0.05～2.91 μg/L，叶绿素 a 浓度高值区位于海峡口北侧，最高值出现在 703 站位，而海峡中部及海峡口南侧海域为低值区，大部分站位的叶绿素 a 低于 0.30 μg/L（图 6-34a）。

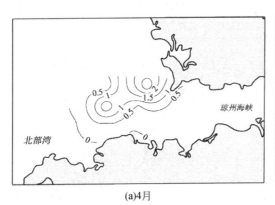
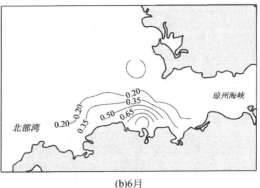

(a)4月　　　　　　　　　　　　　　　　(b)6月

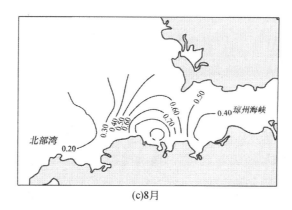

(c)8月

图 6-34　3 个调查航次琼州海峡西部海域叶绿素 a 浓度分布（单位：μg/L）

6 月不同站位叶绿素 a 浓度变化范围为 0.10～1.10 μg/L，平均值为(0.26±0.26) μg/L，为 3 个调查航次中最低。叶绿素 a 浓度高值区位于海南岛临高县近岸海域，最高值出现在 701 站位，而海峡中部及研究海域北侧海域为低值区（图 6-34b）。

8 月叶绿素 a 浓度平均值比 6 月高，但稍微低于 4 月，为(0.44±0.24) μg/L，不同站位变化范围为 0.15～0.96 μg/L。8 月叶绿素 a 浓度分布较为均匀，高值区为研究海域中部即海峡口位置，最高值在 601 站位，海峡口外侧为低值区（图 6-34c）。

2. 涠洲岛南部海域叶绿素 a 时空分布与季节变化

与琼州海峡西部海域一致，4 月涠洲岛南部海域的叶绿素 a 浓度也是 3 个调查航次中最高，范围为 0.81～4.12 μg/L，平均值为(2.24±1.02) μg/L，研究海域自东向西逐渐减小（图 6-35a），最高值位于 102 站位，而最低值出现在 403 站位。

6 月叶绿素 a 浓度低于 4 月，不同站位浓度范围为 0.51～1.00 μg/L，平均值为(0.76±0.15) μg/L，调查海域内的叶绿素 a 浓度分布均匀（图 6-35b），在南湾湾内及沿岸水域稍微低于外海。

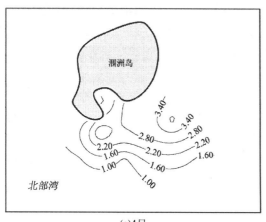

(a)4月

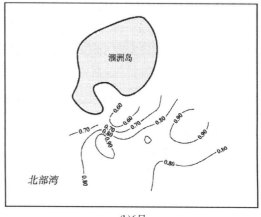

(b)6月

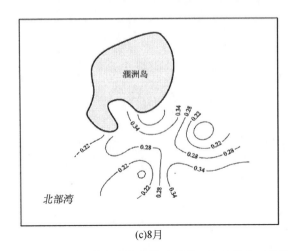

(c)8月

图 6-35　3 个调查航次涠洲岛南部海域叶绿素 a 浓度分布（单位：μg/L）

8 月叶绿素 a 浓度为 3 个调查航次中最低，平均值为(0.29±0.10) μg/L，不同站位变化范围为 0.10～0.46 μg/L，分布上南湾及近岸海域和研究海域的东南区域较高（图 6-35c），最高值位于 201 站位。

6.2.2　浮游植物

1. 琼州海峡西部海域

（1）种类组成

调查期间琼州海峡西部海域浮游植物名录见表 6-5。2016 年春夏季在该海域共鉴定到浮游植物 4 门 53 属 113 种（包含变种、变型和未定种）。其中硅藻门 36 属 86 种，甲藻门 14 属 24 种，黄门 1 种，金藻门 2 属 2 种。总共包含赤潮生物 59 种（表 6-5 中标记*的种类），占鉴定种类的 52.2%。4 月鉴定 3 门 32 属 57 种，其中赤潮藻类 35 种，占 61.4%；6 月鉴定 4 门 44 属 79 种，赤潮藻类 44 种，占 55.7%；8 月鉴定 4 门 35 属 66 种，赤潮藻类 41 种，占 62.1%。3 个调查航次共同出现的种类为 32 种，占鉴定种类的 28.3%，其中共有赤潮种为 23 种，占鉴定总类的 20.4%。

表 6-5　琼州海峡西部海域浮游植物名录

序号	中文名	拉丁名	4 月	6 月	8 月
	硅藻门	Bacillariophyta			
1	卵形双眉藻	*Amphora ovalis*		+	
2	冰河拟星杆藻	*Asterionella glacialis**	+	+	+
3	优美辐杆藻	*Bacteriastrum delicatulum*		+	+
4	变异辐杆藻	*Bacteriastrum varians*		+	
5	叉状辐杆藻	*Bacteriastrum furcatum*	+		

续表

序号	中文名	拉丁名	4 月	6 月	8 月
6	透明辐杆藻	*Bacteriastrum hyalinum*		+	+
7	正盒形藻	*Biddulphia biddulphiana*		+	
8	活动盒形藻	*Biddulphia mobiliensis*		+	+
9	高盒形藻	*Biddulphia regia*		+	+
10	中华盒形藻	*Biddulphia sinensis*[*]		+	+
11	环状辐裥藻	*Actinoptychus annulatus*			+
12	马鞍藻属	*Campylodiscus* sp.		+	
13	大洋角管藻	*Cerataulina pelagica*[*]	+		+
14	大角管藻	*Cerataulina daemon*	+	+	+
15	窄隙角毛藻	*Chaetoceros affinis*[*]		+	
16	卡氏角毛藻	*Chaetoceros castracanei*	+		
17	旋链角毛藻	*Chaetoceros curvisetus*[*]	+		
18	远距角毛藻	*Chaetoceros distans*		+	+
19	异角毛藻	*Chaetoceros diversus*			+
20	垂缘角毛藻	*Chaetoceros laciniosus*[*]		+	
21	平滑角毛藻	*Chaetoceros laevis*	+		
22	劳氏角毛藻	*Chaetoceros lorenzianus*[*]	+	+	+
23	窄面角毛藻	*Chaetoceros paradoxus*[*]	+	+	+
24	秘鲁角毛藻	*Chaetoceros Peruvianus*[*]	+	+	
25	拟旋链角毛藻	*Chaetoceros pseudocurvisetus*[*]	+	+	+
26	克尼角毛藻	*Chaetoceros knipowitschi*		+	
27	范氏角毛藻	*Chaetoceros van heurckii*		+	+
28	角毛藻	*Chaetoceros* spp.		+	
29	星脐圆筛藻	*Coscinodiscus asteromphalus*[*]			+
30	中心圆筛藻	*Coscinodiscus centralis*[*]	+	+	+
31	具边线形圆筛藻	*Coscinodiscus marginato-lineatus*			+
32	细弱圆筛藻	*Coscinodiscus subtilis*	+	+	+
33	微小小环藻	*Cyclotella caspia*	+	+	+
34	条纹小环藻	*Cyclotella striata*	+	+	+
35	柱状小环藻	*Cyclotella stytorum*	+		
36	蜂腰双壁藻	*Diploneis bombus*		+	
37	布氏双尾藻	*Ditylum brightwellii*[*]	+	+	+
38	太阳双尾藻	*Ditylum sol*	+	+	+
39	唐氏藻	*Donkinia* sp.			+
40	长角弯角藻	*Eucampia cornuta*	+		+
41	短角弯角藻	*Eucampia zodiacus*[*]	+	+	+
42	柔弱井字藻	*Eunotogramma debile*	+		
43	薄壁几内亚藻	*Guinardia flaccida*[*]	+	+	+

续表

序号	中文名	拉丁名	4月	6月	8月
44	斯氏布纹藻	*Gyrosigma spencerii*		+	
45	泰晤士旋鞘藻	*Helicotheca tamesis*		+	
46	霍氏半管藻	*Hemiaulus hauckii*			+
47	中华半管藻	*Hemiaulus sinensis*		+	+
48	环纹娄氏藻	*Lauderia annulata*	+	+	+
49	丹麦细柱藻	*Leptocylindrus danicus*[*]	+	+	+
50	拟货币直链藻	*Melosira nummuloides*	+		
51	帕维舟形藻	*Navicula pavillardi*		+	
52	柔弱舟形藻	*Navicula tenera*		+	
53	新月菱形藻	*Nitzschia closterium*[*]	+	+	+
54	缢缩菱形藻	*Nitzschia constricta*	+		
55	长菱形藻	*Nitzschia longissima*[*]	+		
56	洛伦菱形藻	*Nitzschia lorenziana*		+	
57	三角褐指藻	*Phaeodactylum tricornutum*[*]		+	
58	太阳漂流藻	*Planktoniella Sol*	+		
59	端尖斜纹藻	*Pleurosigma acautum*		+	
60	艾希斜纹藻	*Pleurosigma aestuarii*		+	
61	菱形斜纹藻	*Pleurosigma rhombeum*	+		
62	柔弱拟菱形藻	*Pseudo-nitzschia delicatissima*[*]	+		
63	尖刺拟菱形藻	*Pseudo-nitzschia pungens*[*]	+	+	+
64	距端假管藻	*Pseudosolenia calcar-avis*	+	+	
65	翼根管藻	*Rhizosolenia alata*[*]	+		+
66	翼根管藻纤细变型	*Rhizosolenia alata* f. *gracillima*[*]	+		+
67	螺端根管藻	*Rhizosolenia cochlea*			+
68	厚刺根管藻	*Rhizosolenia crassipina*		+	+
69	柔弱根管藻	*Rhizosolenia delicatula*[*]	+	+	+
70	脆根管藻	*Rhizosolenia fragilissima*[*]	+	+	+
71	覆瓦根管藻细径变种	*Rhizosolenia imbricata* var. *schrubsolei*	+	+	+
72	刚毛根管藻	*Rhizosolenia setigera*[*]		+	+
73	中华根管藻	*Rhizosolenia sinensis*	+	+	+
74	斯托根管藻	*Rhizosolenia stolterfothii*[*]	+	+	+
75	笔尖形根管藻	*Rhizosolenia styliformis*[*]			+
76	透明根管藻	*Rhizosolenia zosolenia*	+		
77	中肋骨条藻	*Skeletonema costatum*[*]	+	+	+
78	热带骨条藻	*Skeletonema tropicum*[*]			+
79	掌状冠盖藻	*Stephanopyxis palmeriana*[*]			+
80	塔形冠盖藻	*Stephanopyxis turris*		+	
81	平片针杆藻	*Synedra tabulata*[*]	+		
82	针杆藻	*Synedra* sp.	+		
83	菱形海线藻	*Thalassionema nitzschioides*[*]	+	+	+

续表

序号	中文名	拉丁名	4 月	6 月	8 月
84	佛氏海毛藻	*Thalassiothrix frauenfeldii**	+	+	+
85	优美旭氏藻	*Schröderella delicatula*		+	
86	优美旭氏藻矮小变型	*Schröderella delicatula f. schröderi*			+
	甲藻门	Pyrrophyta			
87	血红哈卡藻	*Akashiwo sanguinea**	+	+	
88	塔玛亚历山大藻	*Alexandrium catenella**	+	+	+
89	梭角藻	*Ceratium fusus**		+	+
90	叉角藻	*Ceratium furca**		+	+
91	三角角藻	*Ceratium tripos**		+	
92	具尾鳍藻	*Dinophysis caudata**			+
93	具毒冈比甲藻	*Gambierdiscus toxicus**		+	
94	具刺膝沟藻	*Gonyaulax spinifera**		+	+
95	春膝沟藻	*Gonyaulax verior**		+	
96	裸甲藻	*Gymnodinium* sp.	+	+	+
97	短凯伦藻	*Karenia brevis**		+	+
98	米氏凯伦藻	*Karenia mikimotoi**	+	+	+
99	夜光藻	*Noctiluca scintillans**		+	+
100	东海原甲藻	*Prorocentrum donghaiense**		+	
101	海洋原甲藻	*Prorocentium micans**	+	+	+
102	微小原甲藻	*Prorocentrium minimum**	+	+	+
103	反曲原甲藻	*Prorocentrum sigmoides**		+	
104	利玛原甲藻	*Prorocentrum lima**	+		
105	透明原多甲藻	*Protoperidinium pellucidum**	+	+	
106	锥形原多甲藻	*Protoperdinium conicum**		+	
107	歧散原多甲藻	*Protoperidinium divergens**		+	
108	斯氏多沟藻	*Polykrikos schwartzii**			+
109	锥状斯克里普藻	*Scrippsiella trochoidea**	+	+	+
110	甲藻(未定种)	unkown		+	
	黄藻门	Xanthophyceae			
111	海洋卡盾藻	*Chattonella marina**		+	+
	金藻门	Chrysophyta			
112	赤潮异弯藻	*Heterosigma akashiwo**	+	+	+
113	球形棕囊藻	*Phaeocystis globosa**	+		

注：标记*为赤潮种

　　3 个调查航次不同门类藻种类的组成比例见图 6-36，该海域春夏季浮游植物种类组成中，硅藻种类数均为最多，4 月、6 月和 8 月分别占总鉴定种类的 80.7%、70.9% 和 75.8%；甲藻次之，分别为 15.8%、26.6% 及 21.2%。

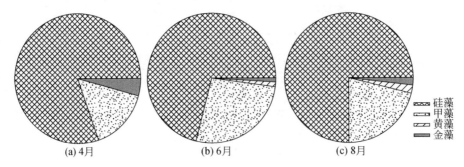

(a) 4月　　　　　　　　(b) 6月　　　　　　　　(c) 8月

图 6-36　琼州海峡西部海域春夏季浮游植物种类组成比例

（2）浮游植物丰度

　　调查期间，琼州海峡西部海域浮游植物的丰度范围为$(0.23 \sim 3.78) \times 10^4$ ind/L。其中，4月为$(0.96 \sim 2.41) \times 10^4$ ind/L，平均值为1.53×10^4 ind/L。6月为$(0.76 \sim 3.78) \times 10^4$ ind/L，平均值为1.80×10^4ind/L，为 3 个调查航次中最高。8 月浮游植物丰度为$(0.23 \sim 0.80) \times 10^4$ ind/L，平均值为0.52×10^4 ind/L，低于 4 月和 6 月。

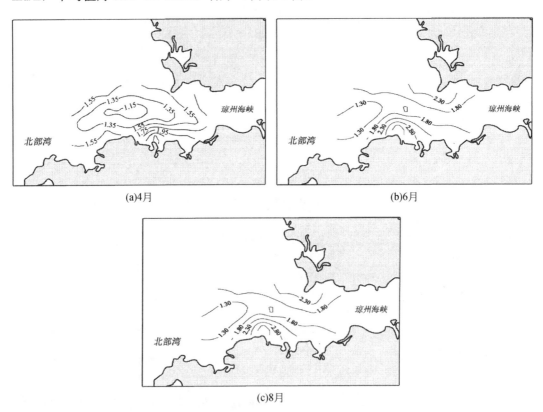

(a)4月　　　　　　　　　　　　　　　(b)6月

(c)8月

图 6-37　3 个调查航次琼州海峡西部海域浮游植物丰度等值线分布图（单位：$\times 10^4$ ind/L）

　　4 月浮游植物丰度在研究海域的中部较低（图 6-37b），在海南岛近岸的 601 站位丰度最高，为2.41×10^4 ind/L，最低丰度出现在 702 站位，为0.96×10^4 ind/L。6 月浮游植物丰度呈现与 4 月相似的趋势，也为海南岛近岸高，海域中部低（图 6-37b），最高值位于 701 站位，为 3.78×10^4 ind/L，是 3 个航次中浮游植物丰度最高的站位。而最低值位于海峡口中部的 802 站位，为 0.76×10^4 ind/L。8 月的浮游植物丰度分布如图 6-37c 所示，高值区同样位于海南岛近岸海域，最高值站位为 601 站位，最低值为研究海域最外侧的 902 站位。

（3）优势种和常见浮游植物

种类优势度的计算方法同 4.2.2 节。4 月琼州海峡西部海域浮游植物的优势种（$Y >$ 0.02）和常见浮游植物（$f_i > 0.33$）见表 6-6。优势种有 7 种，按照优势度大小排序分别为菱形海线藻、球形棕囊藻、劳氏角毛藻、中肋骨条藻、脆根管藻、拟旋链角毛藻和斯托根管藻，除此之外，春季该海域常见的浮游植物有大洋角管藻、新月菱形藻、尖刺拟菱形藻、柔弱根管藻和米氏凯伦藻等，这些种类均为中国近海常见赤潮种。

表 6-6　4 月琼州海峡西部海域浮游植物优势种和常见浮游植物

中文名	拉丁名	频率 f_i	优势度 Y	平均丰度 /($\times 10^4$ind/L)	占总细胞丰度比例/%
优势种					
菱形海线藻	*Thalassionema nitzschioides*[*]	0.933	0.1357	0.24	14.54
球形棕囊藻	*Phaeocystis globosa*[*]	0.733	0.0977	0.28	13.33
劳氏角毛藻	*Chaetoceros lorenzianus*[*]	0.867	0.0947	0.19	10.93
中肋骨条藻	*Skeletonema costatum*[*]	0.467	0.0541	0.38	11.60
脆根管藻	*Rhizosolenia fragilissima*[*]	0.600	0.0369	0.16	6.15
拟旋链角毛藻	*Chaetoceros pseudocurvisetus*[*]	0.533	0.0323	0.17	6.05
斯托根管藻	*Rhizosolenia stolterfothii*[*]	0.533	0.0271	0.15	5.08
常见浮游植物					
大洋角管藻	*Cerataulina pelagica*[*]	0.333	0.0089	0.12	2.67
新月菱形藻	*Nitzschia closterium*[*]	0.333	0.0037	0.05	1.10
尖刺拟菱形藻	*Pseudo-nitzschia pungens*[*]	0.400	0.0089	0.09	2.23
柔弱根管藻	*Rhizosolenia delicatula*[*]	0.467	0.0193	0.14	4.13
米氏凯伦藻	*Karenia mikimotoi*[*]	0.400	0.0059	0.06	1.48

注：标记*为赤潮种

6 月琼州海峡西部海域浮游植物的优势种有 5 种，按照优势度大小排序分别为拟旋链角毛藻、尖刺拟菱形藻、菱形海线藻、劳氏角毛藻和冰河拟星杆藻（表 6-7）。不同站位中出现比较频繁的浮游植物有新月菱形藻、柔弱根管藻及中肋骨条藻等硅藻，还有塔玛亚历山大藻和海洋原甲藻等甲藻共 13 种，这些优势种和常见浮游植物种类也几乎都是常见的赤潮生物。

表 6-7　6 月琼州海峡西部海域浮游植物优势种和常见浮游植物

中文名	拉丁名	频率 f_i	优势度 Y	平均丰度 /(×10⁴ind/L)	占总细胞丰度比例/%
优势种					
拟旋链角毛藻	*Chaetoceros pseudocurvisetus**	0.933	0.1249	0.26	13.38
尖刺拟菱形藻	*Pseudo-nitzschia pungens**	0.800	0.0564	0.16	7.05
菱形海线藻	*Thalassionema nitzschioides**	0.867	0.0536	0.13	6.18
劳氏角毛藻	*Chaetoceros lorenzianus**	0.667	0.0506	0.20	7.60
冰河拟星杆藻	*Asterionella glacialis**	0.733	0.0310	0.10	4.23
常见浮游植物					
活动盒形藻	*Biddulphia mobiliensis**	0.467	0.0038	0.03	0.82
大角管藻	*Cerataulina daemon*	0.533	0.0131	0.08	2.45
环纹娄氏藻	*Lauderia annulata**	0.467	0.0111	0.09	2.38
丹麦细柱藻	*Leptocylindrus danicus**	0.467	0.0087	0.07	1.86
新月菱形藻	*Nitzschia closterium**	0.400	0.0075	0.08	1.87
柔弱根管藻	*Rhizosolenia delicatula**	0.400	0.0088	0.10	2.19
刚毛根管藻	*Rhizosolenia setigera**	0.467	0.0055	0.05	1.18
中肋骨条藻	*Skeletonema costatum**	0.400	0.0161	0.18	4.02
塔玛亚历山大藻	*Alexandrium catenella**	0.533	0.0121	0.08	2.27
梭角藻	*Ceratium fusus**	0.467	0.0055	0.05	1.18
海洋原甲藻	*Prorocentium micans**	0.533	0.0052	0.03	0.98
微小原甲藻	*Prorocentrium minimum**	0.400	0.0047	0.05	1.18
锥状斯克里普藻	*Scrippsiella trochoidea**	0.800	0.0173	0.05	2.17

注：标记*为赤潮种

8 月琼州海峡西部海域浮游植物优势种是 3 个调查航次中最多的，达 9 种（表 6-8）。其中优势度最大的为菱形海线藻（0.1329），平均丰度为 0.08×10⁴ .ind/L，对总细胞丰度的贡献高达 14.24%。其次为拟旋链角毛藻、尖刺拟菱形藻、柔弱根管藻、斯托根管藻等。8 月常见浮游植物种类为冰河拟星杆藻、优美辐杆藻、薄壁几内亚藻和海洋原甲藻等 16 种，其中，条纹小环藻对总细胞丰度的贡献是常见浮游植物种类中最大的，为 3.16%。优势种和常见浮游植物种类中赤潮生物种类为 20 种，占 80%。3 个调查航次共有的优势种为拟旋链角毛藻、劳氏角毛藻和菱形海线藻，这说明这些种类的硅藻受环境影响较小，可以长期存在于该海域中并成为春夏季的优势种。

表 6-8　8 月琼州海峡西部海域浮游植物优势种和常见浮游植物

中文名	拉丁名	频率 f_i	优势度 Y	平均丰度 /(×10⁴ind/L)	占总细胞丰度比例/%
优势种					
菱形海线藻	*Thalassionema nitzschioides**	0.933	0.1329	0.08	14.24
拟旋链角毛藻	*Chaetoceros pseudocurvisetus**	1.000	0.1121	0.06	11.21
尖刺拟菱形藻	*Pseudo-nitzschia pungens**	0.933	0.0472	0.03	5.06

续表

中文名	拉丁名	频率 f_i	优势度 Y	平均丰度 /(×10⁴ind/L)	占总细胞丰度比例/%
柔弱根管藻	*Rhizosolenia delicatula*[*]	0.800	0.0445	0.04	5.57
斯托根管藻	*Rhizosolenia stolterfothii*[*]	0.667	0.0305	0.04	4.58
劳氏角毛藻	*Chaetoceros lorenzianus*[*]	0.667	0.0300	0.04	4.51
微小小环藻	*Cyclotella caspia*	0.800	0.0270	0.02	3.37
脆根管藻	*Rhizosolenia fragilissima*[*]	0.600	0.0268	0.04	4.47
中华根管藻	*Rhizosolenia sinensis*[*]	0.600	0.0213	0.03	3.55
常见浮游植物					
冰河拟星杆藻	*Asterionella glacialis*[*]	0.467	0.0082	0.02	1.75
优美辐杆藻	*Bacteriastrum delicatulum*	0.467	0.0081	0.02	1.73
中华盒形藻	*Biddulphia sinensis*[*]	0.400	0.0040	0.01	1.01
大角管藻	*Cerataulina daemon*	0.467	0.0067	0.02	1.44
窄面角毛藻	*Chaetoceros paradoxus*[*]	0.400	0.0083	0.03	2.09
条纹小环藻	*Cyclotella striata*	0.467	0.0148	0.04	3.16
短角弯角藻	*Eucampia zodiacus*[*]	0.467	0.0068	0.02	1.46
薄壁几内亚藻	*Guinardia flaccida*[*]	0.533	0.0094	0.02	1.75
环纹娄氏藻	*Lauderia annulata*	0.600	0.0172	0.02	2.86
丹麦细柱藻	*Leptocylindrus danicus*[*]	0.733	0.0152	0.01	2.08
翼根管藻纤细变型	*Rhizosolenia alata* f. *gracillima*[*]	0.400	0.0118	0.04	2.94
刚毛根管藻	*Rhizosolenia setigera*[*]	0.400	0.0031	0.01	0.78
塔玛亚历山大藻	*Alexandrium catenella*[*]	0.600	0.0058	0.01	0.97
叉角藻	*Ceratium furca*[*]	0.600	0.0104	0.01	1.73
米氏凯伦藻	*Karenia mikimotoi*[*]	0.600	0.0139	0.02	2.31
海洋原甲藻	*Prorocentium micans*[*]	0.467	0.0054	0.01	1.15

注：标记*为赤潮种

（4）群落多样性

香农-维纳多样性指数（H'）和皮卢均匀度指数（J）的计算公式同 4.2.2 节。3 个调查航次琼州海峡西部海域浮游植物 H' 平均值 8 月（3.78）>6 月（3.76）>4 月（2.92），3 个调查航次的平均值为 3.49。H' 在 4 月和 6 月变化较大，而在 6 月与 8 月接近。3 个调查航次浮游植物 H' 分布如图 6-38 所示。根据表 4-7 的生物多样性指数法评价该海域的污染水平，4 月总体上为轻度污染水平，6 月和 8 月为清洁水平。

春夏季琼州海峡西部海域的浮游植物 J 相差不大，4 月、6 月和 8 月平均值分别为 0.82、0.86 和 0.86，说明该海域浮游植物均匀度在春季和夏季受季节变化影响较小。

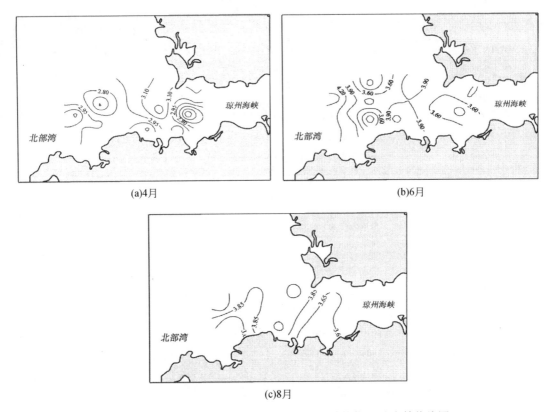

图 6-38　3 个调查航次琼州海峡西部海域浮游植物 H' 分布等值线图

2. 涠洲岛南部海域

（1）种类组成

2016 年 4～8 月在涠洲岛南部海域表层海水中总共鉴定到浮游植物 5 门 53 属 103 种（包含变种、变型和未定种），浮游植物种类名录见表 6-9。其中，硅藻门 36 属 74 种，甲藻门 13 属 25 种，黄藻门 1 种，金藻门 2 属 2 种，蓝藻门 1 种。在鉴定的 103 种中，赤潮种类为 51 种，占 49.5%，在 25 种甲藻中，有 23 种为赤潮种类。4 月浮游植物种类最少，有 4 门 26 属 34 种，硅藻门 18 属 24 种，甲藻门 6 属 8 种，金藻门和蓝藻门各 1 种，而赤潮种类有 22 种，占 64.7%。6 月鉴定到的浮游植物最多，共 5 门 46 属 82 种，其中硅藻门 31 属 57 种，甲藻门 12 属 22 种，黄藻门、金藻门和蓝藻门各 1 种，赤潮种类为 41 种，占 50.0%。8 月浮游植物种类稍少于 6 月，共有 5 门 71 种，其中硅藻最多，为 23 属 49 种，其次是甲藻 12 属 19 种，黄藻、金藻和蓝藻各 1 种，赤潮生物 44 种，占鉴定种类的 62.0%。

表 6-9　3 个调查航次涠洲岛南部海域浮游植物种类名录

序号	中文名	拉丁名	4 月	6 月	8 月
	硅藻门	Bacillariophyta			
1	环状辐裥藻	*Actinoptychus annulatus*		+	
2	格雷双眉藻	*Amphora grevilleana*		+	
3	卵形双眉藻	*Amphora ovalis*		+	
4	冰河拟星杆藻	*Asterionella glacialis**		+	+
5	优美辐杆藻	*Bacteriastrum delicatulum*		+	+
6	变异辐杆藻	*Bacteriastrum varians*	+	+	+
7	透明辐杆藻	*Bacteriastrum hyalinum*		+	+
8	正盒形藻	*Biddulphia biddulphiana*	+	+	
9	活动盒形藻	*Biddulphia mobiliensis*		+	+
10	高盒形藻	*Biddulphia regia*		+	+
11	中华盒形藻	*Biddulphia sinensis**		+	+
12	三刺盒形藻	*Biddulphia tridens*		+	
13	大角管藻	*Cerataulina daemon*	+	+	+
14	窄隙角毛藻	*Chaetoceros affinis**			+
15	扁面角毛藻	*Chaetoceros compressus**			+
16	远距角毛藻	*Chaetoceros distans*	+		+
17	异角毛藻	*Chaetoceros diversus*		+	
18	平滑角毛藻	*Chaetoceros laevis*		+	+
19	劳氏角毛藻	*Chaetoceros lorenzianus**	+	+	+
20	窄面角毛藻	*Chaetoceros paradoxus**			+
21	拟旋链角毛藻	*Chaetoceros pseudocurvisetus**	+	+	+
22	角毛藻	*Chaetoceros* spp.		+	
23	范氏角毛藻	*Chaetoceros van heurckii*			+
24	中心圆筛藻	*Coscinodiscus centralis**	+	+	+
25	虹彩圆筛藻	*Coscinodiscus oculus-iridis*		+	
26	细弱圆筛藻	*Coscinodiscus subtilis*		+	
27	微小小环藻	*Cyclotella caspia*	+	+	+
28	条纹小环藻	*Cyclotella striata*	+	+	+
29	蜂腰双壁藻	*Diploneis bombus*		+	
30	布氏双尾藻	*Ditylum brightwellii**		+	+
31	太阳双尾藻	*Ditylum sol*		+	+
32	唐氏藻	*Donkinia* sp.		+	
33	长角弯角藻	*Eucampia cornuta*			+
34	短角弯角藻	*Eucampia zodiacus**	+		+
35	柔弱井字藻	*Eunotogramma debile*		+	
36	脆杆藻	*Fragilaria* sp.			+
37	薄壁几内亚藻	*Guinardia flaccida**		+	+
38	斯氏布纹藻	*Gyrosigma spencerii*		+	

续表

序号	中文名	拉丁名	4月	6月	8月
39	霍氏半管藻	*Hemiaulus hauckii*			+
40	中华半管藻	*Hemiaulus sinensis*			+
41	环纹娄氏藻	*Lauderia annulata*	+	+	+
42	丹麦细柱藻	*Leptocylindrus danicus*[*]	+	+	+
43	短楔形藻	*Licmophora abbreviata*		+	
44	念珠直链藻	*Melosira moniliformis*			+
45	帕维舟形藻	*Navicula pavillardi*		+	+
46	柔弱舟形藻	*Navicula tenera*		+	
47	直舟形藻	*Navicula directa*		+	
48	新月菱形藻	*Nitzschia closterium*[*]	+	+	+
49	洛伦菱形藻	*Nitzschia lorenziana*		+	
50	具槽帕拉藻	*Paralia sulate*[*]		+	
51	三角褐指藻	*Phaeodactylum tricornutum*		+	
52	斜纹藻属	*Pieurosigma* sp.	+		
53	端尖斜纹藻	*Pieurosigma acautum*		+	
54	艾希斜纹藻	*Pleurosigma aestuarii*		+	
55	菱形斜纹藻	*Pleurosigma rhombeum*		+	
56	尖刺拟菱形藻	*Pseudo-nitzschia pungens*[*]	+	+	+
57	翼根管藻	*Rhizosolenia alata*[*]			+
58	翼根管藻纤细变型	*Rhizosolenia alata* f. *gracillima*[*]	+		+
59	螺端根管藻	*Rhizosolenia cochlea*			+
60	厚刺根管藻	*Rhizosolenia crassipina*		+	+
61	柔弱根管藻	*Rhizosolenia delicatula*[*]	+	+	+
62	脆根管藻	*Rhizosolenia fragilissima*[*]	+	+	+
63	覆瓦根管藻细径变种	*Rhizosolenia imbricata* var. *schrubsolei*		+	+
64	刚毛根管藻	*Rhizosolenia setigera*[*]		+	+
65	中华根管藻	*Rhizosolenia sinensis*	+	+	+
66	斯托根管藻	*Rhizosolenia stolterfothii*[*]		+	+
67	中肋骨条藻	*Skeletonema costatum*[*]		+	+
68	掌状冠盖藻	*Stephanopyxis palmeriana*[*]			+
69	针杆藻	*Synedra* sp.	+	+	+
70	菱形海线藻	*Thalassionema nitzschioides*[*]	+	+	+
71	佛氏海毛藻	*Thalassiothrix frauenfeldii*[*]	+	+	+
72	圆海链藻	*Thalassiosira rotula*[*]	+	+	
73	优美旭氏藻	*Schröderella delicatula*	+	+	
74	优美旭氏藻矮小变型	*Schröderella delicatula* f. *schröderi*			+
	甲藻门	Pyrrophyta			
75	血红哈卡藻	*Akashiwo sanguinea*[*]	+		+
76	塔玛亚历山大藻	*Alexandrium catenella*[*]		+	+

续表

序号	中文名	拉丁名	4 月	6 月	8 月
77	梭角藻	Ceratium fusus*			+
78	叉角藻	Ceratium furca*	+	+	+
79	具尾鳍藻	Dinophysis caudata*		+	+
80	具毒冈比甲藻	Gambierdiscus toxicus*		+	+
81	具刺膝沟藻	Gonyaulax spinifera*		+	+
82	春膝沟藻	Gonyaulax verior*	+	+	+
83	裸甲藻	Gymnodinium sp.	+	+	+
84	链状裸甲藻	Gymnodinium catenatum*		+	
85	短凯伦藻	Karenia brevis*		+	
86	米氏凯伦藻	Karenia mikimotoi*		+	+
87	夜光藻	Noctiluca scintillans*		+	+
88	东海原甲藻	Prorocentrum donghaiense*		+	
89	海洋原甲藻	Prorocentium micans*	+	+	+
90	微小原甲藻	Prorocentrium minimum*	+	+	+
91	反曲原甲藻	Prorocentrum sigmoides*		+	+
92	墨西哥原甲藻	Prorocentrum. mexicanum		+	
93	利玛原甲藻	Prorocentrum. lima*	+	+	+
94	原多甲藻	Protoperidinium sp.			+
95	里昂原多甲藻	Protoperidinium leonis*		+	+
96	透明原多甲藻	Protoperidinium pellucidum*	+	+	+
97	歧散原多甲藻	Protoperidinium divergens*		+	
98	锥状斯克里普藻	Scrippsiella trochoidea*		+	+
99	未定种	Unkown		+	
	黄藻门	Xanthophyta			
100	海洋卡盾藻	Chattonella marina*		+	+
	金藻门	Chrysophyta			
101	赤潮异弯藻	Heterosigma akashiwo*		+	+
102	球形棕囊藻	Phaeocystis globosa*	+		
	蓝藻门	Cyanophyta			
103	红海束毛藻	Trichodesmium erythraeum*	+	+	+

注: 标记*为赤潮种

由图 6-39 可知, 无论是春季还是夏季, 涠洲岛南部海域的浮游植物种类组成均以硅藻为主, 其次是甲藻。硅藻在 4 月、6 月和 8 月占总种类数的比例分别为 70.6%、69.5% 和 69.0%, 不同调查月份之间的差别很小。甲藻占种类数的比例也没有因月份不同而产生较大差异, 调查期间甲藻种类数占各调查航次的总种类数比例分别为 23.5%、26.8%和 26.8%, 6 月和 8 月比例相同。

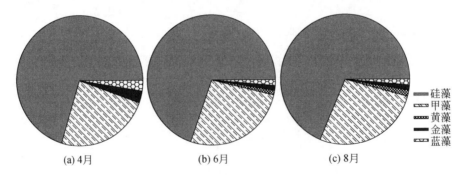

图 6-39　3 个调查航次涠洲岛南部海域浮游植物种类组成比例

（2）浮游植物丰度

2016 年 4～8 月涠洲岛南部海域浮游植物的密度范围为$(0.63\sim9.22)\times10^4$ ind/L。6 月浮游植物丰度最高，平均值为$(6.22\pm1.61)\times10^4$ ind/L，其次是 4 月，平均值为$(4.23\pm1.54)\times10^4$ ind/L，而 8 月浮游植物丰度最低，平均值仅为$(1.20\pm0.57)\times10^4$ ind/L。

3 个调查航次的浮游植物丰度分布见图 6-40。

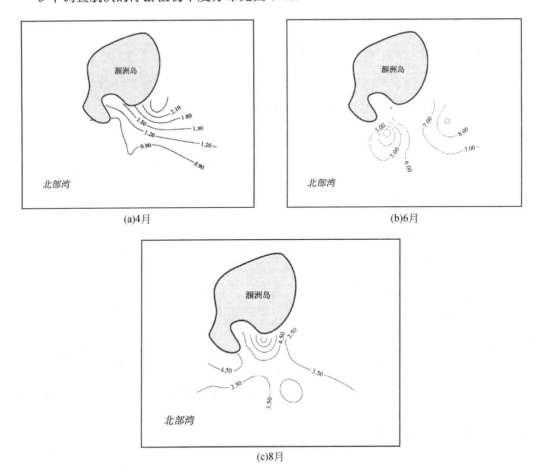

图 6-40　3 个调查航次涠洲岛南部海域浮游植物丰度分布等值线图（单位：$\times10^4$ ind/L）

4 月浮游植物丰度分布呈现近岸高，离岸越远越低的特点，在 201 站位具有最高值，为 $8.20×10^4$ ind/L，最低丰度出现在 303 站位，为 $2.56×10^4$ ind/L。6 月浮游植物丰度分布特征为在研究海域自东向西递减，最高值出现在海域东部的 102 站位，为 $9.22×10^4$ ind/L，最低值西部海域较近岸边的 402 站位，为 $2.01×10^4$ ind/L。8 月的浮游植物丰度分布呈现明显的由东北至西南方向递减的趋势，最高值位于近岸的 101 站位，达 $2.60×10^4$ ind/L，但在 203 站位，丰度只有 $0.63×10^4$ ind/L。

（3）优势种和常见浮游植物

种类优势度的计算方法同 4.2.2 节。4 月优势种（优势度 $Y > 0.02$）有 7 种，按照优势度大小排序分别为球形棕囊藻、红海束毛藻、春膝沟藻、劳氏角毛藻、菱形海线藻、微小小环藻和拟旋链角毛藻，其中，前两种是该海域频繁暴发赤潮的原因种。除了这几种，该海域常见浮游植物（$f_i > 0.33$）种类有大角管藻、条纹小环藻、丹麦细柱藻和柔弱根管藻等（表 6-10）。在这些浮游植物种类中，绝大多数为中国近海常见的赤潮生物种类，优势度最大的球形棕囊藻在春季占该海域的总细胞丰度比例高达 24.65%，这是由于调查期间为该种赤潮的消亡期。而其他优势种类如红海束毛藻和春膝沟藻均占总细胞丰度的 10% 以上，优势种优势度最小的拟旋链角毛藻对总细胞丰度的贡献也高达 5.44%。常见浮游植物种类中对总细胞丰度贡献最大的为柔弱根管藻，为 3.15%。

表 6-10　4 月涠洲岛南部海域浮游植物优势种和常见浮游植物

中文名	拉丁名	频率 f_i	优势度 Y	平均丰度 /($×10^4$ind/L)	占总细胞丰度比例/%
优势种					
球形棕囊藻	*Phaeocystis globosa*[*]	0.6667	0.1643	1.25	24.65
红海束毛藻	*Trichodesmium erythraeum*[*]	0.6000	0.0950	0.89	15.83
春膝沟藻	*Gonyaulax verior*[*]	0.6000	0.0696	0.65	11.59
劳氏角毛藻	*Chaetoceros lorenzianus*[*]	0.4667	0.0537	0.83	11.51
菱形海线藻	*Thalassionema nitzschioides*[*]	0.6000	0.0414	0.39	6.89
微小小环藻	*Cyclotella caspia*	0.5333	0.0307	0.37	5.75
拟旋链角毛藻	*Chaetoceros pseudocurvisetus*[*]	0.4000	0.0218	0.46	5.44
常见浮游植物					
大角管藻	*Cerataulina daemon*	0.4667	0.0072	0.11	1.55
条纹小环藻	*Cyclotella striata*	0.3333	0.0031	0.09	0.93
丹麦细柱藻	*Leptocylindrus danicus*[*]	0.4667	0.0105	0.16	2.24
柔弱根管藻	*Rhizosolenia delicatula*[*]	0.6000	0.0189	0.18	3.15
圆海链藻	*Thalassiosira rotula*[*]	0.3333	0.0083	0.25	2.50
利玛原甲藻	*Prorocentrum. lima*[*]	0.3333	0.0030	0.09	0.90

注：标记*为赤潮种

6 月是调查期间浮游植物种类数最多的月份，但优势种只有 5 种，分别为红海束毛藻、菱形海线藻、拟旋链角毛藻、尖刺拟菱形藻和裸甲藻（表 6-11）。其中，红海束毛藻对总细胞丰度贡献最大，高达 25.46%。据文献记载，涠洲岛南部海域是红海束毛藻赤潮的高发区。此外，菱形海线藻占总细胞丰度的比例也较大，为 12.89%。常见浮游植物种类数较多，主要是硅藻中的冰河拟星杆藻、太阳双尾藻和刚毛根管藻等，甲藻种类为塔玛亚历山大藻。

表 6-11　6 月涠洲岛南部海域浮游植物优势种和常见浮游植物

中文名	拉丁名	频率 f_i	优势度 Y	平均丰度 /($\times 10^4$ind/L)	占总细胞丰度 比例/%
优势种					
红海束毛藻	*Trichodesmium erythraeum**	0.733	0.1867	1.73	25.46
菱形海线藻	*Thalassionema nitzschioides**	0.733	0.0945	0.87	12.89
拟旋链角毛藻	*Chaetoceros pseudocurvisetus**	0.733	0.0793	0.73	10.81
尖刺拟菱形藻	*Pseudo-nitzschia pungens**	0.733	0.0452	0.42	6.16
裸甲藻	*Gymnodinium* sp.	0.600	0.0228	0.31	3.79
常见浮游植物					
冰河拟星杆藻	*Asterionella glacialis**	0.600	0.0076	0.10	1.26
活动盒形藻	*Biddulphia mobiliensis*	0.400	0.0027	0.09	0.69
大角管藻	*Cerataulina daemon*	0.533	0.0038	0.07	0.71
中心圆筛藻	*Coscinodiscus centralis**	0.467	0.0044	0.10	0.95
微小小环藻	*Cyclotella caspia*	0.533	0.0302	0.53	5.67
条纹小环藻	*Cyclotella striata*	0.400	0.0101	0.31	2.52
蜂腰双壁藻	*Diploneis bombus*	0.400	0.0041	0.13	1.04
布氏双尾藻	*Ditylum brightwellii**	0.400	0.0041	0.13	1.02
太阳双尾藻	*Ditylum sol**	0.533	0.0144	0.25	2.69
新月菱形藻	*Nitzschia closterium**	0.467	0.0024	0.06	0.52
具槽帕拉藻	*Paralia sulate**	0.333	0.0105	0.47	3.15
刚毛根管藻	*Rhizosolenia setigera**	0.533	0.0062	0.11	1.15
塔玛亚历山大藻	*Alexandrium catenella**	0.400	0.0028	0.09	0.69

注：标记*为赤潮种

8 月涠洲岛南部海域共发现优势种 6 种，包括菱形海线藻、拟旋链角毛藻、劳氏角毛藻、柔弱根管藻、环纹娄氏藻和斯托根管藻（表 6-12）。除了环纹娄氏藻，其余 5 种优势种均为中国近海常见赤潮生物。在优势种中，优势度最大的为菱形海线藻，而对总细胞丰度贡献最大的是优势度排第二的拟旋链角毛藻，为 19.34%。8 月该海域常见浮游植物主要包括冰河拟星杆藻、优美辐杆藻及微小小环藻等硅藻，甲藻只有一种，为米氏凯伦藻。

表 6-12 8 月涠洲岛南部海域浮游植物优势种和常见浮游植物

中文名	拉丁名	频率 f_i	优势度 Y	平均丰度 /($\times 10^4$ind/L)	占总细胞丰度比例/%
优势种					
菱形海线藻	*Thalassionema nitzschioides**	0.800	0.1496	0.22	18.70
拟旋链角毛藻	*Chaetoceros pseudocurvisetus**	0.667	0.1289	0.28	19.34
劳氏角毛藻	*Chaetoceros lorenzianus**	0.600	0.0453	0.12	7.55
柔弱根管藻	*Rhizosolenia delicatula**	0.600	0.0295	0.08	4.92
环纹娄氏藻	*Lauderia annulata*	0.667	0.0254	0.05	3.81
斯托根管藻	*Rhizosolenia stolterfothii**	0.667	0.0229	0.05	3.43
常见浮游植物					
冰河拟星杆藻	*Asterionella glacialis**	0.400	0.0084	0.05	2.11
优美辐杆藻	*Bacteriastrum delicatulum*	0.467	0.0139	0.06	2.97
变异辐杆藻	*Bacteriastrum varians*	0.400	0.0050	0.03	1.24
范氏角毛藻	*Chaetoceros van heurckii**	0.333	0.0023	0.02	0.70
微小小环藻	*Cyclotella caspia*	0.600	0.0174	0.05	2.91
薄壁几内亚藻	*Guinardia flaccida**	0.467	0.0042	0.02	0.89
丹麦细柱藻	*Leptocylindrus danicus**	0.600	0.0152	0.04	2.54
尖刺拟菱形藻	*Pseudo-nitzschia pungens**	0.467	0.0164	0.07	3.51
脆根管藻	*Rhizosolenia fragilissima**	0.467	0.0078	0.03	1.66
覆瓦根管藻细径变种	*Rhizosolenia imbricata* var. *schrubsolei*	0.400	0.0042	0.03	1.05
米氏凯伦藻	*Karenia mikimotoi**	0.533	0.0071	0.02	1.33

注：标记*为赤潮种

（4）群落多样性

H' 和 J 的计算方法同 4.2.2 节。3 个调查航次涠洲岛南部海域浮游植物 H' 的大小排序与琼州海峡西部海域一致，均为 8 月＞6 月＞4 月，3 个调查航次的平均值分别为 3.37、3.36 和 2.52。同样，H' 在 4 月和 6 月变化较大，而在 6 月与 8 月基本保持不变。3 个调查航次浮游植物 H' 分布见图 6-41。根据表 4-6 的生物多样性指数法评价该海域的污染水平，和琼州海峡西部海域一样，即 4 月总体上是轻度污染水平，而 6 月和 8 月是清洁水平。

与琼州海峡西部海域一样，涠洲岛南部海域浮游植物 J 在春夏季差异甚微，4 月、6 月和 8 月平均值分别为 0.74、0.75 及 0.76，说明该海域浮游植物均匀度在春季和夏季受季节变化影响较小。

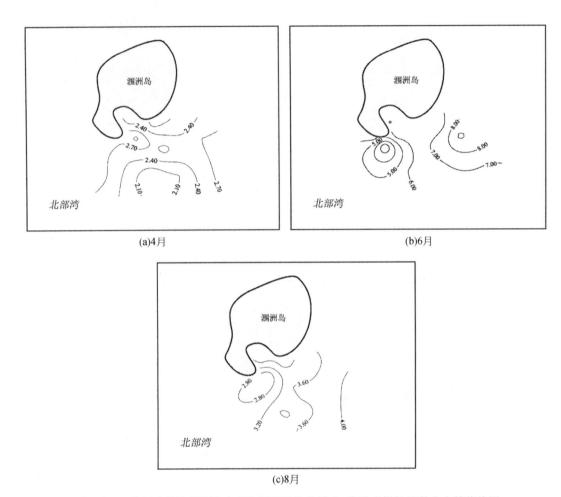

(a)4月　　　　　　　　　　　　　　　　　(b)6月

(c)8月

图 6-41　3 个调查航次涠洲岛南部海域浮游植物香农-维纳多样性指数分布等值线图

6.2.3　浮游动物

1. 涠洲岛南部海域浮游动物

共调查 3 个航次，调查期间样品的采集用小型浮游生物网（孔径 0.160 mm）垂直拖网进行采集。包括浮游动物幼体在内，样品中共鉴定浮游动物 54 种（类），其中水母类 10 种，栉水母类 1 种，枝角类 3 种，介形类 2 种，桡足类 17 种，毛颚类 2 种，被囊类 5 种，浮游幼虫（体）14 种。其中 4 月 37 种（类），6 月 41 种（类），8 月 39 种（类）（表 6-13）。

表 6-13　涠洲岛南部海域浮游动物名录

中文名	拉丁名	4 月	6 月	8 月
水母类				
双手水母	*Amphinema* sp.	+	+	
半球美螅水母	*Clytia hemisphaerica*		+	+
美螅水母	*Clytia* sp.	+	+	
肉质介螅水母	*Hydractinia carnea*		+	
太阳水母	*Solmaris* sp.	+	+	+
爪室水母	*Chelophyes appendiculata*	+		+
方拟多面水母	*Abylopsis tetragona*		+	+
多面水母	*Abylopsis* sp.	+		
巴斯水母	*Bassia bassensis*	+	+	
拟细浅室水母	*Lensia subtiloides*	+	+	+
栉水母类				
球型侧腕水母	*Pleurobrachia globosa*	+		+
枝角类				
肥胖三角溞	*Evadne tergestina*	+	+	+
鸟喙尖头溞	*Penilia avirostris*	+	+	+
圆囊溞	*Pondon* sp.			
介形类				
真刺真浮萤	*Euconchoecia aculeata*	+	+	+
后圆真浮萤	*Euconchoecia maimai*	+		
桡足类				
太平洋纺锤水蚤	*Acartia pacifica*	+	+	+
中华哲水蚤	*Calanopia sinicus*	+		
近缘大眼剑水蚤	*Corycaeus affinis*	+		
剑水蚤	*Cyclopoida* sp.			+
尖额诸猛水蚤	*Euterpina acutifrons*		+	+
红小毛猛水蚤	*Microsetella rosea*	+	+	+
小毛猛水蚤	*Microsetella* sp.		+	
羽长腹剑水蚤	*Oithona plumifera*	+	+	+
拟长腹剑水蚤	*Oithona similis*		+	+
细长腹剑水蚤	*Oithona attenuata*	+		+
长腹剑水蚤	*Oithona* sp.	+		+
小长腹剑水蚤	*Oithona nana*			
小拟哲水蚤	*Paracalanus parvus*	+		+
拟哲水蚤	*Paracalanus* sp.		+	

中文名	拉丁名	4月	6月	8月
强额孔雀哲水蚤	*Paracalanus crassirostris*			+
太平洋真宽水蚤	*Eurytemora pacifica*			+
锥形宽水蚤	*Temora turbinate*	+	+	+
毛颚类				
肥胖软箭虫	*Flaccisagitta enflata*	+	+	+
百陶箭虫	*Zonosagitta bedoti*	+	+	+
被囊类			+	
软拟海樽	*Dolioletta gegenbauri*	+	+	+
小齿海樽	*Doliolum denticulatum*	+	+	+
海樽	*Dolioletta* sp.			
异体住囊虫	*Oikopleura dioica*		+	+
长尾住囊虫	*Oikopleura longicauda*	+	+	+
浮游幼虫（体）				
羽腕幼虫	*Bipinnaria larvae*	+	+	+
双壳类幼虫	*Bivalve larvae*	+	+	+
短尾类大眼幼虫	*Brachyura megalopa*		+	+
短尾类潘状幼虫	*Brachyura zoea*	+	+	+
蔓足类无节幼虫	*Cirrpedia nauplius*	+	+	+
桡足类幼体	*Copepod larvae*			+
长腕幼虫	*Ephythus larvae*	+	+	+
腹足类幼虫	*Gastropoda larvae*	+	+	+
多毛类幼虫	*Metafroch larvae*	+	+	
无节幼体	*Nauplius larvae*			
蛇尾类长腕幼虫	*Ophiuroidea ophiopluteus larvae*	+	+	+
多毛类幼体	*Polychaeta larvae*	+	+	+
磁蟹潘状幼体	*Porcellana zoea*	+	+	+
箭虫幼体	*Sagitta larvae*	+	+	+

4月浮游动物丰度的变化范围是 11524～44327 ind/m^3，平均丰度为(18173±9495) ind/m^3。浮游动物丰度的高值区出现在 103 站位附近，总体而言，调查区域的东面要高于西面（图 6-42）。4月浮游动物生物量的变化范围为 521.04～780.18 mg/m^3，平均生物量是(573.5±75.01) mg/m^3。高值区的分布与丰度的分布一致，高值区出现在 202 站位附近（图 6-43）。

6月浮游动物丰度的变化范围是 8965～21301 ind/m^3，平均丰度为(1309±4496) ind/m^3。浮游动物高丰度的高值区出现在 301 站位附近，总体而言，调查区域的东面要高于西面（图 6-44）。4月浮游动物生物量的变化范围为 500.82～598.28 mg/m^3，平均生物量是(533.42±35.52) mg/m³。高值区的分布与丰度的分布一致，高值区出现在近岛方向（图 6-45）。

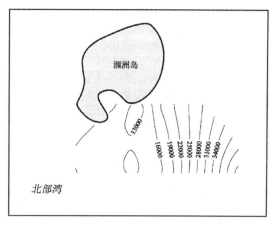

图 6-42　4 月涠洲岛南部海域浮游动物丰度分布（单位：ind/m³）

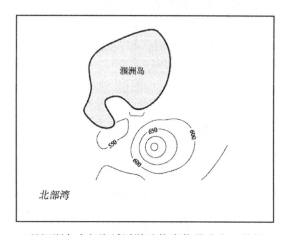

图 6-43　4 月涠洲岛南部海域浮游动物生物量分布（单位：mg/m³）

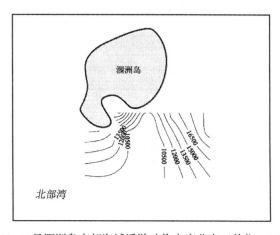

图 6-44　6 月涠洲岛南部海域浮游动物丰度分布（单位：ind/m³）

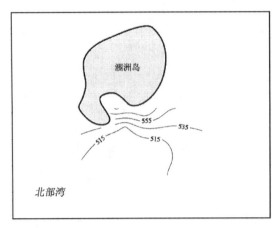

图 6-45　6 月涠洲岛南部海域浮游动物生物量分布（单位：mg/m³）

8 月浮游动物丰度的变化范围是 2360～4520 ind/m³，平均丰度为(3477±670) ind/m³。浮游动物高丰度的高值区出现在 101 站位附近（图 6-46）。4 月浮游动物生物量的变化范围为 248.64～463.28 mg/m³，平均生物量是(407.47±71.69) mg/m³。高值区的分布与丰度的分布类似，但高值区出现在 201 站位附近（图 6-47）。

2. 琼州海峡西部海域浮游动物

共调查 3 个航次，调查期间的样品用大型浮游生物网（孔径 0.505 mm）垂直拖网进行采集。包括浮游动物幼体在内，样品中共鉴定浮游动物 77 种（类），其中水母类 11 种，栉水母类 1 种，枝角类 1 种，介形类 2 种，桡足类 31 种，十足类 2 种，毛颚类 8 种，被囊类 4 种，浮游幼虫（体）17 种。其中 4 月 54 种（类），6 月 56 种（类），8 月 54 种（类）（表 6-14）。

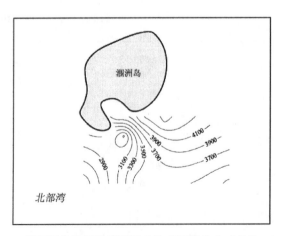

图 6-46　8 月涠洲岛南部海域浮游动物丰度的分布（单位：ind/m³）

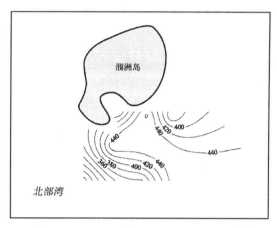

图 6-47　8 月涠洲岛南部海域浮游动物生物量的分布（单位：mg/m³）

表 6-14　琼州海峡西部海域浮游动物名录

中文名	拉丁名	4 月	6 月	8 月
水母类				
半口壮丽水母	*Aglaura hemistoma*	+	+	+
双手水母	*Amphinema* sp.	+	+	
单囊美螅水母	*Clytiafolleata*	+	+	+
半球美螅水母	*Clytia hemisphaerica*	+	+	+
六福和平水母	*Eirene haxnemalis*	+	+	+
真囊水母	*Euphysora bigelowi*	+	+	+
肉质介螅水母	*Hydractinia carnea*		+	
薮枝螅水母	*Obelia* sp.	+		
两手筐水母	*Solmundella bitentaculata*	+	+	+
巴斯水母	*Bassia bassensis*	+	+	
拟细浅室水母	*Lensia subtiloides*	+	+	+
栉水母类				
球型侧腕水母	*Pleurobrachia globosa*	+	+	
枝角类				
鸟喙尖头溞	*Penilia avirostris*	+	+	+
介形类				
真刺真浮萤	*Euconchoecia aculeata*	+	+	+
后圆真浮萤	*Euconchoecia maimai*	+		
桡足类				
丹氏纺锤水蚤	*Acartia danae*	+	+	
纺锤水蚤	*Acartia* sp.			+
刺尾纺锤水蚤	*Acartia spinicauda*		+	
驼背隆哲水蚤	*Acrocalanus gibber*	+	+	+
微驼隆哲水蚤	*Acrocalanus gracilis*	+		
小长足水蚤	*Calanopia minor*		+	+

续表

中文名	拉丁名	4月	6月	8月
中华哲水蚤	*Calanopia sinicus*	+		
小哲水蚤	*Nannocalanus minor*			
瘦新哲水蚤	*Neocalanus graxilis*			
伯氏平头水蚤	*Calanopia bradyi*	+	+	+
微刺哲水蚤	*Canthocalanus pauper*	+	+	+
奥氏胸刺水蚤	*Centropages orsinii*		+	+
近缘大眼剑水蚤	*Corycaeus affinis*	+		
背突隆剑水蚤	*Oncaea clevei*			
剑水蚤	*Cyclopoida* sp.			+
尖额诺猛水蚤	*Euterpina acutifrons*		+	+
真刺唇角水蚤	*Labidocera euchaeta*	+	+	+
瘦尾简角水蚤	*Pontellopsis tenuicauda*	+	+	+
小毛猛水蚤	*Microsetella* sp.		+	
大眼剑水蚤	*Mimocorycella* sp.		+	+
羽长腹剑水蚤	*Oithona plumifera*	+	+	+
拟长腹剑水蚤	*Oithona similis*		+	+
长腹剑水蚤	*Oithona* sp.	+		+
小拟哲水蚤	*Paracalanus parvus*	+		+
强额孔雀哲水蚤	*Paracalanus crassirostris*	+		+
强次真哲水蚤	*Subeucalanus crassus*	+		+
亚强次真哲水蚤	*Subeucalanus subcrassus*	+	+	+
异尾宽水蚤	*Temora discaudata*	+	+	+
柱形尾宽水蚤	*Temora stylifera*			+
锥形尾宽水蚤	*Temora turbinate*	+	+	+
瘦歪水蚤	*Tortanus gracilis*		+	+
十足类				
中型莹虾	*Lucifer intermedius*	+	+	+
莹虾	*Lucifer* sp.			+
毛颚类				
瘦箭虫	*Tenuisagitta tenuis*	+	+	+
纳嘎带箭虫	*Zonosagitta nagae*	+	+	+
布氏带箭虫	*Zonosagitta buuni*	+	+	
肥胖软箭虫	*Flaccisagitta enflata*	+	+	+
太平洋撬虫	*Krohnitta pacifica*	+	+	+
百陶带箭虫	*Zonosagitta bedoti*	+	+	+
弱滨箭虫	*Aidanosagitta delicata*			
强壮滨箭虫	*Aidanosagitta crassa*			
被囊类			+	
小齿海樽	*Doliolum denticulatum*	+	+	+
异体住囊虫	*Oikopleura dioica*		+	+

续表

中文名	拉丁名	4 月	6 月	8 月
住囊虫	*Oikopleura* sp.		+	+
双尾纽鳃樽	*Thalia democratica*	+	+	
浮游幼虫（体）				
阿利玛幼体	*Alimalll larvae*	+	+	+
异尾类幼虫	*Anomura larvae*	+	+	
耳状幼虫	*Auricularia larvae*	+	+	+
羽腕幼虫	*Bipinnaria larvae*	+	+	+
双壳类幼虫	*Bivalve larvae*	+	+	+
短尾类潘状幼虫	*Brachyura zoea*	+	+	+
蔓足类无节幼虫	*Cirrpedia nauplius*	+	+	+
桡足类桡足幼体	*Copepod copepodite*			+
腹足类幼虫	*Gastropoda larvae*	+	+	+
长尾类潘状幼体	*Macrura zoea*			+
大眼幼体	*Megalopa larvae*	+		
多毛类幼虫	*Metafroch larvae*	+	+	
无节幼体	*Nauplius larvae*			
蛇尾类长腕幼虫	*Ophiuroidea ophiopluteus larvae*	+	+	+
多毛类幼体	*Polychaeta larvae*	+	+	+
磁蟹潘状幼体	*Porcellana zoea*	+	+	+
箭虫幼体	*Sagitta larvae*	+	+	+

4 月浮游动物丰度的变化范围是 223～1652 ind/m³，平均丰度为(713±493) ind/m³。浮游动物丰度的高值区出现在调查区域的东面 602 站附近（图 6-48）。4 月浮游动物生物量的变化范围为(348.42～461.31) mg/m³，平均生物量是(387.15±38.95) mg/m³。生物量高值区的分布与丰度的分布类似（图 6-49）。

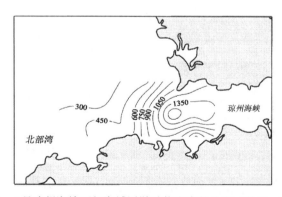

图 6-48　4 月琼州海峡西部海域浮游动物丰度的分布（单位：ind/m³）

6 月浮游动物丰度的变化范围是 124～1365 ind/m³，平均丰度为(568±431) ind/m³。浮游动物高丰度的高值区出现在调查区域的东面 701 站位附近（图 6-50）。6 月浮游动物生物量的变化范围为 340.60～438.64 mg/m³，平均生物量是(375.67±34.09) mg/m³。生物量高值区的分布与丰度的分布类似（图 6-51）。

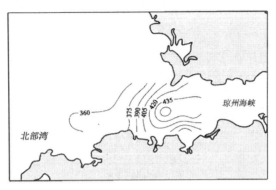

图 6-49　4 月琼州海峡西部海域浮游动物生物量的分布（单位：mg/m³）

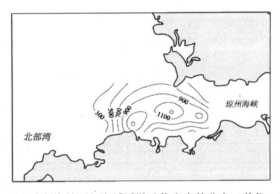

图 6-50　6 月琼州海峡西部海域浮游动物丰度的分布（单位：ind/m³）

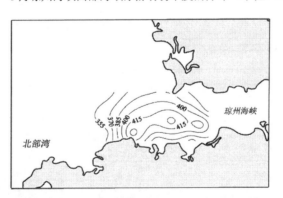

图 6-51　6 月琼州海峡西部海域浮游动物生物量的分布（单位：mg/m³）

8 月浮游动物丰度的变化范围是 114～1406 ind/m³，平均丰度为(384±348) ind/m³。调查区域的西面和东面都有浮游动物的高值区出现，最大值出现在 502 站附近（图 6-52）。8 月浮游动物生物量的变化范围为 339.81～441.87 mg/m³，平均生物量是(361.18±27.53) mg/m³。生物量高值区的分布与丰度的分布类似（图 6-53）。

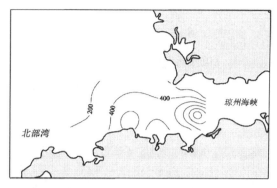

图 6-52 8 月琼州海峡西部海域浮游动物丰度的分布（单位：ind/m³）

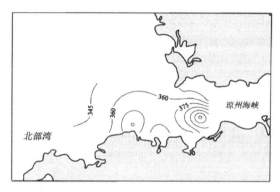

图 6-53 8 月琼州海峡西部海域浮游动物生物量的分布（单位：mg/m³）

6.3 生态环境状况评价

4 月涠洲岛南部海域盐度变化范围较大，为 27.30～30.40。在岛的东南部有明显的淡水输入，就淡水影响的范围而言，5 m 层和底层受影响的范围较大，而表层受影响的范围较小。DIN 的分布不仅受淡水输入的影响，在岛的东南面较高，同时还受外海输入的影响，在离岛的东面也出现了高值。而 PO₄-P 则主要在离岛方向的东面较高，并不受淡水输入的影响。硅酸盐浓度除涠洲岛东南面近岸区域盐度比较高外，还出现东面高西面低的趋势，受外海水影响明显。叶绿素 a 浓度的空间分布与盐度的分布类似，最高值也出现在东南面，且往离岛方向逐渐降低。但考虑营养盐的分布情况，在 4 月，涠洲岛南部海域浮游植物的生长可能同时受岛内营养盐输入和外海水输入的影响。

6 月涠洲岛南部海域盐度分布范围比 4 月稍大，为 26.40～34.30。表层与 5m 层盐度分布类似，均在岛的东南部出现盐度的最低值，且随着离岛的距离越远盐度越高。但底层盐度却是从西南往东南逐渐降低。DIN 浓度不仅在南湾附近有淡水输入的地方较高，而且在离岛处有外海水输入的地方，其浓度也很高。而 PO₄-P 浓度主要在岛的西南面近岸区域比较高。硅酸盐除南湾附近受陆源输入影响较高外，受外海影响也明显，在调查区域最南面也出现高值区。虽然有大量的淡水进入调查区域，但是调查区域叶绿素 a 在南湾湾内及沿岸水域却低于外海。说明在 6 月，南湾浮游植物的生长可能主要受外海营养盐输入的调控。实际上，不同站位叶绿素 a 浓度范围为 0.51～1.00 μg/L，各站叶绿素 a 的差异并不大。这可能跟 6 月涠洲岛附近海域浮游动物数量比较高有关系，6 月涠洲岛南面出现了大量的浮游动物，其摄食将会降低浮游植物的密度，即便有营养盐输入，其叶绿素 a 浓度也不会太高。

8 月涠洲岛南部海域盐度分布范围较窄，为 30.32～31.28，与 4 月和 6 月不同，8 月没有观察到明显的盐度梯度，但低盐水影响的范围变广。8 月涠洲岛南部海域 DIN 浓度是调查的 3 个月份中最低的。但 PO_4-P 和 SiO_3-Si 浓度类似，都呈现出明显的近岸高、离岸低的趋势。此时，叶绿素 a 浓度在南湾及近岸海和研究海域的东南区域较高，但叶绿素 a 的浓度值普遍很低，平均值为 (0.29 ± 0.10) μg/L，不同站位变化范围为 0.10～0.46 μg/L，并无太大的梯度变化。影响浮游植物生长的因素尚需进一步研究。

4 月有淡水从海南岛输入琼州海峡，输入的淡水向西运动，进入北部湾。此时 DIN、PO_4-P 浓度的空间分布与盐度分布类似，表明 DIN、PO_4-P 可能来自海南岛的淡水输入。4 月 SiO_3-Si 浓度高值区位于雷州半岛近岸海域。而叶绿素 a 的分布则与盐度分布完全不同，最高值出现在雷州半岛南面，这可能与 SiO_3-Si 浓度的分布有关，从琼州海峡进入北部湾时候，叶绿素 a 浓度是逐渐增加的。此时，琼州海峡浮游植物的生长可能不仅受海南岛淡水输入的影响，还受到雷州半岛 SiO_3-Si 输入的影响。

4 月观察到的淡水输入在 6 月消失。在 6 月，调查区域为高盐水取代。此时琼州海峡从东往西 DIN、PO_4-P 浓度逐渐降低。而 6 月 SiO_3-Si 浓度高值区位于雷州半岛近岸海域，但海南岛近岸区域 SiO_3-Si 浓度也不低，总体上有自东往西减少的趋势。但此时叶绿素 a 的高值区出现在海南岛北面近岸处，且往外海有逐渐减少的趋势。自东往西流经琼州海峡的高盐水为浮游植物的生长提供了氮磷营养，和从海南岛近岸补充的 SiO_3-Si 一起调控着调查区域浮游植物的空间分布。

8 月琼州海峡邻近海域受雷州半岛和海南岛淡水输入的影响。而 DIN 的高值区和次高值区分别出现在雷州半岛的徐闻附近和海南岛西北面，而 PO_4-P 浓度的高值区出现在雷州半岛，因此，8 月琼州海峡的 DIN 可能来自外海和雷州半岛附近海域，而 PO_4-P 则主要来自雷州半岛。SiO_3-Si 浓度高值区位于研究海域的西北侧，而靠近海南岛的海域为低值区。8 月叶绿素 a 浓度分布较为均匀，高值区为研究海域中部即海峡口位置，在海峡口外侧为低值区。

第7章 典型海区营养盐的时空分布、结构特征及其生态响应

7.1 琼州海峡西部海域

7.1.1 营养盐的时空变化

2016 年调查期间琼州海峡西部海域的各项营养盐浓度变化范围与平均值见表 7-1。

表 7-1 3 个调查航次琼州海峡西部海域各项营养盐浓度变化范围与平均值 （单位：μmol/L）

项目	4 月		6 月		8 月	
	范围	平均值	范围	平均值	范围	平均值
NH_4^+	2.14~19.21	8.29±4.88	1.04~12.24	4.80±2.89	0.83~5.12	2.10±1.20
NO_2^-	0.19~0.49	0.35±0.10	0.21~2.24	1.00±0.66	0.01~0.82	0.30±0.33
NO_3^-	2.14~6.21	3.95±1.32	1.75~14.41	7.63±4.01	0.24~4.14	1.43±1.24
DIN	4.80~24.30	12.59±6.02	4.54~23.13	13.43±5.56	1.47~10.06	3.83±2.08
PO_4-P	0.06~0.58	0.28±0.16	0.05~0.34	0.19±0.09	0.04~0.27	0.11±0.07
SiO_3-Si	6.46~19.14	12.37±3.90	6.93~17.91	12.96±3.43	5.78~13.87	9.77±2.28
TDN	9.82~30.20	19.50±6.52	11.34~29.41	19.87±4.59	2.87~18.45	7.55±4.31
TDP	0.18~0.83	0.43±0.16	0.19~0.45	0.30±0.08	0.58~2.84	0.93±0.56

1. 无机氮

溶解态无机氮（DIN）包含了铵盐（NH_4^+）、亚硝酸盐（NO_2^-）、硝酸盐（NO_3^-）。铵盐在 3 个调查航次中的浓度随着月份逐渐减小，即 4 月（8.29 μmol/L）>6 月（4.80 μmol/L）> 8 月（2.10 μmol/L），分别占 DIN 的 65.8%、35.7% 和 54.8%。不同季节的铵盐含量分布如图 7-1 所示，4 月铵盐浓度的分布范围为 2.14~19.21 μmol/L，最高值出现在海南岛临高县近岸的 701 站位，分布趋势由研究海域自东向西递减，在靠近北部湾的海域最低。6 月铵盐浓度分布范围为 1.04~12.24 μmol/L，分布上与 4 月相似，但是最高值出现在海口市桥头镇近岸 501 站位。8 月铵盐浓度范围是 0.83~5.12 μmol/L，平均值是 3 个调查航

次中最小的，即(2.10±1.20) μmol/L，最高值出现在徐闻县近岸的 503 站位。

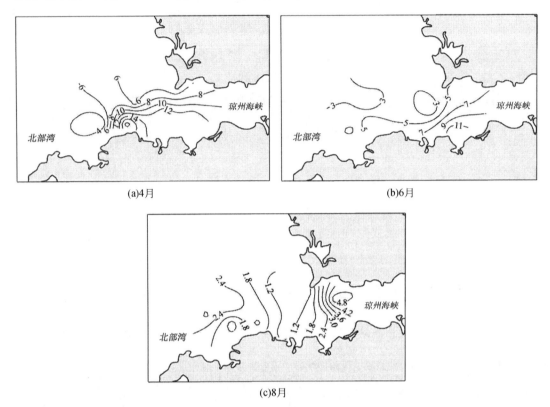

图 7-1　3 个调查航次琼州海峡西部海域铵盐分布（单位：μmol/L）

亚硝酸盐是对 DIN 贡献最小的无机氮，在 4 月、6 月和 8 月的平均值分别为
(0.35±0.10) μmol/L、(1.00±0.66) μmol/L 和(0.30±0.33) μmol/L，对 DIN 的贡献分别为
2.8%、7.4%和 7.8%，其分布如图 7-2 所示。4 月亚硝酸盐分布上呈研究海域东面高、西
面低的趋势；而 6 月的高值区位于研究海域的中部；8 月亚硝酸盐在雷州半岛徐闻县的
近岸海域高于海南岛近岸海域，在靠近北部湾宽阔海域的站位浓度较低。

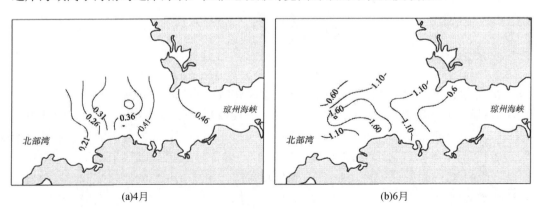

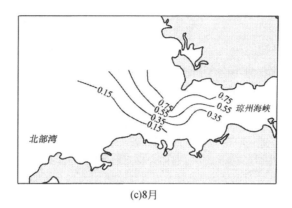

(c)8月

图 7-2　3 个调查航次琼州海峡西部海域亚硝酸盐分布（单位：μmol/L）

琼州海峡西部海域的硝酸盐浓度由高到低排序为：6 月（7.63 μmol/L）＞4 月（3.95 μmol/L）＞8 月（1.43 μmol/L）。3 个调查航次中硝酸盐的分布总体上都呈现东部海域高、西部海域低的趋势（图 7-3）。其中，4 月和 6 月的最高值均出现在徐闻县和海口之间的 502 站位，而 8 月的硝酸盐最高值位于徐闻县近岸的 503 站位。

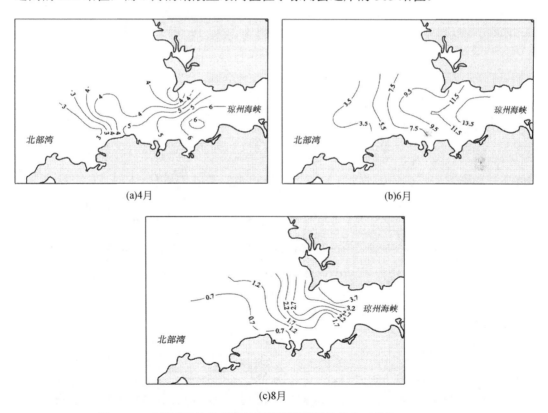

(a)4月

(b)6月

(c)8月

图 7-3　3 个调查航次琼州海峡西部海域硝酸盐分布（单位：μmol/L）

DIN 是铵盐、硝酸盐和亚硝酸盐的总和。根据平均值大小排序，DIN 与硝酸盐一致，均为 6 月最大（13.43 μmol/L），4 月次之（12.59 μmol/L），而 8 月最小（3.83 μmol/L）。

3 个调查航次的 DIN 分布也呈现海峡东部高，而西部海峡口处较低的特点。由于 4 月铵盐对于 DIN 的贡献高达 65.8%，故 DIN 高值区与铵盐分布一致，最高值均出现在海南岛临高县附近的 701 站位（图 7-4）。6 月 DIN 分布与铵盐一致，最高值位于桥头镇近岸 501 站位。8 月 DIN 最高值站位与铵盐，还有硝酸盐一样，均位于徐闻县附近的 503 站位。

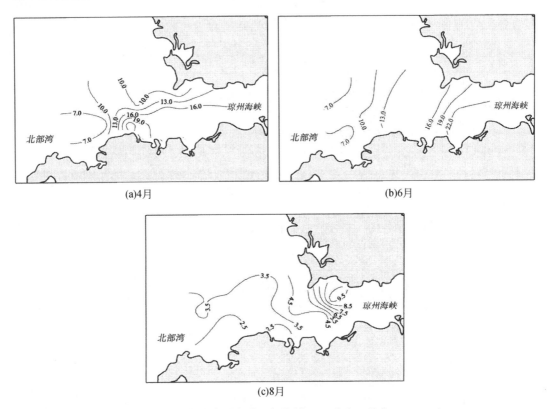

图 7-4　3 个调查航次琼州海峡西部海域 DIN 分布（单位：μmol/L）

综上所述，铵盐是琼州海峡西部海域具有重要地位的无机氮，在春夏季是 DIN 的最主要组成成分。虽然 DIN 的最高值出现的站位会随着季节变化而变化，但不同季节 DIN 的分布整体上都是海峡内高于海峡口及海峡外的海域。

2. PO$_4$-P

4 月 PO$_4$-P 浓度变化范围为 0.06～0.58 μmol/L，平均值为 (0.28±0.16)μmol/L，在 3 个调查航次中浓度最高。其后依次是 6 月和 8 月，平均值分别为 (0.19±0.09)μmol/L 和 (0.11±0.07) μmol/L。4 月在桥头镇近岸的 501 站位具有最高值，另一个具有较高 PO$_4$-P 浓度的站位为 701，浓度为 0.55 μmol/L，整体上为海南岛近岸高于其他海域（图 7-5）。6 月 PO$_4$-P 的分布是靠近雷州半岛的海域高于海南岛及其他海域，最高值 0.34 μmol/L 位于徐闻县近岸的 503 站位。8 月 PO$_4$-P 的浓度比较低，分布上也是雷州半岛近岸海域高于海南岛及海峡口的海域，最高值位于 603 站位。

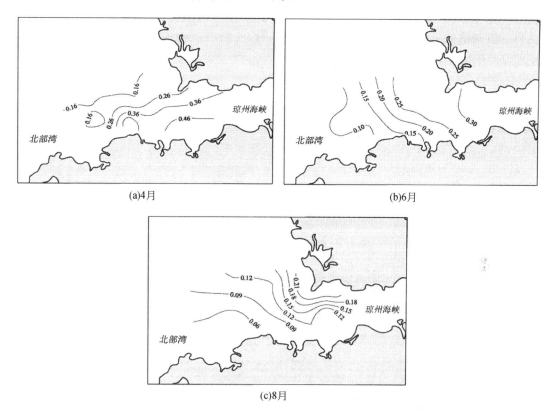

(a)4月

(b)6月

(c)8月

图 7-5　3 个调查航次琼州海峡西部海域 PO_4-P 分布（单位：μmol/L）

3. SiO_3-Si

琼州海峡西部海域 SiO_3-Si 浓度在 3 个调查航次中变化范围分别为 6.46～19.14 μmol/L、6.93～17.91 μmol/L 及 5.78～13.87 μmol/L，平均值分别为(12.37±3.90) μmol/L、(12.96±3.43) μmol/L 和(9.77±2.28) μmol/L，夏季 SiO_3-Si 浓度最小。不同季节 SiO_3-Si 分布如图 7-6 所示。4 月和 6 月 SiO_3-Si 浓度高值区都位于雷州半岛近岸海域，且海峡西侧浓度高于海峡口处，最高值均位于 703 站位。而 8 月的分布呈现不一样的趋势，高值区位于研究海域的西北侧，而靠近海南岛的海域为低值区，最高值为海峡口的 803 站位。

4. TDN

TDN 的分布总体上与 DIN 分布是一致的（图 7-7）。4 月，TDN 的浓度范围为 9.82～30.20 μmol/L，平均值(19.50±6.52) μmol/L，分布趋势为海南岛近岸海域高于研究海域北部及东侧海峡口处的站位，位于海口近岸的 501 站位和 502 站位的 TDN 浓度显著高于其他站位，分别为 29.67 μmol/L 和 30.20 μmol/L；6 月 TDN 范围为 1.34～29.41 μmol/L，平均值(19.87±4.59) μmol/L，高值区位于琼州海峡中部及研究海域的西侧海口至雷州半岛徐闻县之间的海域，在 501 站位具有最高值；8 月 TDN 浓度在 3 个调查航次中最低，范围为 2.87～18.45 μmol/L，平均(7.55±4.31) μmol/L，分布上由研究海域东侧向西边递减，最高值位于徐闻县附近的 503 站位。

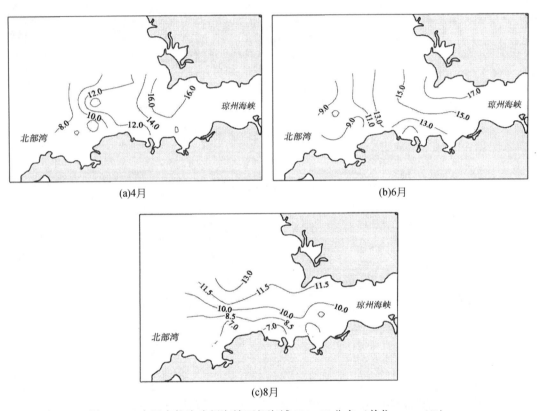

图 7-6　3 个调查航次琼州海峡西部海域 SiO$_3$-Si 分布（单位：μmol/L）

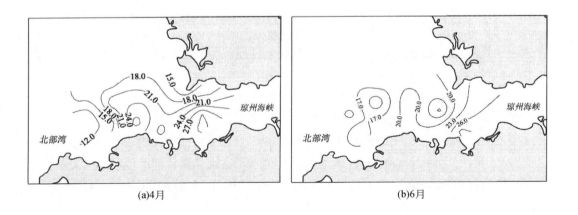

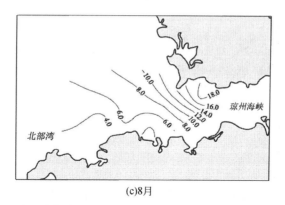

(c)8月

图 7-7　3 个调查航次琼州海峡西部海域 TDN 分布（单位：μmol/L）

5. TDP

TDP 在 3 个调查航次中的浓度范围分别为 0.18～0.83 μmol/L、0.19～0.45 μmol/L 和 0.58～2.84 μmol/L，平均值分别为(0.43±0.16) μmol/L、(0.30±0.08) μmol/L 及(0.93±0.56) μmol/L。不同调查航次的 TDP 分布如图 7-8 所示，与其他营养元素分布趋势一致，TDP 在分布上也呈现海峡中部高、海峡口处低的趋势。4 月 TDP 含量最高的站位为 501，最低值出现在 801 站位；6 月 TDP 最高值在 602 站位，最低值在 802 站位；8 月的 TDP 在 3 个调查航次中最高，与前两个调查航次不一样的是，8 月的高值区在徐闻县角尾乡临近的站位，603 站位 TDP 浓度最高，为 2.84 μmol/L。

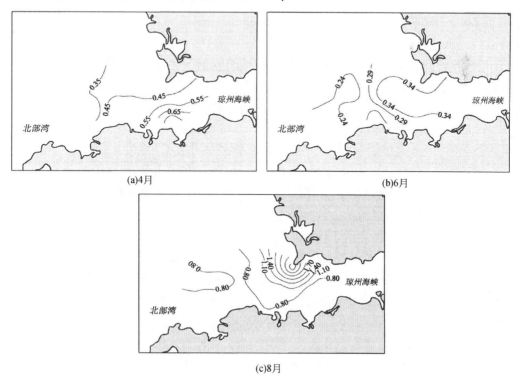

(a)4月　　　　　　　　　　　　　　　　(b)6月

(c)8月

图 7-8　3 个调查航次琼州海峡西部海域 TDP 分布（单位：μmol/L）

琼州海峡西部海域调查期间各项营养盐的平均值变化如图 7-9 所示。由图可知，除了 TDP，其他营养盐如 DIN、PO_4-P、SiO_3-Si 和 TDN 在 8 月均低于 4 月和 6 月。

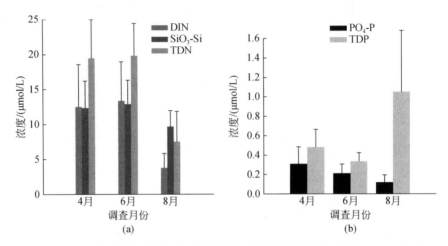

图 7-9　3 个调查航次琼州海峡西部海域各项营养盐平均值（单位：μmol/L）

7.1.2　DIN/PO_4-P

根据 Redfield（1963）的发现，海洋中浮游植物体的碳、氮、磷比值接近恒定，为 16：16：1，即传统的 Redfield 比值。此外，Redfield 还提出了浮游植物按照该比例从海水中吸收生源元素，因而 N/P 为 16：1 被认为是浮游植物生长的最佳比值。Redfield 比值尤其是 N/P 值往往被用于判断某一海域浮游植物的生长是磷限制还是氮限制。根据 Beardall 等（2001）的理论，当该比值大于 22 时，说明调查海区存在潜在的磷限制。由于浮游植物能够直接利用的氮磷形式多为无机态，因此，本书中 N/P 即为 DIN/ PO_4-P。

2016 年 4 月、6 月和 8 月琼州海峡西部海域的 DIN/PO_4-P 变化范围分别为 31.3～178.4、46.6～123.4 及 19.0～55.6，平均值分别为 53.8±35.7、76.3±22.9 和 39.3±12.4。3 个调查航次的 DIN/PO_4-P 分布如图 7-10 所示。4 月 DIN/PO_4-P 最高值出现在 803 站位，而最低值在 501 站位，海峡口及外侧的 DIN/PO_4-P 高于海峡中部；6 月 DIN/PO_4-P 在研究海域南面即海南岛近岸的站位较高，在研究海域的北部即靠近雷州半岛的海域较低，说明海南岛近岸的浮游植物处于较严重的磷限制状态，其中在 801 站位 DIN/PO_4-P 具有最高值；8 月的 DIN/PO_4-P 高值区有两个，如图 7-10c 所示，分别位于研究海域的东边和西边，而处于中部的海域该比值较低，最高值和最低值分别出现在 502 站位和 603 站位。

3 个调查航次的 DIN/PO_4-P 平均值均大于 22，说明该海域在春夏季都处于磷限制状态，尤其是 4 月和 6 月，磷限制状态较严重。除了 DIN/PO_4-P 高于 22，当 PO_4-P 浓度低于 0.10 μmol/L 时，可以认为浮游植物处于绝对的磷限制状态，即使 8 月由于海域中 DIN 浓度的降低使 DIN/PO_4-P 减小，但是不少站位的 PO_4-P 浓度均低于 0.10 μmol/L，因而 8

月该海域浮游植物依然处于磷限制状态。

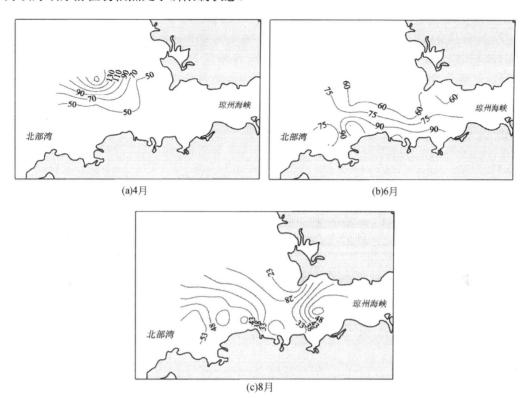

(a)4月   (b)6月

(c)8月

图 7-10   3 个调查航次琼州海峡西部海域 DIN/PO₄-P 分布

7.1.3   营养盐对浮游植物群落组成的影响

为研究营养盐对浮游植物群落组成的影响，用 SPSS 13.0 对琼州海峡西部海域的硅藻密度、甲藻密度、浮游植物种类数，以及总密度与各项营养盐指标进行皮尔森相关性分析，结果如表 7-2 所示。

整个调查期间，硅藻的密度与 NO_3^-、DIN、TDN 及总氮磷比（TDN/TDP）之间有极显著相关（$P<0.01$），与 NH_4^+ 及 DIN/PO₄-P 呈显著正相关（$P<0.01$），但与 TDP 之间为极显著负相关。如前文所述，该海域在春夏季不存在硅限制，故硅藻的生物量与 SiO_3-Si 之间没有显著相关性，氮是影响硅藻生长的最主要因素，NO_3^- 可能是该海域硅藻最优先利用的氮源。甲藻密度与 NO_2^-、DIN/PO₄-P 及 TDN/TDP 之间呈极显著正相关，与 NO_3^- 呈显著正相关，这意味着该海域的甲藻可能更倾向于利用 NO_2^- 进行生长，而甲藻的密度随着氮磷比升高而增大，说明在磷限制条件下，甲藻可能对于 PO₄-P 具有更强的竞争力。浮游植物的种类数受 NH_4^+ 浓度影响最大，与 NH_4^+ 之间具有极显著的负相关，这是由于 NH_4^+ 浓度过高对于某些浮游植物种类具有毒性作用，此外，种类数还与 PO₄-P、DIN 和 TDN 呈显著负相关，这证明了富营养化会减少海洋生物的多样性。在所有的营养盐指标中，除了 TDP 与浮游植物总密度呈极显著负相关，其余均与总密度呈显著或极显著正相关，总体上看，营养盐浓度的增加，促进了浮游植物的生长。

表 7-2　琼州海峡西部海域浮游植物与营养盐之间的相关性

	NO_2^-	NO_3^-	NH_4^+	PO_4-P	SiO_3-Si	DIN	TDN	TDP	DIN/PO_4-P	TDN/TDP	硅藻	甲藻	种类数	总密度
NO_2^-	1													
NO_3^-	0.324*	1												
NH_4^+	−0.058	0.350*	1											
PO_4-P	0.069	0.527**	0.774**	1										
SiO_3-Si	0.242	0.649**	0.372*	0.634**	1									
DIN	0.224	0.806**	0.833**	0.795**	0.619**	1								
TDN	0.286	0.680**	0.752**	0.712**	0.546**	0.884**	1							
TDP	−0.168	−0.268	−0.197	0.057	−0.085	−0.289	−0.272	1						
DIN/DIP	0.253	0.273	0.198	−0.228	−0.086	0.299	0.330*	−0.429**	1					
N/P	0.532**	0.604**	0.378*	0.223	0.303	0.622**	0.730**	−0.625**	0.564**	1				
硅藻	0.296	0.477**	0.305*	0.289	0.292	0.485**	0.478**	−0.413**	0.339*	0.642**	1			
甲藻	0.471**	0.339*	0.029	−0.035	0.138	0.245	0.308*	−0.277	0.421**	0.541**	0.396**	1		
种类数	0.254	−0.094	−0.512**	−0.371*	−00.195	−0.362**	−0.309*	0.21	−0.09	−0.124	−0.053	0.300*	1	
总密度	0.360*	0.508**	0.419**	0.371*	0.353*	0.581**	0.598**	−0.435**	0.392**	0.714**	0.950**	0.583**	−0.089	1

注：*在 0.05 水平显著相关；**在 0.01 水平显著相关

7.2　涠洲岛南部海域

7.2.1　营养盐的时空变化

2016 年调查期间涠洲岛南部海域的各项营养盐浓度变化范围与平均值见表 7-3。

表 7-3　不同调查航次涠洲岛南部海域的各项营养盐浓度变化范围与平均值　（单位：μmol/L）

项目	4月		6月		8月	
	范围	平均值	范围	平均值	范围	平均值
NH_4^+	0.71～3.93	1.67±0.94	1.95～13.61	6.11±3.84	1.08～7.33	2.63±1.67
NO_2^-	0.29～0.44	0.34±0.04	0.28～0.49	0.36±0.06	0.02～0.28	0.13±0.09
NO_3^-	3.64～8.71	5.74±1.61	3.40～9.70	5.37±2.00	0.27～3.80	1.28±1.00
DIN	5.11～11.56	7.75±1.98	5.73～23.78	11.84±5.80	1.53～8.55	4.04±2.12
PO_4-P	0.06～0.14	0.09±0.04	0.05～0.16	0.09±0.03	0.09～0.25	0.18±0.05
SiO_3-Si	2.25～14.89	7.60±4.13	2.84～10.26	7.00±1.84	8.13～12.72	10.60±1.06
TDN	8.05～17.88	13.10±2.63	14.99～25.76	19.98±3.79	4.76～22.10	12.38±4.80
TDP	0.10～0.33	0.19±0.07	0.08～0.28	0.16±0.06	0.20～0.31	0.25±0.03

1. 无机氮（DIN）

铵盐在 3 次调查中的浓度范围分别为 0.71～3.93 μmol/L、1.95～13.61 μmol/L 和 1.08～7.33 μmol/L，平均值由大到小依次为 6 月（6.11 μmol/L）＞8 月（2.63 μmol/L）＞4 月（1.67 μmol/L）。4 月、6 月和 8 月海域中的铵盐浓度分别占 DIN 的 21.5%、51.6% 和 65.1%，由此可知 6 月和 8 月 DIN 的主要成分是铵盐。不同调查时期的铵盐浓度分布如图 7-11 所示，4 月铵盐分布高值区呈东部高、西部低的趋势，在靠近陆地的 101 站位具有最高值。6 月铵盐分布与 4 月相反，高值区在研究海域东部，西部较低，最高值 13.61 μmol/L 出现在 201 站位。8 月铵盐分布与 6 月相似，研究海域东部稍高于西部，最高值出现在 402 站位。

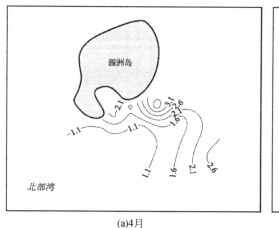

(a)4月

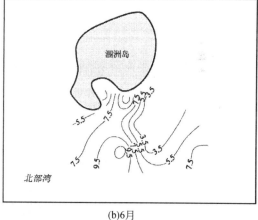

(b)6月

(c)8月

图 7-11　3 个调查航次涠洲岛南部海域的铵盐时空分布（单位：μmol/L）

与琼州海峡西部海域调查结果相似，亚硝酸盐浓度在涠洲岛南部海域也较低，在 4 月、6 月和 8 月亚硝酸盐浓度范围分别为 0.29～0.44 μmol/L、0.28～0.49 μmol/L 和 0.02～0.28 μmol/L，平均值分别为 (0.34±0.04) μmol/L、(0.36±0.06) μmol/L 和 (0.13±

0.03) μmol/L。涠洲岛南部海域亚硝酸盐分布如图 7-12 所示。4 月分布上呈研究海域北部靠近涠洲岛区域低于南部海域，最高值在 403 站位；而 6 月与 4 月相反，在靠近涠洲岛的海域较高，最高值出现在 202 站位；8 月亚硝酸盐由近岸向外海逐渐降低，最高值位于 401 站位。

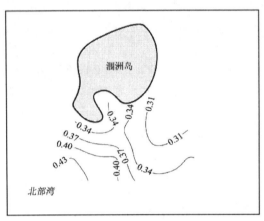

(a)4月

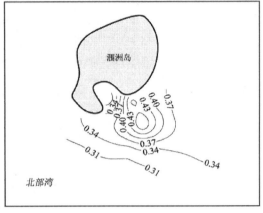

(b)6月

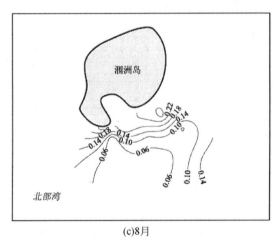

(c)8月

图 7-12　涠洲岛南部海域的亚硝酸盐时空分布（单位：μmol/L）

　　硝酸盐是海域中 DIN 的重要组成成分，涠洲岛南部海域在调查期间硝酸盐浓度由高到低依次为：4 月（5.74 μmol/L）＞6 月（5.37 μmol/L）＞8 月（1.28 μmol/L），分布范围分别为 3.64～8.71 μmol/L、3.40～9.70 μmol/L 及 0.27～3.80 μmol/L。3 个调查航次中硝酸盐浓度高值区均分布在西面，但不同的是 4 月的高值区有两个，在研究海域的东部还有一个高值区，而在研究海域中部硝酸盐浓度低于两侧（图 7-13），最高值位于 201 站位。6 月和 8 月的硝酸盐浓度均由西向东递减，最高值分别位于 201 站位和 401 站位。

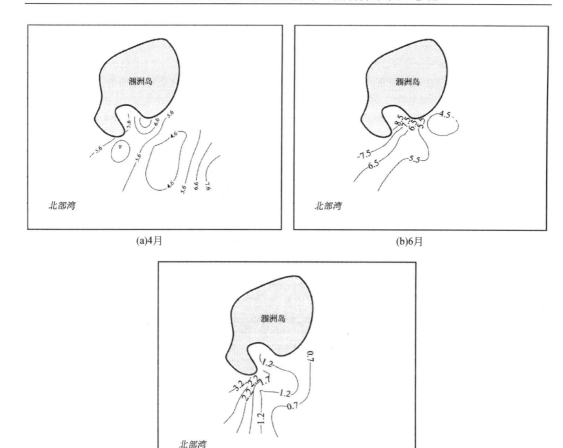

(a)4月　　　　　　　　　　　　　　　　(b)6月

(c)8月

图 7-13　3 个调查航次涠洲岛南部海域的硝酸盐时空分布（单位：μmol/L）

与琼州海峡的季节变化一致，DIN 浓度在涠洲岛南部海域也为 6 月最大（11.84 μmol/L），4 月次之（7.75 μmol/L），8 月最小（4.04 μmol/L）。DIN 分布见图 7-14，4 月由涠洲岛近岸向外海递减，此外由东向西递减，最高值位于 103 站位。6 月 DIN 浓度在 201 站位具有最大值，但总体分布上高值区位于研究海域的西部和南部。8 月 DIN 浓度在分布上呈现西部高、东部低的特点。

2. PO$_4$-P

调查发现涠洲岛南部海域处于严重的磷限制状态，4 月和 6 月 PO$_4$-P 浓度的平均值（0.09 μmol/L）均低于满足浮游植物生长的最低要求 0.10 μmol/L，8 月 PO$_4$-P 浓度稍高，平均值为 0.18 μmol/L。不同调查期间 PO$_4$-P 的时空分布如图 7-15 所示。4 月 PO$_4$-P 浓度高值区位于研究海域东部，最高值位于 103 站位；6 月 PO$_4$-P 分布上没有明显的高低值区域之分，401 站位 PO$_4$-P 浓度最高；8 月海域中的 PO$_4$-P 浓度高于前两次调查，变化范围为 0.09～0.25 μmol/L，分布上由涠洲岛近岸海域向外递减，由此可推断 8 月涠洲岛南

部海域的 PO_4-P 主要来自于陆源输入。

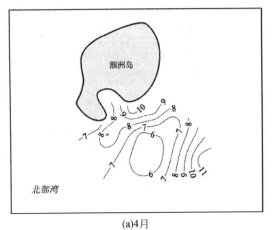

(a)4月

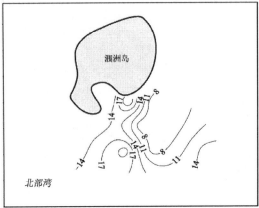

(b)6月

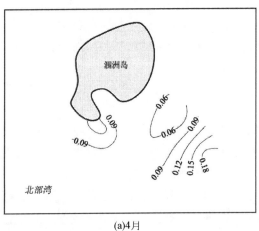

(c)8月

图 7-14　3 个调查航次涠洲岛南部海域的 DIN 时空分布（单位：μmol/L）

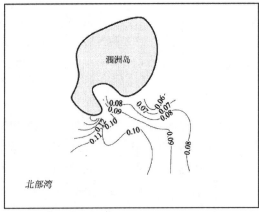

(a)4月

(b)6月

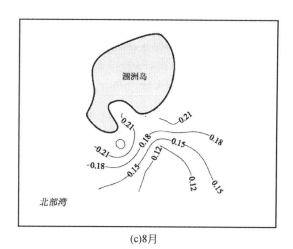

(c)8月

图 7-15　3 个调查航次涠洲岛南部海域的 PO$_4$-P 时空分布（单位：μmol/L）

3. SiO$_3$-Si

涠洲岛南部邻近海域 SiO$_3$-Si 浓度在 3 个调查航次中变化范围分别为 2.25～14.89 μmol/L、2.84～10.26 μmol/L 及 8.13～12.72 μmol/L，平均值分别为 (7.60±4.13) μmol/L、(7.00±1.84) μmol/L 和 (10.60±1.06) μmol/L，与琼州海峡西面海域季节变化相反，夏季 SiO$_3$-Si 浓度最高。SiO$_3$-Si 分布如图 7-16 所示。4 月该海域 SiO$_3$-Si 浓度呈现明显的东部海域高、西部海域低的特点，在较高的东部海域，SiO$_3$-Si 最高浓度出现在近岸的 101 站位；6 月和 8 月 SiO$_3$-Si 分布均没有呈现明显的高低值分区，在整个研究海域，SiO$_3$-Si 分布较均匀。

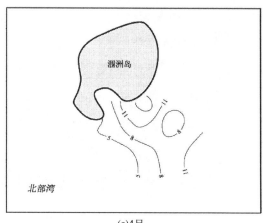

(a)4月

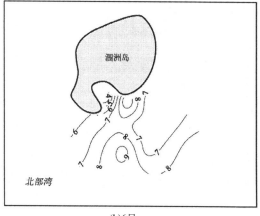

(b)6月

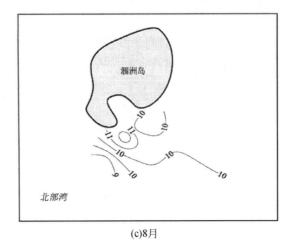

(c)8月

图 7-16　3 个调查航次涠洲岛南部海域的 SiO_3-Si 时空分布（单位：μmol/L）

4. TDN

4 月 TDN 的浓度范围为 8.05～17.88 μmol/L，平均值(13.10±2.63) μmol/L，研究海域东部稍微高于西部，但总体较均匀（图 7-17）；6 月 TDN 浓度平均值在 3 个调查航次中最高，为(19.89±3.79) μmol/L，分布上也是东部高于西部，在近岸的 101 站位和 102 站位 TDN 浓度最高，分别为 25.53 μmol/L 和 25.76 μmol/L，最低值出现在 402 站位，为 14.99 μmol/L；8 月 TDN 浓度在 3 个调查航次中最低，范围为 4.76～22.10 μmol/L，平均 (12.38±4.80) μmol/L，分布上与 6 月相反，浓度高值区位于研究海域西侧，尤其是在西侧近岸的海域，最高值位于 301 站位。

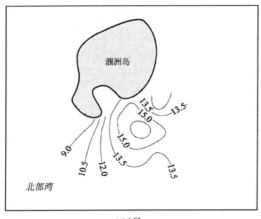

(a)4月　　　　　　　　　　　　　　　　(b)6月

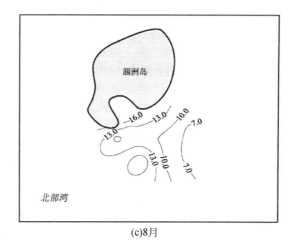

(c)8月

图 7-17　3 个调查航次涠洲岛南部海域的 TDN 时空分布（单位：μmol/L）

5. TDP

TDP 在 3 个调查航次中的浓度范围分别为 0.10～0.33 μmol/L、0.08～0.28 μmol/L 和 0.20～0.31 μmol/L，平均值分别为 (0.19±0.07) μmol/L、(0.16±0.06) μmol/L 及 (0.25±0.03) μmol/L，均低于琼州海峡西部海域平均值。TDP 分布如图 7-18 所示，4 月 TDP 浓度高值区位于研究海域的南部，即远离涠洲岛的海域，最高值出现在 303 站位；6 月 TDP 浓度高值区位于研究海域东侧，最高值位于 102 站位；8 月的 TDP 浓度具有两个高值区，一个为涠洲岛南湾附近，向外海递减，另一个高值区为研究海域东侧；而低值区为位于研究海域西南侧。

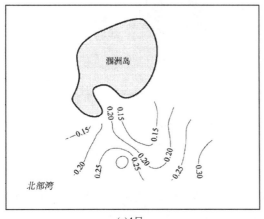

(a)4月

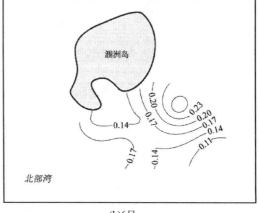

(b)6月

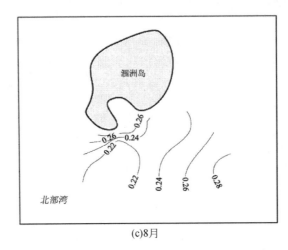

(c)8月

图 7-18　3 个调查航次涠洲岛南部海域的 TDP 时空分布（单位：μmol/L）

　　3 个调查航次涠洲岛南部海域各项营养盐浓度平均值变化如图 7-19 所示。PO_4-P、SiO_3-Si 和 TDP 浓度在季节变化上呈现一个趋势，即 4 月和 6 月浓度接近，而 8 月大幅度升高。DIN 浓度与 TDN 浓度季节变化一致，均为 6 月>4 月>8 月。

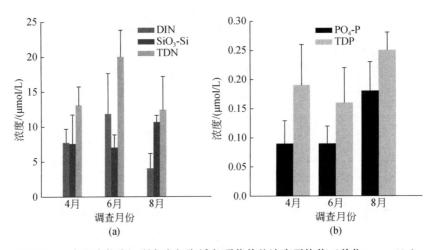

(a)　　　　　　　　　　　　　　　　　(b)

图 7-19　3 个调查航次涠洲岛南部海域各项营养盐浓度平均值（单位：μmol/L）

7.2.2　DIN/PO_4-P

　　涠洲岛南部海域 4 月、6 月和 8 月的 DIN/PO_4-P 变化范围分别为 49.1～190.4、66.8～297.3 及 11.9～38.1，平均值分别为 103.6±37.8、132.5±68.9 和 22.3±9.2。其分布如图 7-20 所示。4 月 DIN/PO_4-P 高值区位于研究海域的东北区域，在 102 站位具有最高值，而最低值出现在 401 站位；6 月 DIN/PO_4-P 在 3 个调查航次中最高，最高值位于 201 站位，其次是 103 站位，为 217.4；8 月的 DIN/PO_4-P 平均大幅度下降，高值区位于研究海域的西侧，而在近岸海域较低，最高值和最低值分别位于 403 站位和 102 站位，该比值小于 16 的有 5 个站位，几乎均位于近岸海域。

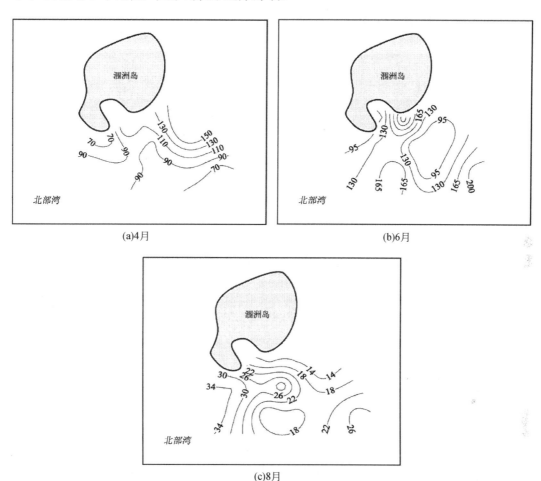

(a)4月

(b)6月

(c)8月

图 7-20　3 个调查航次涠洲岛南部海域 DIN/PO$_4$-P 分布

涠洲岛南部海域 4 月和 6 月 DIN/PO$_4$-P 平均值均大于 100，说明该海域浮游植物在春季至夏初都处于严重的磷限制状态，且这两次调查期间 PO$_4$-P 浓度均低于 0.10 μmol/L 时，不能满足浮游植物生长的需要，这个时期浮游植物对磷的需求可能主要依赖于对有机磷的水解。8 月海域中 DIN 含量的降低及 PO$_4$-P 输入的增加使 DIN/PO$_4$-P 减小，不少站位 DIN/PO$_4$-P 低于 16，由磷限制状态转为氮限制。

7.2.3　营养盐对浮游植物群落组成的影响

调查期间，涠洲岛南部海域浮游植物与各项营养盐之间的皮尔森相关性见表 7-4。硅藻密度与 NO$_2^-$、NO$_3^-$、DIN、TDN 及 TDN/TDP 呈极显著正相关，和琼州海峡西面海域一致，说明在春夏季，硅藻的生物量主要受氮源影响。硅藻密度还与 NH_4^+ 呈显著正相关，与 SiO_3-Si 呈显著负相关，与 TDP 呈极显著负相关，由于该海域春夏季 SiO_3-Si 浓度均较高，不存在硅限制。对甲藻生物量影响较大的因素是 NO_3^- 浓度，两者之间为极显著正相关。在该海域，浮游植物的种类数主要受 NO_3^- 浓度的影响，种类数与 NO_3^- 浓度呈显著负相关，因此大量 NO_3^- 的输入可能导致浮游植物多样性的减小。浮游植物总密度与除 NH_4^+ 外的各项氮营养盐及氮磷比之间均呈极显著正相关，但与 PO_4-P、SiO_3-Si 呈显著负相关，说明在涠洲岛海域，虽然浮游植物在 4～6 月处于相对磷限制状态，但是磷浓度没有低于浮游植物生长的最低阈值，所以并不会影响浮游植物的生长。在硅和磷都不限制的条件下，该海域浮游植物的生物量受到高浓度氮营养的促进，所以一旦有大量氮源的输入，就可能引起群落结构的变化，多样性的降低使某些种类迅速繁殖，进而导致赤潮的发生。

表 7-4　涠洲岛南部海域浮游植物与各项营养盐之间的皮尔森相关性

	NO_2^-	NO_3^-	NH_4^+	PO_4-P	SiO_3-Si	DIN	TDN	TDP	DIN /PO_4-P	TDN /TDP	硅藻	甲藻	种类数	总密度
NO_2^-	1													
NO_3^-	0.732**	1												
NH_4^+	0.176	0.444**	1											
PO_4-P	−0.492**	−0.411*	0.007	1										
SiO_3-Si	−0.421*	−0.149	0.16	0.496**	1									
DIN	0.520**	0.824**	0.873**	−0.223	0.013	1								
TDN	0.417*	0.32	0.304	−0.262	−0.138	0.371*	1							
TDP	−0.366*	−0.376*	−0.305	0.443*	0.138	−0.401*	−0.148	1						
DIN/DIP	0.605**	0.756**	0.649**	−0.635**	−0.184	0.824**	0.392*	−0.482**	1					
N/P	0.468**	0.422*	0.358*	−0.439*	−0.173	0.461**	0.635**	−0.765**	0.534**	1				
硅藻	0.529**	0.470**	0.373*	−0.233	−0.410*	0.497**	0.520**	−0.432*	0.363*	0.577**	1			
甲藻	0.275	0.433**	−0.054	−0.122	0.067	0.2	0.072	−0.391*	0.134	0.32	0.259	1		
种类数	−0.265	−0.355*	0.166	0.244	0.107	−0.087	0.268	0.146	−0.199	0.082	0.253	−0.035	1	
总密度	0.711**	0.643**	0.255	−0.476**	−0.336*	0.517**	0.568**	−0.520**	0.522**	0.650**	0.817**	0.538**	0.062	1

注：*在 0.05 水平显著相关；**在 0.01 水平显著相关

7.3　典型海区富营养化状态评价

7.3.1　潜在性富营养化评价法

潜在性富营养化评价法是郭卫东等（1998）根据中国近岸海域的富营养化普遍受营养盐限制的特征，提出了潜在性富营养化的概念，并在此基础上提出的一种新的富营养化分级标准及相应的评价模式。潜在性富营养化评价法在营养状态指数法和营养状态质量指数法的基础上基于营养盐限制理论对传统的综合评价法进行了补充完善,其营养级划分原则见表 7-5。

表 7-5　潜在性富营养化评价法营养级划分标准

级别	营养级	DIN/(μmol/L)	PO₄-P/(μmol/L)	N/P
I	贫营养	<14.28	<0.97	8~30
II	中营养	14.28~21.41	0.97~1.45	8~30
III	富营养	>21.41	>1.45	8~30
IV$_P$	磷限制中营养	14.28~21.41	—	>30
V$_P$	磷中等限制潜在性富营养	>21.41	—	30~60
VI$_P$	磷限制潜在性富营养	>21.41	—	>60
IV$_N$	氮限制中营养	—	0.97~1.45	<8
V$_N$	氮中等限制潜在性富营养	—	>1.45	4~8
VI$_N$	氮限制潜在性富营养	—	>1.45	<4

应用潜在性富营养化评价法对琼州海峡西部海域及涠洲岛南部海域进行评价,其结果分别如表 7-6 和表 7-7 所示。从平均值上看,两个调查海域在调查期间均为贫营养(I级),琼州海峡西面海域的东部站位(501~701 站位)在 4 月和 6 月大部分处于磷限制中营养(IV$_P$ 级),701 站位在 4 月为磷中等限制潜在性富营养(V$_P$ 级),501 站位和 502站位在 6 月为磷限制潜在性富营养(VI$_P$ 级),在西部邻近北部湾的站位(703~903 站位)均为贫营养。虽然春季(4 月)无机氮营养盐在海南岛近岸和雷州半岛近岸较高,但浮游植物处于磷相对限制状态;夏季(8 月)整个调查海域均为贫营养级,发生赤潮的可能性不大。

涠洲岛南部海域在春季(4 月)和夏季(8 月)调查中,所有站位均为贫营养,仅有6 月的少数站位处于磷限制中营养,根据该调查结果,涠洲岛海域在春夏季基本上无发生赤潮的风险。

表 7-6　琼州海峡西部海域水体潜在富营养化评价法评价结果

调查时间	站位															平均值
	501	502	503	601	602	603	701	702	703	801	802	803	901	902	903	
4 月	IV$_P$	IV$_P$	IV$_P$	IV$_P$	IV$_P$	I	V$_P$	I	I	I	I	I	I	I	I	I
6 月	VI$_P$	VI$_P$	IV$_P$	I	I	I	IV$_P$	IV$_P$	IV$_P$	I	I	I	I	I	I	I
8 月	I	I	I	I	I	I	I	I	I	I	I	I	I	I	I	I

表 7-7　涠洲岛南部海域水体潜在富营养化评价法评价结果

调查时间	站位												平均值
	101	102	103	201	202	203	301	302	303	401	402	403	
4 月	I	I	I	I	I	I	I	I	I	I	I	I	I
6 月	I	I	IV_P	VI_P	I	I	I	IV_P	IV_P	I	I	I	I
8 月	I	I	I	I	I	I	I	I	I	I	I	I	I

7.3.2　浮游植物群落结构指数评价法

在水质较好，营养水平较低的水域，浮游植物密度和生物量往往低，种类较多且比例均匀，即物种多样性指数和均匀度指数高；反之则个体密度和生物量高，物种多样性指数和均匀度指数较低。因此，李清雪等（1999）总结不同的学者在研究富营养化时提出的营养等级标准，采用个体密度、生物量（叶绿素 a）、香农-维纳多样性指数和皮卢均匀度指数等浮游植物特征指标制定了如表 7-6 所示的营养级划分标准。拟定 1、2、3 分别代表贫营养、中营养、富营养，将各要素的实测值与表 7-8 中的标准相比较，确定各单项指标值，然后将 n 个要素单项指标取平均值，得到各站位的综合营养等级指标 q：

$$q = \frac{1}{n}\sum_{i=1}^{n} q_i \tag{7-1}$$

式中，q 为综合营养等级指标；q_i 为单项营养等级指标；n 为指标数。$q > 2.5$ 为富营养，$1.5 \leqslant q \leqslant 2.5$ 为中营养，$q < 1.5$ 为贫营养。

表 7-8　浮游植物群落结构指数评价法营养级划分标准

营养级	密度 /(×10⁴ 个/L)	叶绿素 a /(μg/L)	香农-维纳多样性指数	皮卢均匀度指数
贫营养	<30	<1.90	>3	0.5～0.8
中营养	30～100	1.90～10.9	1～3	0.3～0.5
富营养	>100	>10.9	0～1	0～0.3

运用浮游植物群落结构指数评价法对琼州海峡西部海域和涠洲岛南部海域进行营养级评价，其结果分别如表 7-9 和表 7-10 所示。从评价结果来看，琼州海峡西面海域综合营养等级指标（q）平均值为 1.07，整体上属于贫营养水平。4 月 q 平均值（1.17）>6 月（1.03）>8 月（1.00）。在 4～8 月的整个调查期间，只有 802 站位在春季达到中营养水平，其余测站均为贫营养水平。

涠洲岛南部海域的 q 平均值为 1.15，稍高于琼州海峡西面海域。不同季节变化趋势为 4 月（1.35）>8 月（1.06）>6 月（1.04）。4 月有多个站位达到中营养水平，主要集中在较近岸的站位（101、102、201、202 和 402），其余均为贫营养水平。6 月和 8 月所有站位均为贫营养。

表 7-9　琼州海峡西部海域浮游植物群落结构指数法评价结果

调查时间	站位														
	501	502	503	601	602	603	701	702	703	801	802	803	901	902	903
4 月	1.00	1.25	1.00	1.25	1.00	1.00	1.25	1.00	1.25	1.25	1.50	1.25	1.25	1.00	1.25
6 月	1.00	1.00	1.00	1.00	1.00	1.00	1.00	1.00	1.00	1.25	1.00	1.25	1.00	1.00	1.00
8 月	1.00	1.00	1.00	1.00	1.00	1.00	1.00	1.00	1.00	1.00	1.00	1.00	1.00	1.00	1.00

表 7-10　涠洲岛南部海域浮游植物群落结构法评价结果

调查时间	站位											
	101	102	103	201	202	203	301	302	303	401	402	403
4 月	1.50	1.5	1.25	1.5	1.5	1.25	1.25	1.25	1.25	1.25	1.50	1.25
6 月	1.25	1.00	1.00	1.25	1.00	1.00	1.00	1.00	1.00	1.00	1.00	1.00
8 月	1.00	1.00	1.00	1.00	1.00	1.00	1.00	1.25	1.00	1.00	1.25	1.25

　　浮游植物群落结构指数评价法评价结果与潜在性富营养化评价法评价结果基本上一致，无论是营养盐还是浮游植物密度或叶绿素 a 调查结果均显示，4～8 月调查期间，两个典型海区都没有站位达到富营养化水平。营养盐过剩只是富营养化的必要条件，物理、化学、生物、气候等环境因子的共同作用才构成富营养化的充分条件，只有在藻类大量生长的条件下，富营养化才有可能发生。研究表明，有些营养盐浓度较高的沿海水域初级生产力较低，因而没有表现出富营养化症状，而有些营养盐负荷较低的海域初级生产力却很高。因此，仅仅通过检测水体中的营养盐浓度很难有效地评估出沿海生态系统的营养级，特别是当浮游植物大量繁殖，消耗了大量营养盐的时候，采用生物学指标结合物理化学参数来指示河口海域富营养化状况才能更准确、更全面。

第8章 涠洲岛赤潮多发区实测海水动力状况分析

8.1 潮 汐

8.1.1 潮汐类型

1. 潮汐类型划分依据

潮汐类型也称潮流类型，它主要根据全日、半日分潮流的相对比率来划分，潮汐类型可由潮流性质系数的大小来判断。根据我国《港口与航道水文规范》（JTS 145—2015）的规定，潮流性质判别系数 F 可由式（8-1）计算：

$$F = (W_{O_1} + W_{K_1}) / W_{M_2} \tag{8-1}$$

$$F \leqslant 0.5 \quad 半日潮$$
$$0.5 < F \leqslant 2.0 \quad 不规则半日潮$$
$$2.0 < F \leqslant 4.0 \quad 不规则全日潮$$
$$4.0 \leqslant F \quad 全日潮$$

式中，W_{O_1} 为主要太阴日分潮流 O_1 的最大流速；W_{K_1} 为主要太阴太阳合成日分潮流 K_1 的最大流速；W_{M_2} 为主要太阴半日分潮流 M_2 的最大流速。

2. 涠洲岛海域潮汐类型

采用 T_TIDE 调和分析程序，引入差比数的方法，对实测潮流数据进行调和分析，计算各站位各层次的 O_1、K_1、M_2、S_2、M_4、M_{S4} 6 个分潮的潮流调和常数，并以此计算出各站位各层次的潮流性质判别系数 F，计算结果见表 8-1 及表 8-2。

表 8-1 涠洲岛海域潮流性质判别系数（2017 年 11 月）

站位	层次	F 值	O_1 分潮			K_1 分潮			潮流性质
			W/(cm/s)	d/(°)	椭圆率	W/(cm/s)	d/(°)	椭圆率	
P13	表层	2.0	29.006	75.5	−0.1	26.106	75.5	−0.1	不规则半日潮
	底层	1.2	20.174	38.4	−0.5	18.156	38.4	−0.5	不规则半日潮
P9	表层	1.7	22.879	198.7	−0.3	20.591	198.7	−0.3	不规则半日潮

续表

站位	层次	F 值	O₁ 分潮			K₁ 分潮			潮流性质
			W/(cm/s)	d/(°)	椭圆率	W/(cm/s)	d/(°)	椭圆率	
P9	底层	2.0	28.788	60.8	0.3	25.910	240.8	0.3	不规则半日潮
P8	表层	3.0	28.287	216.0	0.4	25.458	216.0	0.4	不规则全日潮
	底层	2.4	19.313	92.8	0.0	17.382	92.8	0.0	不规则全日潮
P5	表层	1.9	22.660	185.6	−0.5	20.394	185.6	−0.5	不规则半日潮
	底层	1.0	12.392	83.9	0.4	11.152	83.9	0.4	不规则半日潮

表 8-1 为 2017 年 11 月观察期间涠洲岛海域潮流性质判别系数。由表可知,观测期间,涠洲岛站位各层次潮流性质判别系数 F 为 1.0~3.0。潮流性质判别系数最小的为 P5 站位的底层,其值为 1.0。根据《港口与航道水文规范》中对潮流性质判断的标准,P5 站位底层属于不规则半日潮的性质。潮流性质判别系数最大的为 P8 站位的表层,其值为 3.0,属于不规则全日潮的性质。从潮流性质判别系数 F 的分布范围来看,F 在 0.5~2.0 的有 6 个,即除 P8 站位表底层之外的各个站位和层次;F 在 2.0~4.0 的有 2 个,即 P8 站位的表底层。可见,测量期间,大部分站位和层次潮流类型均为不规则半日潮,仅个别站位呈现不规则全日潮的特点,即除了 P8 站位表底层为不规则全日潮,其他均为不规则半日潮。因此,观测期间,涠洲岛潮流基本上呈不规则半日潮的特点。

表 8-2 涠洲岛海域潮流性质判别系数（2018 年 3 月）

站位	层次	F 值	O₁ 分潮			K₁ 分潮			潮流性质
			W/(cm/s)	d/(°)	椭圆率	W/(cm/s)	d/(°)	椭圆率	
P13	表层	3.4	26.454	205.0	−0.2	23.809	205.0	−0.2	不规则全日潮
	底层	3.6	9.454	286.9	−0.2	8.508	106.9	−0.2	不规则全日潮
P9	表层	5.9	52.327	210.1	−0.3	47.095	210.1	−0.3	全日潮
	底层	4.7	24.943	210.2	0.0	22.449	210.2	0.0	全日潮
P8	表层	4.4	35.674	227.8	−0.4	32.107	227.8	−0.4	全日潮
	底层	3.3	17.638	25.2	−0.1	15.874	205.2	−0.1	不规则全日潮
P5	表层	10.6	48.260	213.4	−0.3	43.434	213.4	−0.3	全日潮
	底层	3.2	23.262	219.0	0.1	20.936	219.0	0.1	不规则全日潮

表 8-2 为 2018 年 3 月观察期间涠洲岛海域潮流性质判别系数。由表可知,观测期间,涠洲岛各站位各层次潮流性质判别系数 F 为 3.2~10.6。潮流性质判别系数最小的为 P5 站位的底层,其值为 3.2。根据《港口与航道水文规范》中对潮流性质判断的标准,P5 站位底层属于不规则全日潮的性质。潮流性质判别系数最大的为 P5 站位的表层,其值为 10.6,属于全日潮的性质。从潮流性质判别系数 F 的分布范围来看,2.0~4.0 的有 4 个,即 P13 站位的表底层、P8 站位的底层及 P5 站位的底层;大于 4.0 的有 4 个,即 P9 站位的表底层、P8 站位的表层及 P5 站位的表层。可见,测量期间,各站位各层次潮流类型主要为不规则全日潮和全日潮两种类型,即 P13 站位的表底层、P8 站位的底层及 P5 站位的底层为不规则全日潮,P9 站位的表底层、P8 站位的表层及 P5 站位的表层全日潮。因此,观测期间,涠洲岛潮流基本上为不规则全日潮和全日潮。

　　丁扬（2015）认为北部湾北部，即涠洲岛南部主要为不规则全日潮流。其以位于北部湾北部（实际位置为涠洲岛以南约 40 m 水深的海域）浮标观测站 1988～1989 年的资料为基础，利用 T_TIDE 调和分析程序对观测潮流数据进行调和分析，计算得到 4 个主要分潮（全日分潮：O_1 和 K_1；半日分潮：M_2 和 S_2）的潮流椭圆参数，分别对各个季节的所有层次的潮流观测资料进行了分析，其指出全日潮流强于半日潮流，而且夏季的全日潮流和半日潮流都要强于冬季。例如，在 20 m 层，冬季 O_1、K_1 和 M_2 分潮的潮流椭圆长轴分别为 10.2 cm/s、10.7cm/s 和 7.3 cm/s，而在夏季 3 个分潮的椭圆长轴分别为 13.2 cm/s、11.9 cm/s 和 11.2 cm/s。全日潮流椭圆长轴在冬季和夏季相差约 3 cm/s，半日潮流椭圆长轴在冬季和夏季相差约 4.6 cm/s。潮流椭圆长轴在冬季和夏季的差别主要是由海水层结的季节变化引起的，因为冬季海水垂向混合均匀，而在夏季海水层结较强。

　　魏春雷等（2017）学者更倾向于涠洲岛南岸以不规则半日潮为主。魏春雷等曾采用投放于涠洲海域的 FZS6-1 型 3 m 波浪浮标观测获取的实测潮流数据对涠洲岛潮流进行分析，判断涠洲岛的潮流类型，其所用的数据观测时间为 2015 年 1～8 月，频率为每半小时一组，观测地点大体位于 20°57′N、109°7.7′E，其研究结果表明，涠洲岛南岸为不规则半日潮流，半日潮流要强于全日潮流且以逆时针旋转运动为主。由于旋转谱分析能够较好地确定顺时针和逆时针旋转的海流能量，并能清晰地显示显著周期的海流信号，因此，其利用旋转谱分析方法对半小时一次的观测潮流时间序列进行分析，结果显示：涠洲岛潮流谱日周期和半日周期的谱峰最为显著。同时，全日周期和半日周期潮流的顺时针和逆时针旋转运动都非常显著，而逆时针旋转的能量分量比顺时针旋转的分量略强，表明顺时针和逆时针两个分量合成为逆时针旋转运动，这与潮波的传播方向及地形有关。另外，半日潮流的能量大于全日潮流的能量。事实上，琼州海峡的全日潮波和半日潮波分别以西向和东向传播，因此，北部湾口北向传播的全日潮波在涠洲岛南部地形作用下有可能与琼州海峡西向传播的全日潮波相互抵消，从而造成半日潮能量高于全日潮。

　　对比本书研究结果及已有研究结果（李近元等，2016），显示在该海域，本书结论与已有研究结果基本一致。涠洲岛海域潮流性质基本以不规则半日潮和不规则全日潮为主，还有小部分的全日潮。对于涠洲岛海域潮流性质，各学者观点不一，主要是观测资料有限，没有足够的实测数据以证明海域潮流特点。另外，由于影响潮流的因素众多，如季节、地形、水文气象、台风风暴潮、仪器设备、观测周期、观测频率等均有可能影响潮流观测结果的准确性，从而造成不一致的结果。但总体上，涠洲岛海域潮流性质主要为不规则半日潮和不规则全日潮，以及小部分的全日潮。

8.1.2　多年平均海平面

　　平均海平面指水位高度等于观测结果平均值的平静的理想海面。观测时间范围不同，平均海平面的含义也不同，如日平均海平面、年平均海平面和多年平均海平面等。一些验潮站常用 18.6 年或 19 年逐时观测值求出平均值，作为该站的平均海平面。因为观测值受天气状况而变，且具有季节性、周期性的变化。对于一个地区来说，人们更关心的是海平面相对的升降变化，因为这种局域海平面相对升降直接影响到该地区的生态环境和经济发展。从地域上来说，不同地区的海平面变化趋势还存在有着很大的差异，造成这种差异既有海水分布的动力学条件、洋流等海洋学的原因，也有陆地升降、海底地壳变动等相对影响，以及观测仪器本身的误差等因素。

周雄（2011）收集国家海洋局北海海洋环境监测站、涠洲海洋环境监测站两个监测站1966～2010 年共 45 年的逐月平均潮位观测统计资料，分析北海及涠洲岛多年平均海平面的变化趋势。其数据为每年每站 12 个月的潮位统计数据，共 1080 个统计数据，数据资料连续性很好，数据可靠。通过 EXCEL 自带的相关系数函数 CORREL 对两个监测站潮位观测数据的相关性进行分析，结果显示北海、涠洲岛两个监测站的月平均潮位统计数据的相关系数超过 0.9，可见两个监测站的潮位数据资料相关性很好，能够真实反映区域海平面的变化情况。本书引用周雄等学者的研究结果，并在此基础上对涠洲岛多年平均海平面进行分析。

1. 观测位置及方法

涠洲潮位观测站位于北海市涠洲岛南面的南湾。监测频率为每 3 s 进行一次采样，连续采样 60 s。剔除不合理值后，取平均值作为样本的实测值。用整点前 1 min 的数据作为该整点的潮高平均值，潮高精确到 1 cm，记录间隔为 1 min。采用四位计时法记录，当潮位低于基准面以下时，用负值表示。

2. 涠洲岛多年平均海平面

图 8-1 为 1966～2010 年涠洲海洋环境监测站月平均海平面变化趋势。由图 8-1 可知，涠洲岛月平均海平面呈不规则起伏状波动特征。总体上，涠洲岛月平均海平面在 185～240 cm。月平均海平面最低值出现于 1967 年，约为 188 cm；月平均海平面最高值出现于 2002 年，约为 239 cm。

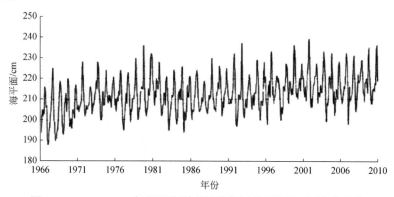

图 8-1　1966～2010 年涠洲海洋环境监测站月平均海平面变化趋势

对月平均海平面进行统计，得到年平均海平面，见图 8-2。由图 8-2 可知，涠洲岛海洋环境监测站的年平均海平面在 249～269 cm，呈不规则起伏状波动特征，起伏不超过20 cm，最低值出现于 1968 年，最高值出现于 2002 年。从图中可以看出，涠洲岛 1968～1982 年海平面呈连续上升的趋势，1982～1984 年略有所下降，1984～2002 年又表现为上升的趋势，2002~2006 年呈下降趋势后，自 2006 年以来则一直表现为上升趋势。可见，在总体上，涠洲岛海平面呈上升的趋势。

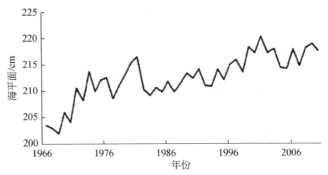

图 8-2　1966~2010 年涠洲岛海洋环境监测站年平均海平面变化趋势

3. 涠洲岛多年平均海平面变化率

采用线性拟合的方法对涠洲岛多年平均海平面进行拟合，得出涠洲岛多年平均海平面的变化趋势，见图 8-3。线性拟合的误差值基本控制在 10 cm 以内，拟合结果满足海平面变化速分析的需要。由图 8-3 可知，1966~2010 年，涠洲岛多年平均海平面的变化率约为 2.11 mm/a，呈上升的趋势。

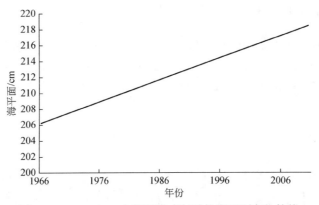

图 8-3　1966~2010 年涠洲岛多年平均海平面变化趋势

8.2　海　　流

8.2.1　潮流

1. 潮流运动形式

潮流的运动形式可由潮流的椭圆率 K 来描述，K 值为潮流椭圆的短轴与长轴之比。

当 $K>0.25$ 时，潮流表现出较强的旋转性；当 $K<0.25$ 时，潮流主要集中在涨、落两个方向上，表现为往复流。K 值前面的正、负号表示潮流的旋转方向，正号表示潮流为左旋，负号表示潮流为右旋。鉴于观测期间涠洲岛潮流半日潮及全日潮均有出现的特点，我们分别用 O_1 和 M_2 分潮的椭圆率 K 来表征潮流的旋转特征，即全日潮时使用 O_1 来分析，半日潮时用 M_2 分潮来分析。

（1）2017 年 11 月

表 8-3 为 2017 年 11 月涠洲岛实测海流调和分析结果，由于观测期间海域半日潮起主导作用，因此，表中给出了各站位各层 M_2 分潮的椭圆长轴、椭圆短轴及椭圆率 K。

表 8-3　涠洲岛实测海流调和分析结果（2017 年 11 月）

站位	层次	椭圆长轴	椭圆短轴	椭圆率	潮流运动形式	旋转方向
P13	表层	27.523	2.558	−0.09	往复流	右旋转
	底层	31.007	4.894	−0.16	往复流	右旋转
P9	表层	25.104	1.386	0.06	往复流	左旋转
	底层	26.992	2.508	−0.09	往复流	右旋转
P8	表层	18.209	4.110	−0.23	往复流	右旋转
	底层	15.040	2.040	−0.14	往复流	右旋转
P5	表层	22.577	1.968	0.09	往复流	左旋转
	底层	22.441	0.380	0.02	往复流	左旋转

由表 8-3 中可知，P13 站位表层潮流椭圆长轴和椭圆短轴分别为 27.523 和 2.558，其椭圆率 K 值为−0.09，由于其绝对值小于 0.25，故 P13 表层潮流表现为往复流，潮流主要集中在涨、落两个方向上，同时，由于椭圆率 K 值为负值，故该点潮流旋转方向为右旋转。P13 站位底层潮流椭圆长轴和椭圆短轴分别为 31.007 和 4.894，其椭圆率 K 值为−0.16，由于其绝对值小于 0.25，故 P13 站位底层潮流表现为往复流，同时，由于椭圆率 K 值为负值，故潮流旋转方向为右旋转。

P9 站位表层潮流椭圆长轴和椭圆短轴分别为 25.104 和 1.386，其椭圆率 K 值为 0.06，由于其绝对值小于 0.25，故 P9 站位表层潮流表现为往复流，同时，由于椭圆率 K 值为正值，故该点潮流旋转方向为左旋转。P9 站位底层潮流椭圆长轴和椭圆短轴分别为 26.992 和 2.508，其椭圆率 K 值为−0.09，由于其绝对值小于 0.25，故 P9 站位底层潮流表现为往复流，同时，由于椭圆率 K 值为负值，故潮流旋转方向为右旋转。

P8 站位表层潮流椭圆长轴和椭圆短轴分别为 18.209 和 4.110，其椭圆率 K 值为−0.23，由于其绝对值小于 0.25，故 P8 站位表层潮流表现为往复流，同时，由于椭圆率 K 值为负值，故该点潮流旋转方向为右旋转。P8 站位底层潮流椭圆长轴和椭圆短轴分别为 15.040 和 2.040，其椭圆率 K 值为−0.14，由于其绝对值小于 0.25，故 P8 站位底层潮流表现为往复流，同时，由于椭圆率 K 值为负值，故该点潮流旋转方向为右旋转。

P5 站位表层潮流椭圆长轴和椭圆短轴分别为 22.577 和 1.968，其椭圆率 K 值为 0.09，由于其绝对值小于 0.25，故 P5 站位表层潮流表现为往复流，同时，由于椭圆率 K 值为正值, 故该点潮流旋转方向为左旋转。P5 站位底层潮流椭圆长轴和椭圆短轴分别为 22.441 和 0.380, 其椭圆率 K 值为 0.02, 由于其绝对值小于 0.25, 故 P5 表层潮流表现为往复流, 同时, 由于椭圆率 K 值为正值, 故该点潮流旋转方向为左旋转。

从表中椭圆率 K 分布来看, 观测期间涠洲岛潮流以往复流为主, 各站位各层位 K 值的绝对均小于 0.25。同时, 各测站各层位潮流椭圆率 K 值为负值居多, 故观测期间潮流旋转方向以右旋转为主, 除 P5 站位的表底层及 P9 站位的表层为左旋转外, 其余的均为右旋转。

（2）2018 年 3 月

表 8-4 为 2018 年 3 月涠洲岛实测海流调和分析结果, 由于观测期间海域全日潮起主导作用, 因此, 表中给出了各站位各层 O_1 分潮的椭圆长轴、椭圆短轴及椭圆率 K。

表 8-4　涠洲岛实测海流调和分析结果（2018 年 3 月）

站位	层次	椭圆长轴	椭圆短轴	椭圆率	潮流运动形式	旋转方向
P13	表层	26.454	6.403	−0.24	往复流	右旋转
	底层	9.454	1.823	−0.19	往复流	右旋转
P9	表层	52.327	15.504	−0.30	旋转流	右旋转
	底层	24.943	0.772	0.03	往复流	左旋转
P8	表层	35.674	13.962	−0.39	旋转流	右旋转
	底层	17.638	0.955	−0.05	往复流	右旋转
P5	表层	48.260	13.867	−0.29	旋转流	右旋转
	底层	23.262	1.634	0.07	往复流	左旋转

由表 8-4 中可知, P13 站位表层潮流椭圆长轴和椭圆短轴分别为 26.454 和 6.403, 其椭圆率 K 值为−0.24, 由于其绝对值小于 0.25, 故 P13 站位表层潮流表现为往复流, 潮流主要集中在涨、落两个方向上, 由于椭圆率 K 值为负值, 故该点潮流旋转方向为右旋转。P13 站位底层潮流椭圆长轴和椭圆短轴分别为 9.454 和 1.823, 其椭圆率 K 值为−0.19, 由于其绝对值小于 0.25, 故 P13 站位底层潮流表现为往复流, 同时, 由于椭圆率 K 值为负值, 故潮流旋转方向为右旋转。

P9 站位表层潮流椭圆长轴和椭圆短轴分别为 52.327 和 15.504, 其椭圆率 K 值为−0.30, 由于其绝对值大于 0.25, 故 P13 站位表层潮流表现为旋转流, 由于椭圆率 K 值为负值, 故该点潮流旋转方向为右旋转。P9 站位底层潮流椭圆长轴和椭圆短轴分别为 24.943 和 0.772, 其椭圆率 K 值为 0.03, 由于其绝对值小于 0.25, 故 P9 站位底层潮流表现为往复流, 同时, 由于椭圆率 K 值为正值, 故潮流旋转方向为左旋转。

P8 站位表层潮流椭圆长轴和椭圆短轴分别为 35.674 和 13.962, 其椭圆率 K 值为−0.39, 由于其绝对值大于 0.25, 故 P8 站位表层潮流表现为旋转流, 由于其椭圆率 K 值为负值, 故该点潮流旋转方向为右旋转。P8 站位底层潮流椭圆长轴和椭圆短轴分别为 17.638 和 0.955, 其椭圆率 K 值为−0.05, 由于其绝对值小于 0.25, 故 P8 站位底层潮流表现为往复流, 同时, 由于椭圆率 K 值为负值, 故潮流旋转方向为右旋转。

P5 站位表层潮流椭圆长轴和椭圆短轴分别为 48.260 和 13.867，其椭圆率 K 值为 −0.29，由于其绝对值大于 0.25，故 P5 站位表层潮流表现为旋转流，由于椭圆率 K 值为负值，故该点潮流旋转方向为右旋转。P5 站位底层潮流椭圆长轴和椭圆短轴分别为 23.262 和 1.634，其椭圆率 K 值为 0.07，由于其绝对值小于 0.25，故 P5 站位底层潮流表现为往复流，同时，由于椭圆率 K 值为正值，故潮流旋转方向为左旋转。

从表中椭圆率 K 分布来看，观测期间大部分各站位各层位椭圆率 K 值的绝对值大多小于 0.25，故观测期间涠洲岛潮流以往复流为主。往复流大多出现于底层，表层中只有 P13 站位的 K 值的绝对值小于 0.25，故各站位的底层及 P13 站位的表层为往复流，其他的则为旋转流。与此同时，大多数站位的 K 值为负值，仅有 P9 站位及 P5 站位的底层为正值，故除了 P9 站位及 P5 站位的底层潮流为左旋转外，其他的均为右旋转。

2. 实测最大流速、流向

（1）2017 年 11 月

图 8-4 和图 8-5 分别给出了 2017 年 11 月观测期间涠洲岛表层和底层实测潮流分布图。根据实测数据，统计了各站位各层次的潮流最大流速，以及对应的流向和时间，统计结果列于表 8-5。由图及表可知，表层，P5 站位实测潮流流速基本在 5～40 cm/s，最大流速为 40 cm/s，最大流速对应的流向约为 186°；P8 站位实测潮流流速基本在 10～45 cm/s，最大流速为 48 cm/s，最大流速对应的流向约为 84°；P9 站位实测潮流流速基本在 5～35 cm/s，最大流速 38 cm/s，最大流速对应的流向约为 206°；P13 站位实测潮流流速基本在 15～45 cm/s，最大流速为 46 cm/s，最大流速对应的流向约为 242°。

底层，P5 站位实测潮流流速基本在 5～25 cm/s，最大流速为 29 m/s，最大流速对应的流向约为 222°；P8 站位实测潮流流速基本在 5～35 cm/s，最大流速为 38 cm/s，最大流速对应的流向约为 312°；P9 站位实测潮流流速基本在 5～40 cm/s，最大流速为 44 cm/s，最大流速对应的流向约为 64°；P13 站位实测潮流流速基本在 10～60 cm/s，最大流速为 60 cm/s，最大流速对应的流向约为 212°。

从不同站位间对比看出，表层各站位流速基本一致，大部分时刻流速在 10～30 cm/s，最大流速在 38～48 cm/s。底层，P13 站位流速相对较大，最大流速达到 60 cm/s，P9 站位和 P8 站位次之，最大流速约 40 cm/s，P5 站位较小，最大流速不到 30 cm/s。

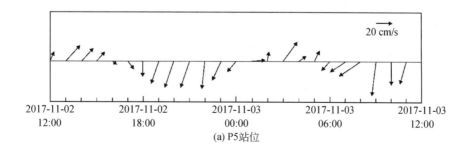

(a) P5站位

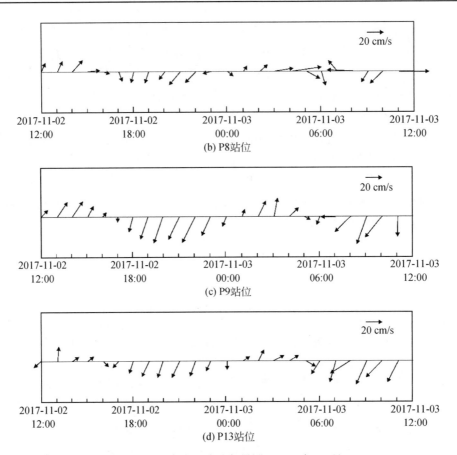

图 8-4　涠洲岛表层流速矢量图（2017 年 11 月）

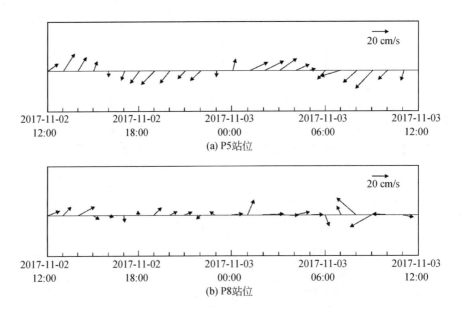

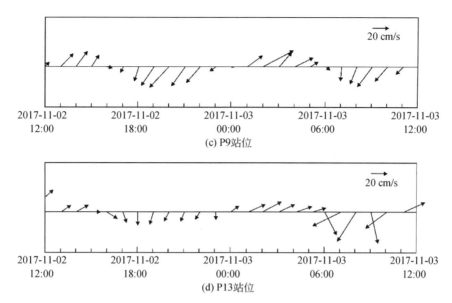

(c) P9站位

(d) P13站位

图 8-5　涠洲岛底层流速矢量图（2017 年 11 月）

表 8-5　涠洲岛实测最大流速、流向（2017 年 11 月）

站位	层次	流速/(cm/s)	流向/(°)	时间（年-月-日 时：分）
P5	表层	40	186	2017-11-03 09：00
	底层	29	222	2017-11-03 09：00
P8	表层	48	84	2017-11-03 04：00
	底层	38	312	2017-11-03 08：00
P9	表层	38	206	2017-11-02 22：00
	底层	44	64	2017-11-03 02：00
P13	表层	46	242	2017-11-03 08：00
	底层	60	212	2017-11-03 08：00

（2）2018 年 3 月

图 8-6 和图 8-7 分别给出了 2018 年 3 月观测期间涠洲岛表层和底层实测潮流分布图。表 8-6 统计了各站位各层次的潮流最大流速，以及对应的流向和时间。由图 8-6 中可知，表层，P5 站位实测潮流流速基本在 5～40 cm/s，最大流速为 43 cm/s，最大流速对应的流向约为 42°；P8 站位实测潮流流速基本在 10～60 cm/s，最大流速为 64 cm/s，最大流速对应的流向约为 62°；P9 站位实测潮流流速基本在 10～50 cm/s，最大流速为 50 cm/s，最大流速对应的流向约为 216°；P13 站位实测潮流流速基本在 5～35 cm/s，最大流速为 36 cm/s，最大流速对应的流向约为 10°。

底层，P5 站位实测潮流流速基本在 5～30 cm/s，最大流速为 36 cm/s，最大流速对应的流向约为 50°；P8 站位实测潮流流速基本在 5～20 cm/s，最大流速为 24 cm/s，最大流速对应的流向约为 212°；P9 站位实测潮流流速基本在 5～30 cm/s，最大流速为 32 cm/s，最大流速对应的流向约为 218°；P13 站位实测潮流流速基本在 5～25 cm/s，最大流速为

30 cm/s，最大流速对应的流向约为 38°。

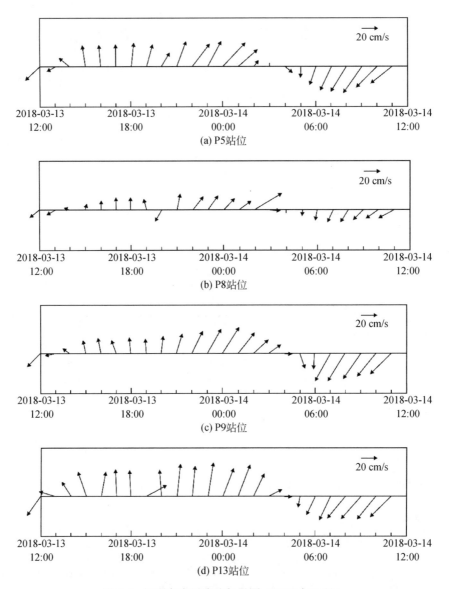

图 8-6　涠洲岛表层流速矢量图（2018 年 3 月）

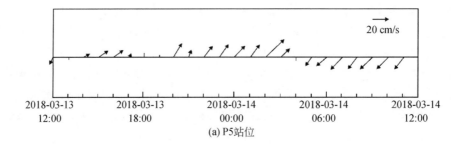

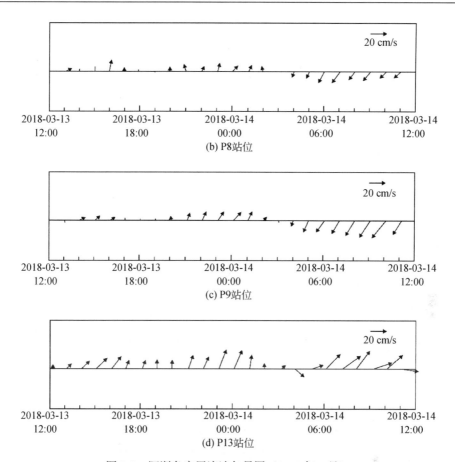

图 8-7　涠洲岛底层流速矢量图（2018 年 3 月）

表 8-6　涠洲岛实测最大流速、流向（2018 年 3 月）

站位	层次	流速/(cm/s)	流向/(°)	时间（年-月-日 时：分）
P5	表层	43	42	2018-03-14 00：00
	底层	36	50	2018-03-14 02：00
P8	表层	64	62	2018-03-14 02：00
	底层	24	212	2018-03-14 07：00
P9	表层	50	216	2018-03-14 08：00
	底层	32	218	2018-03-14 10：00
P13	表层	36	10	2018-03-13 23：00
	底层	30	38	2018-03-14 08：00

　　从不同测站间对比看出，P8 站位、P9 站位表层流速相对于 P5 站位、P13 站位表层要大，大部分时刻流速高出 5～15cm/s，这可能与受涠洲岛地形的影响有关，P8 站位、P9 站位更靠近于涠洲岛，更容易受到地形的影响，而底层，各测站流速基本一致，差别不大。

3. 最大可能流速

潮流最大可能流速可通过 M_2、S_2、K_1、O_1 这 4 个主要分潮流的椭圆长半轴矢量计算。根据《港口与航道水文规范》，对于半日潮海区，潮流最大可能流速可按式（8-2）计算；对于全日潮海区，潮流最大可能流速按式（8-3）计算。

$$V_{max} = 1.29 W_{M_2} + 1.23 W_{S_2} + W_{K_1} + W_{O_1} \qquad (8\text{-}2)$$

$$V_{max} = W_{M_2} + W_{S_2} + 1.68 W_{K_1} + 1.46 W_{O_1} \qquad (8\text{-}3)$$

式中，V_{max} 为潮流的最大可能流速；W_{M_2}、W_{S_2}、W_{K_1}、W_{O_1} 分别为 M_2、S_2、K_1、O_1 分潮的椭圆长半轴矢量。若同时存在半日潮流和全日潮流的海区，最大可能流速则按照上述两式中的最大值计算。

根据实测资料，对各站位各层次潮流数据进行调和分析，计算 M_2、S_2、K_1、O_1 分潮的椭圆长半轴矢量，并计算各站位各层次的潮流最大可能流速。

（1）2017 年 11 月

表 8-7 为 2017 年 11 月实测潮流数据进行调和分析结果，以及计算出的最大可能流速。

表 8-7 实测潮流数据调和分析结果（2017 年 11 月）

层次	站位	椭圆长半轴				最大可能流速/(cm/s)
		W_{O_1} /(cm/s)	W_{K_1} /(cm/s)	W_{M_2} /(cm/s)	W_{S_2} /(cm/s)	
表层	P5	22.66	20.39	22.58	7.68	81.62
	P8	28.29	25.46	18.21	6.19	84.85
	P9	22.88	20.59	25.10	8.54	86.35
	P13	29.01	26.11	27.52	9.36	102.13
底层	P5	12.39	11.15	22.44	7.63	61.88
	P8	19.31	17.38	15.04	5.11	62.39
	P9	28.79	25.91	26.99	9.18	100.81
	P13	20.17	18.16	31.01	10.54	91.30

由表 8-7 中可知，表层，P5 站位的 O_1、K_1、M_2、S_2 的椭圆长半轴分别为 22.66 cm/s、20.39 cm/s、22.58 cm/s 和 7.68 cm/s，最大可能流速为 81.62 cm/s；P8 站位的 O_1、K_1、M_2、S_2 的椭圆长半轴分别 28.29 cm/s、25.46 cm/s、18.21 cm/s 和 6.19 cm/s，最大可能流速为 84.85 cm/s；P9 站位的 O_1、K_1、M_2、S_2 的椭圆长半轴分别 22.88 cm/s、20.59 cm/s、25.10 cm/s 和 8.54 cm/s，最大可能流速为 86.35 cm/s；P13 站位的 O_1、K_1、M_2、S_2 的椭圆长半轴分别 29.01 cm/s、26.11 cm/s、27.52 cm/s 和 9.36 cm/s，最大可能流速为 102.13 cm/s。

底层，P5 站位的 O_1、K_1、M_2、S_2 的椭圆长半轴分别 12.39 cm/s、11.15 cm/s、22.44 cm/s 和 7.63 cm/s，最大可能流速为 61.88 cm/s；P8 站位的 O_1、K_1、M_2、S_2 的椭圆长半轴分

别 19.31 cm/s、17.38 cm/s、15.04 cm/s 和 5.11 cm/s，最大可能流速为 62.39 cm/s；P9 站位的 O_1、K_1、M_2、S_2 的椭圆长半轴分别 28.79 cm/s、25.91 cm/s、26.99 cm/s 和 9.18 cm/s，最大可能流速为 100.81 cm/s；P13 站位的 O_1、K_1、M_2、S_2 的椭圆长半轴分别 20.17 cm/s、18.16 cm/s、31.01 cm/s 和 10.54 cm/s，最大可能流速为 91.30 cm/s。

（2）2018 年 3 月

表 8-8 为 2018 年 3 月实测潮流数据进行调和分析结果，以及计算出的最大可能流速。

表 8-8　实测潮流数据调和分析结果（2018 年 3 月）

层次	站位	椭圆长半轴				最大可能流速/(cm/s)
		W_{O_1}/(cm/s)	W_{K_1}/(cm/s)	W_{M_2}/(cm/s)	W_{S_2}/(cm/s)	
表层	P5	48.26	43.43	8.67	2.95	156.11
	P8	35.67	32.11	15.50	5.27	127.58
	P9	52.33	47.10	16.85	5.73	179.24
	P13	26.45	23.81	14.93	5.08	99.22
底层	P5	23.26	20.94	13.68	4.65	87.97
	P8	17.64	15.87	10.18	3.46	66.45
	P9	24.94	22.45	10.19	3.46	88.33
	P13	9.45	8.51	5.00	1.70	35.00

由表 8-8 可知，表层，P5 站位的 O_1、K_1、M_2、S_2 的椭圆长半轴分别 48.26 cm/s、43.43 cm/s、8.67 cm/s 和 2.95 cm/s，最大可能流速为 156.11 cm/s；P8 站位的 O_1、K_1、M_2、S_2 的椭圆长半轴分别 35.67 cm/s、32.11 cm/s、15.50 cm/s 和 5.27 cm/s，最大可能流速为 127.58 cm/s；P9 站位的 O_1、K_1、M_2、S_2 的椭圆长半轴分别 52.33 cm/s、47.10 cm/s、16.85 cm/s 和 5.73 cm/s，最大可能流速为 179.24 cm/s；P13 站位的 O_1、K_1、M_2、S_2 的椭圆长半轴分别 26.45 cm/s、23.81 cm/s、14.93 cm/s 和 5.08 cm/s，最大可能流速为 99.22 cm/s。

底层，P5 站位的 O_1、K_1、M_2、S_2 的椭圆长半轴分别 23.26 cm/s、20.94 cm/s、13.68 cm/s 和 4.65 cm/s，最大可能流速为 87.97 cm/s；P8 站位的 O_1、K_1、M_2、S_2 的椭圆长半轴分别 17.64 cm/s、15.87 cm/s、10.18 cm/s 和 3.46 cm/s，最大可能流速为 66.45 cm/s；P9 站位的 O_1、K_1、M_2、S_2 的椭圆长半轴分别 24.94 cm/s、22.45 cm/s、10.19 cm/s 和 3.46 cm/s，最大可能流速为 88.33 cm/s；P13 站位的 O_1、K_1、M_2、S_2 的椭圆长半轴分别 9.45 cm/s、8.51 cm/s、5.00 cm/s 和 1.70 cm/s，最大可能流速为 35.00 cm/s。

8.2.2　余流

余流是指从潮流中去除周期性部分以后剩余的水体流动，即由潮流调和分析所得的非周期性常流部分。余流的量值虽不大，但它直接关系着水体的运移和交换情况，对水体悬浮物质，以及可溶性物质的输运、稀释及扩散等都起到十分重要的作用。

1. 2017 年 11 月

根据实测潮流数据进行调和分析，扣除周期性流的部分，得出各站位各层次的余流要素，计算结果如表 8-9 所示。

表 8-9　余流要素计算结果（2017 年 11 月）

层次	余流要素	站位			
		P5	P8	P9	P13
表层	流速/(cm/s)	7.43	5.46	6.11	14.62
	流向/(°)	183.4	107.8	204.3	200.5
底层	流速/(cm/s)	1.29	7.58	3.58	12.78
	流向/(°)	141.3	62.8	136.9	131.3

由表 8-9 可知，表层，P5、P8、P9 和 P13 站位的余流流速分别为 7.43 cm/s、5.46 cm/s、6.11 cm/s 和 14.62 cm/s，余流流向分别为 183.4°、107.8°、204.3°和 200.5°；底层，P5、P8、P9 和 P13 站位的余流流速分别为 1.29 cm/s、7.58 cm/s、3.58 cm/s 和 12.78 cm/s，余流流向分别为 141.3°、62.8°、136.9°和 131.3°。

图 8-8 为观测期间涠洲岛的余流矢量图，由图可知，测量期间，涠洲岛表层余流方向大致向 S 方向，其中，P8 站位为 SE 向，P9、P13 站位为 SSW 向。底层则大致向 SE 方向，其中，P5 站位略偏向 S 向，P9、P13 站位则几乎为正 SE 向，P8 站位与其他站位偏差比较大，几乎为 NE 方向，这可能与地形有关。

2. 2018 年 3 月

表 8-10 为 2018 年 3 月观测期间涠洲岛余流要素计算结果。

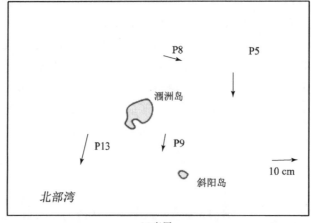

(a)表层

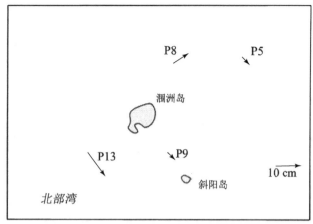

(b)底层

图 8-8　观测期间涠洲岛余流矢量图（2017 年 11 月）

表 8-10　余流要素计算结果（2018 年 3 月）

层次	余流要素	站位			
		P5	P8	P9	P13
表层	流速/(cm/s)	4.23	2.24	3.43	7.55
	流向/(°)	306.4	329.4	299.1	334.4
底层	流速/(cm/s)	0.64	2.57	4.52	14.35
	流向/(°)	98.6	265.2	202.0	44.9

由表可知，表层，P5、P8、P9 和 P13 站位的余流流速分别为 4.23 cm/s、2.24 cm/s、3.43 cm/s 和 7.55 cm/s，余流流向分别为 306.4°、329.4°、299.1°和 334.4°；底层，P5、P8、P9 和 P13 站位的余流流速分别为 0.64 cm/s、2.57 cm/s、4.52 cm/s 和 14.35 cm/s，余流流向分别为 98.6°、265.2°、202.0°和 44.9°。

图 8-9 为观测期间涠洲岛的余流矢量图。由图可知，测量期间，涠洲岛表层余流方

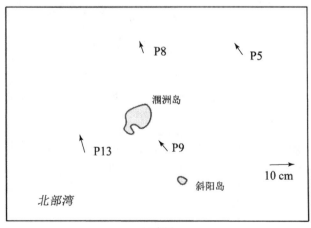

(a)表层

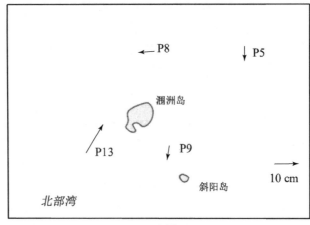

(b)底层

图 8-9　观测期间涠洲岛余流矢量图（2018 年 3 月）

向大致向 NW 方向，其中，P5、P8 站位略偏向 W 向，与 NW 有约 10°的夹角，P13 站位略偏向 N 向，与 NW 有约 20°的夹角。底层各点余流方向有一定的差别，其中，P5 站位基本上呈 S 向，P8 大致呈 SSE 向，P9 大致呈 ESE 向，P13 则大致呈 NE 向。

8.3　海　　浪

8.3.1　海浪要素特征

表 8-11 为 1960～1987 年涠洲岛海洋环境监测站多年各月波浪统计结果。

表 8-11　涠洲岛海洋环境监测站多年各月波浪统计特征值（1960～1987 年）

月份	平均波高/m	最大波高/m	平均周期/s	最大周期/s	最多风浪向	最多风浪频率/%	最多涌浪向	最多涌浪频率/%
1	0.5	2.3	2.7	6.7	NNE	24	SE	2
2	0.5	2.2	2.8	7.4	NNE	21	SSW	3
3	0.4	2.1	2.9	7.0	NNE	16	SSW	7
4	0.4	2.9	3.0	7.8	NE	10	SSW	14
5	0.5	5.0	3.2	8.3	SE	12	SSW	24
6	0.8	5.0	3.7	7.8	SSW	20	SSW	18
7	1.0	4.6	4.0	7.4	SSW	29	SSW	18
8	0.7	4.8	3.4	7.6	SSW	18	SSW	15
9	0.5	5.0	2.7	8.1	NE	11	SSW	5
10	0.5	4.5	2.9	7.9	NNE	17	SE	3
11	0.5	1.9	2.8	4.8	NNE	21	SE	2
12	0.5	2.9	2.8	5.8	NNE	20	SE	2

由表 8-11 可知，涠洲岛波浪多年月波高平均值为 0.4～1.0 m。最小的为 0.4 m，一般出现于 3～4 月，此时正处于北风向南风转变的月份，因而风浪通常较小。最大的约为 1.0 m，通常出现于 7 月，此时正处于南海海域风暴潮多发月份，北部湾海面风浪较大，海浪较高，另外，由于南海其他海域的波浪的传入，涠洲岛此时通常为全年海浪生成、消涨最为活跃的月份。

涠洲岛波浪多年月最大波高为 1.9～5.0 m。最大的约为 5 m，出现于 5 月、6 月和 9 月 3 个月份。由表中数据不难看出，每年 5～10 月，涠洲岛最大波高均超过了 4.5 m，可见，5～10 月为涠洲岛波浪生长活跃期。这与南海夏季风浪活跃、海况较差的特点基本一致。11 月至次年的 4 月波浪相对较小，最大波高均不超过 3 m。比如 11 月，最大波高仅为 1.9 m，这与涠洲岛的地理位置有关。由于涠洲岛位于大陆架的南面，涠洲岛背面均被大陆架遮蔽。冬季、春季期间北部湾海域以北风为主，处于大陆架近岸海域的涠洲岛并没有足够的海域生成波浪，同时，大陆架及海南岛的遮挡阻止了涠洲岛受外海波浪的影响，因而，每年的 11 月至次年的 4 月，涠洲岛波浪通常较低。

涠洲岛波浪多年月平均周期为 2.7～4.0 s。平均周期最小的为 1 月和 9 月，约为 2.7 s，最大的为 7 月，约为 4.0 s。大部分月份波浪平均周期不超过 3.0 s。9 月至次年的 3 月为每年波周期相对较小的月份，波周期为 2.7～2.9 s。4～8 月波周期相对较大，波周期超过 3.0 s，为 3.0～4.0 s。从波周期与波高分布对比中可以看出，波周期与波高变化规律基本一致，波高较大的月份一般伴随着较大的波周期。较大的波周期多数出现于夏季波高较大的季节。

涠洲岛波浪多年月最大周期为 4.8～8.3 s。最大周期最小的为 11 月，约为 4.8 s，最大的为 5 月，约为 8.3 s。从统计结果中最大波周期分布来看，4～10 月为最大波周期相对较大的月份，最大波周期接近 8.0 s；11 月至次年的 1 月最大波周期相对小，最大波周期不超过 7.0 s。最大波周期分布与波高分布基本一致，波周期最大的月份与波高一样，通常出现于夏季波高较大的月份。

春季，涠洲岛风浪常浪向以 NNE～SE 向为主，其频率在 10%～16%，最高的 3 月为 16%，最低的 4 月为 10%；夏季，涠洲岛风浪常浪向主要为 SSW 向，其频率大部分超过了 20%，最低的为 8 月，为 18%，最高的 7 月达到了 29%；秋季，涠洲岛风浪常浪向以 NE～NNE 向为主，其频率在 10%～20%，最低的 9 月约为 11%，最高的 11 月达到了 21%；冬季，涠洲岛风浪常浪向主要为 NNE 向，其频率超过了 20%，最低的 12 月为 21%，最高的 1 月为 24%。

涠洲岛涌浪多发于春、夏两季。多年统计资料结果表明，4～8 月为涌浪多发月份，其中，又以 5 月为高发期，最高的 5 月涌浪频率达到了 24%，其他月份也达到了 15%～18%。涠洲岛涌浪向以 SSW 向为主，这与春、夏两季涠洲岛西南季风有关。另外，在西南季风的作用下，北部湾西南浪的传入也增加了涠洲岛涌浪发生的频率。

8.3.2　海浪要素特征变化

海浪要素主要受以下几个方面影响：①地形变化引起的波浪折射；②受海底摩擦产

生的波浪衰减；③波浪由深水区进入浅水区而产生的破碎；④深水区至浅水区之间的小风区所形成的风浪的影响。

表 8-12 和表 8-13 分别为 10%高潮位和极端高潮位下不同重现期波浪要素统计表。

表 8-12　10%高潮位下不同重现期波浪要素统计表

水深 /m	50 年一遇						25 年一遇					
	$H_{1\%}$	$H_{4\%}$	$H_{5\%}$	$H_{13\%}$	波长/m	周期/s	$H_{1\%}$	$H_{4\%}$	$H_{5\%}$	$H_{13\%}$	波长/m	周期/s
8	6.88	6.04	5.88	5.12	99.64	9.8	6.45	5.64	5.49	4.76	92.31	9.2
6	6.38	5.64	5.50	4.82	92.87	9.8	5.99	5.27	5.14	4.48	86.23	9.2
4	5.97	5.34	5.22	4.64	85.01	9.8	5.64	5.02	4.90	4.33	79.11	9.2
2	5.23	5.03	4.94	4.50	75.72	9.8	5.20	4.72	4.63	4.17	70.61	9.2

表 8-13　极端高潮位下不同重现期波浪要素统计表

水深 /m	50 年一遇						25 年一遇					
	$H_{1\%}$	$H_{4\%}$	$H_{5\%}$	$H_{13\%}$	波长/m	周期/s	$H_{1\%}$	$H_{4\%}$	$H_{5\%}$	$H_{13\%}$	波长/m	周期/s
8	6.94	6.08	5.92	5.13	102.01	9.8	6.51	5.68	5.53	4.77	94.42	9.2
6	6.48	5.70	5.56	4.84	96.17	9.8	6.08	5.33	5.19	4.51	89.20	9.2
4	6.12	5.44	5.31	4.68	88.86	9.8	5.77	5.10	4.98	4.36	82.60	9.2
2	5.67	5.13	5.03	4.52	79.50	9.8	5.37	4.83	4.73	4.22	74.07	9.2

由表 8-12～表 8-13 可知，不同频率、水深条件下，各波浪要素有一定的区别。同一重现期条件下，水深越大，波高、波长越大。以 10%高潮位条件为例，50 年一遇波浪条件下，8 m 水深时，$H_{1\%}$波高大于 2 m 水深时的波高约 1.65 m，相应的波长大于 2 m 水深时约 24 m。相同水深下，重现期越大，波高、波长越大。同样以 10%高潮位条件为例，8 m 水深时，50 年一遇的 $H_{1\%}$波高大于 25 年一遇时约 0.4 m，相应的波长也长约 7.4 m。可见，海浪要素特征变化与重现期、水深均有直接的关系，重现期越大，水深越深，波高、波长就越大。其他水位、重现期及水深条件下，各波浪要素可参考表 8-12～表 8-13。

8.4　台风风暴潮

8.4.1　台风风暴潮增减水的分布

北部湾北部是台风的多发区。根据 2009 年 9 月《广西海洋灾害区划报告》，1949～2010 年，影响北部湾北部的热带风暴（台风）总数为 296 个，平均每年为 4.77 个，其中以 1969～1978 年为最多，平均每年达 5.4 个。而 2001～2010 年最少，平均每年仅 2.73 个。2011～2013 年也有多个台风登陆和影响北部湾北部，其中 2013 年连续受 4 个强台风侵袭，分别为 2013 年 8 月的强台风"飞燕""山竹"和"尤特"，11 月的强台风"海燕"。

台风风暴潮灾害造成的经济损失是巨大的。据统计，1986～2010 年北部湾北部风暴潮灾害造成的直接经济损失高达 94.70 亿元，受灾人数 1053.73 万人，死亡（不含失踪）102 人，农业和养殖受灾面积 61 万 hm^2，房屋损毁 16.9 万间，冲毁海岸工程 476.57 km，损毁船只 1613 艘。所以，台风风暴潮是北部湾北部地区最大的海洋灾害，减少这种灾害损失是我们的基本共识（陈波，2014）。

风暴潮对涠洲岛的影响较大。图 8-10 为 1961～2008 年影响北部湾北部海域及涠洲岛的台风个数。据姚子恒（2014）的研究结果，影响广西沿岸海域的台风平均每年有 4.5 个，最多的年份达 9 个（1974 年）。传入北部湾北部地区的台风主要来自西北太平洋的马里亚纳群岛附近，其次是南海中部，前者占 68%，后者占 32%。每年 5～9 月为台风季节，累年 8 级以上大风日数达 6.2 天。从区域分布来看，台风从涠洲岛和北海地区登陆的概率最大，重现率为 1.6 年，即 1～2 年一遇。台风期间，往往会出现狂风、暴雨、巨浪和风暴潮，摧毁防护林，2013 年 6 月强热带风暴"贝碧嘉"经过涠洲岛，在小时间尺度上造成岸线的明显侵蚀，而侵蚀下来的泥沙被搬运到离岸区，使近岸区海滩坡度变小，在离岸区泥沙堆积成沿岸沙坝。

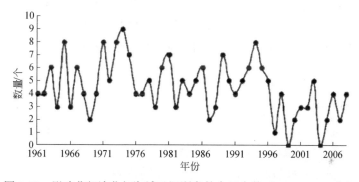

图 8-10　影响北部湾北部海域及涠洲岛的台风个数（1961～2008 年）

据李明杰等（2015）学者统计，1956～2014 年，涠洲岛沿海大于 50 cm 的台风风暴潮共发生 83 次，其中 4 次超过当地警戒潮位 480 cm，分别是 8609 号、9204 号、0321 号和 0814 号台风所引起。图 8-11 为 1956～2014 年涠洲岛风暴潮季节分布情况，从图中可以看出，涠洲岛的风暴潮主要发生在 7 月，为 25 次（30.1%），其次是 8 月，21 次（25.3%），然后分别是 10 月和 9 月，分别为 13 次和 12 次，占比分别为 15.7% 和 14.5%。

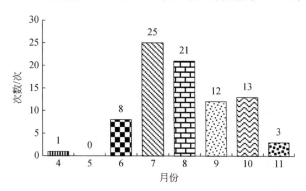

图 8-11　涠洲岛风暴潮月份分布（1956～2014 年）

8.4.2　台风风暴潮增减水的特点

1. 广西台风风暴潮发生的特殊性

首先，北部湾北部港湾众多，且都为半封闭状态，深入陆域很远，地理环境复杂，加之北部湾海区尺度小，北部岸段受越南沿岸反射的回潮波影响较大。因此，增减水过程具有广西港湾自身的特点：在增水前期一般出现一次减水过程，然后迅速增水，增水幅度大，上升快，每次风暴潮诱发增水一般都达 1 m 以上；而减水时间长，下降慢，可以延续 10～20 h 以上。如 8303 号强台风，防城港近岸在不到一个小时内增水 2.0 m，而减水时间则延续 10 多个小时，有的甚至延续 20 个小时以上，几乎无规律可循，这在其他海域是很少见的。

其次，侵入广西的台风路径差异对风暴潮有重要影响。影响北部湾北部的台风风暴潮主要有偏北、偏西、偏东 3 个路径传入的台风，偏北路径的风暴潮增水最为明显。如 8007 号和 8410 号强台风，铁山港、防城港和龙门港附近海域增水均超过 1.5 m。偏东路径的风暴潮在热带风暴进入北部湾之前，北部湾北部增减水呈 2～3 个周期波动，振幅显著增大。在广西中部的南流江三角洲变化幅度在 −40～+40 cm。在远离台风路径中心广西西部珍珠港的白龙尾站，水位变化幅度在 −10～+20 cm。

再次，风暴潮增减水与广西港湾地形也有密切关系。如 8007 号强台风期间，廉州湾北海站增水 0.80 m，减水 1.10 m；珍珠港白龙尾站增水 1.25 m，减水 0.70 m；两站增水值相差 0.45 m；减水值相差 0.4 m。还有 8410 号强台风，东部的铁山港增水 1.50 m，减水 1.40 m；西部的珍珠港增水 0.80 m，增减水差别较大。

最后，风暴潮在近岸港湾的强化、分布及极值的出现与大气重力波密切相关。研究发现，即使处在同一侧的同一天气条件下的港湾，引起的风暴潮增减水也有很大差别。我们将风暴潮发生期间，不同港湾连续几天的风暴潮增水、减水值进行能谱分析发现，能谱最高值对应的频率各不相同，但是最大值出现总是与港湾的固有振荡频率颇为一致。例如，8609 号强台风，风力不大，但是增水却达 2.0 m，最大能谱对应的周期为 102 min，与港湾固有的振动周期 99 min 很接近。同样，我们对连续几天的气压变化进行能谱分析，也发现如果气压变化的能谱周期与港湾固有振动周期相接近，这时出现最大风暴潮增减水，因此，可以认为大气重力波与海湾共振是导致风暴潮出现最大值的重要原因，近岸港湾中风暴潮的水位强化分布直接与其有关。由此可见，台风风暴潮在广西有着特殊性，深入研究其特殊性的规律，是减少风暴潮损失的必要手段。

2. 涠洲岛台风风暴潮增减水的特点

据李明杰等（2015）的统计，涠洲岛台风风暴潮过程中，增水大于 80 cm 且最高潮位大于 455 cm 的典型风暴潮过程共有 6 次。表 8-14 为历史上涠洲岛显著台风风暴潮典型个例统计，从表中也可以看出，涠洲岛较强的台风风暴潮主要集中在近 20 年内。

2003 年第 12 号台风"科罗旺"8 月 25 日 4 时前后登陆海南省文昌市，登陆时台风最大风速 35 m/s，近中心最低气压 970 hPa，受其影响广东、广西、海南沿海，有 12 个站的最大增水超过 1.0 m，有 9 个站的最高潮位超过当地警戒潮位。广东南渡站最大增水达 3.59 m，广西涠洲站最大增水达 1.78 m。"科罗旺"影响期间，广西沿海天文潮并不特别高，距离当地警戒潮位 80 cm 左右。由于台风路径和强度均特别有利，涠洲站于 8 月 26 日 0 时出现了达 178 cm 的最大风暴增水，为该站自建站以来历史上最大风暴增水。同时，大于 1 m 以上的风暴增水持续 21 h 左右，叠加到高潮位上，最高潮位为 517 cm，超过当地警戒潮位 37 cm，达到了橙色预警级别。该高潮位亦为历史上最高潮位，经过计算该高潮位达到了 30 年一遇的标准。

表 8-14　历史上涠洲岛显著台风风暴潮典型个例统计

台风	最大增水（≥80 cm）		最高潮位（≥455 cm）	
	水位/cm	时间	水位/cm	时间
9106 号台风"季克"	104	7 月 14 日 07 时	463	7 月 14 日 17 时
9204 号台风"奕来"	84	6 月 29 日 16 时	487	6 月 29 日 16 时
0307 号台风"伊布都"	166	7 月 24 日 17 时	456	7 月 25 日 14 时
0312 号台风"科罗旺"	178	8 月 26 日 00 时	517	8 月 27 日 17 时
0814 号台风"黑格比"	81	9 月 25 日 05 时	484	9 月 24 日 13 时
1415 号台风"海鸥"	94	9 月 16 日 18 时	456	9 月 17 日 12 时

第9章 北部湾三维潮流数值模拟

9.1 三维潮流数值模型及计算方法

9.1.1 ECOMSED 简介

美国普林斯顿大学河口陆架海洋模式（Estuarine，Coastal and Ocean Modeling System with Sediments，ECOMSED）是由 Blumhberg、Mellor 等学者发展起来的一个较为成熟的浅海三维水动力学模式，包含了 6 个模块：水动力模块、黏性和非黏性泥沙输运模块、沉积物示踪模块、可溶性粒子输运模块、热通量模块、风浪模块。该模式采用了基于静力学假设和布西内斯克近似下的海洋封闭方程组，在水平方向上采用曲线正交网格，即荒川 C 网格。在垂直方向上采用 σ 坐标，从而在模拟海底地形的准确性较正交坐标系更好。同时，该模式在垂直方向上嵌套了 2.5 阶湍流闭合模型，可以提供垂向黏滞系数和扩散系数。模式的计算通过内外模的分离，提高了计算速度，在计算时其水平项和时间变化上采用显式差分，垂直项采用隐式差分。

ECOMSED 模式控制方程如式（9-1）~式（9-13）所示，其采用直角坐标系（x 东向为正，y 北向为正，z 向上为正），自由表面和底边界的方程分别为 $z = \eta(x,y,t)$ 和 $z = -H(x,y)$。

连续方程为

$$\nabla \cdot \overline{V} + \frac{\partial W}{\partial z} = 0 \tag{9-1}$$

其中，$\overline{V}$ 为水平流速度；W 为垂向速度。

$$\frac{\partial U}{\partial t} + \overline{V} \cdot \nabla U + W \frac{\partial U}{\partial z} - fV = -\frac{1}{\rho_0} \frac{\partial P}{\partial x} + \frac{\partial}{\partial z}(K_M \frac{\partial U}{\partial z}) + F_x \tag{9-2}$$

$$\frac{\partial V}{\partial t} + \overline{V} \cdot \nabla V + W \frac{\partial V}{\partial z} + fU = -\frac{1}{\rho_0} \frac{\partial P}{\partial y} + \frac{\partial}{\partial z}(K_M \frac{\partial V}{\partial z}) + F_y \tag{9-3}$$

$$\rho g = -\frac{\partial P}{\partial Z} \tag{9-4}$$

其中，U 为水平 x 轴流速度；V 为水平 y 轴流速度；t 为时间坐标；F_x 和 F_y 为湍流扩散项；ρ_0 为海水的参考密度；ρ 为海水的现场密度；g 为重力加速度；P 为压力；K_M 是湍流动量混合的垂向扩散系数；f 为科氏参数（$f = f_0 + \beta y$）。

深度 z 处的压力由 z 处积分到自由表面：

$$P(x, y, z, t) = P_{\text{atm}} + \int_z^\zeta \rho g dz = P_{\text{atm}} + g\rho_0\eta + g\int_z^0 \rho(x, y, z, t)dz \tag{9-5}$$

式中 P_{atm} 为常数。

温盐守恒方程：

$$\frac{\partial \theta}{\partial t} + \overline{V} \cdot \Delta\theta + W\frac{\partial \theta}{\partial z} = \frac{\partial}{\partial z}[K_H\frac{\partial \theta}{\partial z}] + F_\theta \tag{9-6}$$

$$\frac{\partial S}{\partial t} + \overline{V} \cdot \Delta S + W\frac{\partial S}{\partial z} = \frac{\partial}{\partial z}[K_H\frac{\partial S}{\partial z}] + F_S \tag{9-7}$$

其中，θ、S 分别为位温和盐度；K_H 为 θ 和 S 湍流混合的垂直涡度扩散系数。

F_x、F_y、$F_{\theta,s}$ 为水平湍流扩散项：

$$F_x = \frac{\partial}{\partial x}[2A_M\frac{\partial U}{\partial x}] + \frac{\partial}{\partial y}[A_M(\frac{\partial U}{\partial y} + \frac{\partial V}{\partial x})] \tag{9-8}$$

$$F_y = \frac{\partial}{\partial y}[2A_M\frac{\partial V}{\partial y}] + \frac{\partial}{\partial x}[A_M(\frac{\partial U}{\partial y} + \frac{\partial V}{\partial x})] \tag{9-9}$$

$$F_{\theta,s} = \frac{\partial}{\partial x}[A_H\frac{\partial(\theta, S)}{\partial x}] + \frac{\partial}{\partial y}[A_H(\frac{\partial(\theta, S)}{\partial y})] \tag{9-10}$$

$$\begin{aligned}
&\frac{\partial q^2}{\partial t} + \overline{V} \cdot \nabla q^2 + W\frac{\partial q^2}{\partial z} \\
&= \frac{\partial}{\partial z}(K_q\frac{\partial q^2}{\partial z}) + 2K_M[(\frac{\partial U}{\partial z})^2 + (\frac{\partial V}{\partial z})^2] + \frac{2g}{\rho_0}K_H\frac{\partial \rho}{\partial z} - \frac{2q^3}{B_1l} + F_q
\end{aligned} \tag{9-11}$$

$$\begin{aligned}
&\frac{\partial q^2l}{\partial t} + \overline{V} \cdot \nabla(q^2l) + W\frac{\partial q^2l}{\partial z} \\
&= \frac{\partial}{\partial z}(K_q\frac{\partial q^2l}{\partial z}) + lE_1K_M[(\frac{\partial U}{\partial z})^2 + (\frac{\partial V}{\partial z})^2] + \frac{lE_1g}{\rho_0}K_H\frac{\partial \rho}{\partial z} - \frac{q^3}{B_1}\tilde{W} + F_l
\end{aligned} \tag{9-12}$$

其中，∇ 为水平梯度项；F_q、F_l 为湍动能和湍宏观尺度的水平扩散项，两个参量采用形如式（9-11）和式（9-12）的公式计算；l 为湍流宏观尺度；$\tilde{W} = 1 + E_2(\frac{l}{\kappa L})^2$，$\kappa$ 为卡曼常数，而 $(L)^{-1} = (\eta - z)^{-1} + (H + z)^{-1}$。在近表层，由于 $\frac{l}{\kappa}$ 和 L 都近似于距离表层的距离，所以在近表层 $\tilde{W} = 1 + E_2$，而在远离表层的地区，由于 $l \ll L$，所以 $\tilde{W} \approx 1$。K_q、K_H 和 K_M 为垂直混合系数，其中 $K_M = LqS_M$，$K_H = LqS_H$ 及 $K_q = LqS_q$。其中 L 为湍流的宏观尺度，$q^2/2$ 代表湍动能。其中 S_M，S_H 和 S_q 的求解如下所示。

$$S_M = \frac{B_1^{-1/3} - 3A_1A_2G_H[(B_2 - 3A_2)(1 - \frac{6A_1}{B_1}) - 3C_1(B_2 + 6A_1)]}{[1 - 3A_2G_H(6A_1 + B_2)]/(1 - 9A_1A_2G_H)} \tag{9-13}$$

$$S_H = \frac{A_2\left(1 - \dfrac{6A_1}{B_2}\right)}{1 - 3A_2 G_H (6A_1 + B_2)} \qquad\qquad (9\text{-}14)$$

$$G_H = -\left(\frac{NL}{q}\right)^2 \qquad\qquad (9\text{-}15)$$

$$N = \left(-\frac{g}{\rho_0}\frac{\partial \rho}{\partial y}\right)^{1/2} \qquad\qquad (9\text{-}16)$$

其中，有

$$(A_1, A_2, B_1, B_2, C_1, E_1, E_2, S_q) = (0.92, 0.74, 16.6, 10.1, 0.08, 1.8, 1.33, 0.2) \qquad (9\text{-}17)$$

9.1.2　计算区域及网格设置

模式的网格数为 200×350，经纬度的范围为 105.5°E～112°E，16.5°N～23°N。最小网格分辨率为 1064 m，最大分辨率为 3403 m，湾内的分辨率最高，越往湾外分辨率逐渐降低，同时在琼州海峡处特别加密。为了准确地模拟地形，本书中采用 sigma 坐标，并在垂直方向上分为 11 层，充分考虑表层和底层边界层的作用。本书的模型计算范围及验证点如图 9-1 所示。

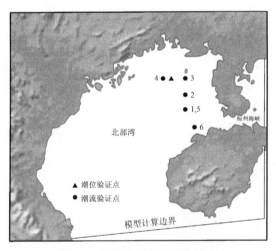

图 9-1　模型计算范围及验证点

9.1.3　边界条件

（1）自由表面的边界条件

$$\rho_0 K_M \left(\frac{\partial U}{\partial z}, \frac{\partial V}{\partial z}\right) = (\tau_{0x}, \tau_{0y}) \qquad\qquad (9\text{-}18)$$

$$\rho_0 K_H \left(\frac{\partial \theta}{\partial z}, \frac{\partial S}{\partial z} \right) = (H, S) \tag{9-19}$$

$$q^2 = B_1^{2/3} U_{\tau s}^2 \tag{9-20}$$

$$q^2 l = 0 \tag{9-21}$$

$$W = U \frac{\partial \eta}{\partial x} + V \frac{\partial \eta}{\partial y} + \frac{\partial \eta}{\partial t} \tag{9-22}$$

其中，(τ_{0x}, τ_{0y}) 为表层风应力；$U_{\tau s}$ 为摩擦速度；$B_1^{2/3}$ 为经验常数；H 为海洋的净热通量；$S = S(0)[E-P]/\rho_0$，其中 $[E-P]$ 为蒸发与降水量之差，$S(0)$ 为表层盐度。

（2）底边界条件

$$\rho_0 K_M \left(\frac{\partial U}{\partial z}, \frac{\partial V}{\partial z} \right) = (\tau_{bx}, \tau_{by}) \tag{9-23}$$

$$q^2 = B_1^{2/3} U_{\tau b}^2 \tag{9-24}$$

$$q^2 l = 0 \tag{9-25}$$

$$W_b = -U_b \frac{\partial H}{\partial x} - V_b \frac{\partial H}{\partial y} \tag{9-26}$$

其中，$U_{\tau b}$ 为摩擦速度，与底摩擦应力 (τ_{bx}, τ_{by}) 有关。

（3）侧边界条件

侧边界条件包括温度、盐度侧边界条件和水位强迫边界条件，采用辐射边界条件，以调和常数作为强迫。

$$\frac{\partial}{\partial t}(\theta, S) + U_n \frac{\partial}{\partial n}(\theta, S) = 0 \tag{9-27}$$

$$\zeta = \sum f_i h_i \cos(\sigma_i t + v_{0i} + u_i - g_i) \tag{9-28}$$

其中，σ_i 为各分潮的角速率，本书为 M_2、S_2、O_1、K_1、N_2、P_1 6 个分潮的角速率；h_i、g_i 分别为各分潮的振幅和迟角；f_i 为各分潮的交点因子；v_{0i} 为分潮的天文初位相；u_i 为分潮的交点订正角。各分潮的振幅和迟角采用俄勒冈州立大学（Oregon State University, OSU）的中国海 1/30°分辨率的潮流模型结果，然后插值到项目的开边界。OSU 的中国海潮流模型采用 GEBCO 的 1′×1′地形数据，总共网格点位 901×1201，其开边界的东边界和东南边界采用 2009 年太平洋的结果，而南边界采用 2010 年印度洋的结果。潮流模型同化了 Topex/Poseidon 卫星中可用的 531 个轨道和 28 880 个节点数据，并参考了 Zu 等（2008）的 55 个沿岸观测点和 6 个站位的观测值。

9.2　验证结果分析

9.2.1　潮位验证

　　为了保证模式结果计算的准确，在使用模式计算前与 2002 年 1 月 15～30 日的涠洲岛海洋环境监测站实测潮位数据进行了验证。选取的验证点位于 20°48″58.59″N，108°53′54.43″E，其具体位置如图 9-1 所示。图 9-2 即为该点 2002 年 1 月 15 日 00 时至 30 日 12 时的潮位验证曲线，可以看出两者拟合很好，基本一致。

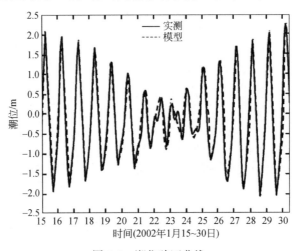

图 9-2　潮位验证曲线

9.2.2　潮流验证

　　为了准确预报北部湾的海流场，本书根据以往的实测数据做了几个后报数值试验。各验证点的具体分布如图 9-1 所示。第 1 个验证点的数据是位于 109°E，20.3833°N 的 1973 年 1 月 14～15 日的 10 m 层潮流数据，如图 9-3 和图 9-4 所示；第 2 个验证点的数据是位于 109°E，20.6783°N 的 5 m 层的 1973 年 1 月 15 日～16 日的潮流数据，如图 9-5 和图 9-6 所示；第 3 个验证点的数据是位于 108.5°E，21°N 的 30 m 层的 1973 年 9 月 30 日～10 月 1 日的潮流数据，如图 9-7 和图 9-8 所示；第 4 个验证点的数据是位于 109°E，20.9917°N 的 20 m 层的 1973 年 10 月 2～3 日的潮流数据，如图 9-9 和图 9-10 所示；第 5 个验证点的数据是位于 109°E，20.3833°N 的 20 m 层的 1973 年 9 月 28 日～29 日的潮流数据，如图 9-11 和图 9-12 所示；第 6 个验证点的数据是位于 109.2717°E，19.9867°N 的 5 m 层的 1969 年 4 月 13 日的潮流数据，如图 9-13 和图 9-14 所示。从验证结果可以看出，模型的潮流与实测潮流数据吻合较好，规律基本一致，并且流速平均误差在 15%以内，流向平均误差基本不超过−10%～+10%，如表 9-1 所示。因此本书的数值模型基本上可以用来预测海流场。

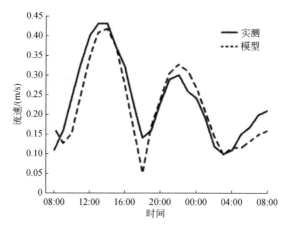

图 9-3　第 1 个验证点的流速验证

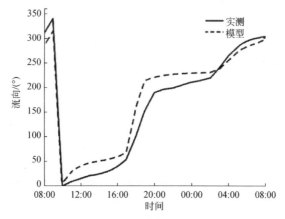

图 9-4　第 1 个验证点的流向验证

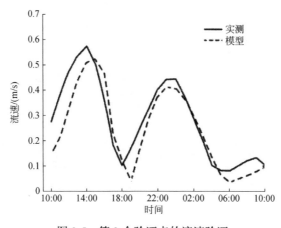

图 9-5　第 2 个验证点的流速验证

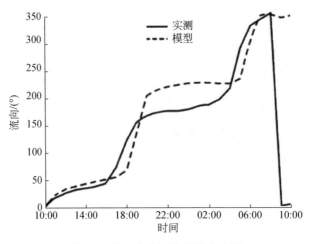

图 9-6　第 2 个验证点的流向验证

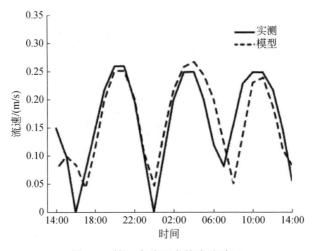

图 9-7　第 3 个验证点的流速验证

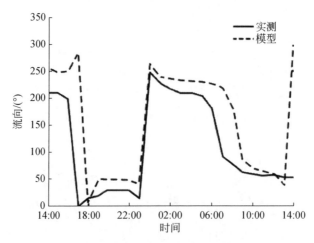

图 9-8　第 3 个验证点的流向验证

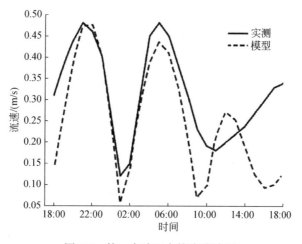

图 9-9　第 4 个验证点的流速验证

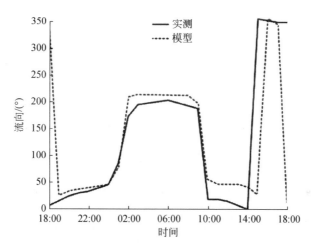

图 9-10　第 4 个验证点的流向验证

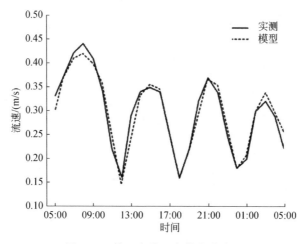

图 9-11　第 5 个验证点的流速验证

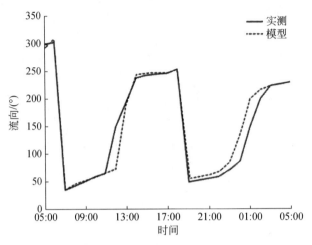

图 9-12 第 5 个验证点的流向验证

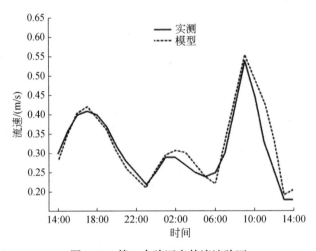

图 9-13 第 6 个验证点的流速验证

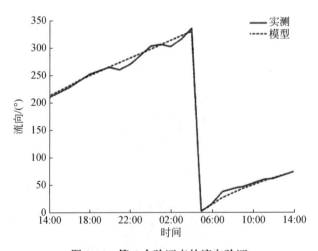

图 9-14 第 6 个验证点的流向验证

表 9-1　各验证点流速和流向误差统计表

误差	站位					
	1	2	3	4	5	6
流速误差/%	11.6	11.3	11	4.7	5.4	5.6
流向误差/(°)	2.0	10.8	1.33	6.6	5.4	0.8

9.3　潮汐潮流分析

9.3.1　潮汐分析

图 9-15 给出的是 K_1 分潮计算所得同潮图，其中实线表示迟角，单位为°；虚线表示振幅，单位为 cm。由图 9-16 可见，在北部湾湾口西侧海域存在一个退化了的无潮点，位于 107.5°E，16.40°N 附近。在潮波由南向北的传播过程中，振幅不断增加，至北部湾湾顶振幅增至 80 cm 左右。

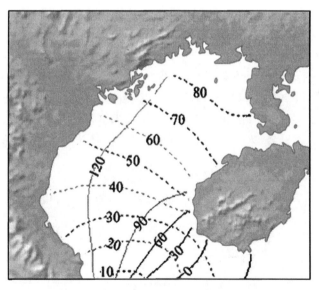

图 9-15　K_1 分潮同潮图

图 9-16 给出的是 M_2 分潮计算所得同潮图，其中实线表示迟角，单位为°；虚线表示振幅，单位为 cm。由图 9-16 可见，北部湾 M_2 分潮同潮时线基本上与湾轴垂直，振幅相对 K_1 分潮较小。M_2 分潮明显地由湾口沿湾轴向湾顶传播，迟角不断增大。在北部湾西北部的沿岸海域存在一个退化了的无潮点，这与孙洪亮等（2001）计算结果基本一致。

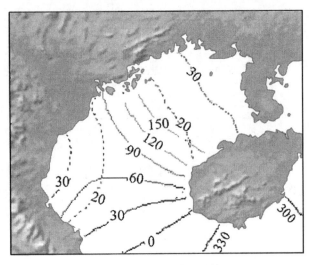

图 9-16　M$_2$ 分潮同潮图

9.3.2　潮流分析

为了对北部湾进行潮流分析,我们计算了整个模式区域在 2005 年 12 月 30 日 00:00～31 日 00:00 连续 24 小时共 25 个整点时刻的潮流变化。图 9-17 和图 9-18 分别是表层落潮中间时和涨潮中间时的潮流分布图。其中落潮中间时的平均流速为 0.39 m/s,整个区域的流向基本为西南向和东南向,而琼州海峡为东向。最大流速为 1.39 m/s,发生在 110.72°E, 20.21°N,位于琼州海峡内。而涨潮中间时的平均流速为 0.36 m/s,略小于落潮中间时,整个区域的流向基本为东北和西北向,而琼州海峡的流向为西向。最大流速为 1.33 m/s,发生在 110.58°E, 20.29°N,同样位于琼州海峡内,比落潮中间时的最大流速往西北方向偏移。

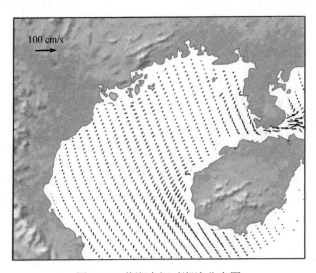

图 9-17　落潮中间时潮流分布图

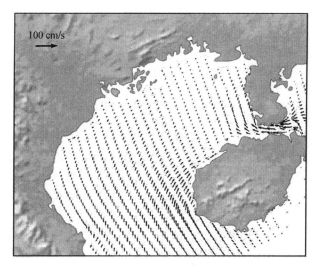

图 9-18 涨潮中间时潮流分布图

9.3.3 潮流运动形式及椭圆要素

同北部湾的潮汐现象一样，K_1 分潮潮流占主导地位，K_1 分潮的最强流速区出现在琼州海峡与海南岛西侧，最大达 70 cm/s。M_2 分潮的最强流速区则出现在琼州海峡与海南岛西北侧，最大达 20 cm/s 左右。无论 K_1 分潮还是 M_2 分潮，它们的潮流长轴方向都与湾轴方向基本一致，在琼州海峡则呈东西向分布。图 9-19 和图 9-20 分别给出了北部湾 K_1 和 M_2 分潮流表层的椭圆长短轴分布，其中箭头表示流速大小，从图上可见，在北部湾大部分海区，无论 K_1 分潮还是 M_2 分潮，潮流基本是往复式的。除在琼州海峡西侧，K_1 和 M_2 分潮流表现出很强的旋转性外，K_1 分潮流在海南岛的西侧也表现出较强的旋转性。

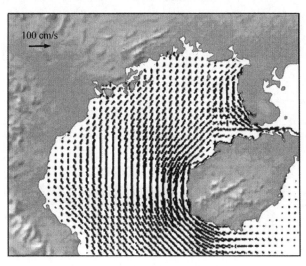

图 9-19 K_1 分潮表层潮流椭圆分布

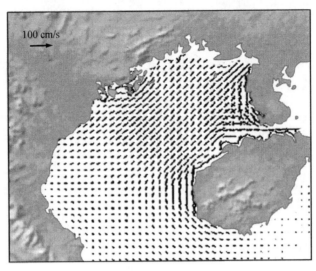

图 9-20　M₂分潮表层潮流椭圆分布

9.4　潮致余流分析

　　图 9-21 为模式计算的 2005 年 12 月表层的月平均潮致余流，整个模式区域的平均余流流速为 1.84 cm/s，湾的中央处流速较小，而沿岸处流速较大，特别是在琼州海峡和海南岛的西部沿岸区。整个区域的最大余流流速值为 42.56 cm/s，在琼州海峡的东南部，而整个琼州海峡的平均余流流速约为 10 cm/s，其平均潮致余流流向为向西。越南北部沿岸基本上都是东北向流，而南部区域基本为东南向流。

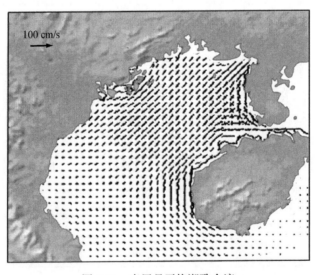

图 9-21　表层月平均潮致余流

　　从图 9-21 中可以看出，北部湾的中央处流速较小，而沿岸处流速较大，平均余流流速为 1.72 cm/s。琼州海峡的余流进入北部湾后主要沿西北向流动，然后小部分转向东北向进入广西沿岸，而大部分继续沿西北向流动，然后转向南向。整个北部湾的表层潮致余流呈气旋式结构。而海南岛西部海岸的余流基本上都是北向流，但到了 19.7°N 由于遇到琼州海峡的部分南向流从而流速减弱。涠洲岛周围既有西北向流也有东北向流，其流速较大，约为 8 cm/s。越南北部的余流主要为东北向流，到了 21°N 左右汇合进西南向流。同时在越南的北部沿岸（107°E～108°E，20°N～21°N）存在着一个反气旋式的涡旋，当南向流经过越南南部沿岸时，流向基本为西南向流。

第 10 章　重要港湾入海污染物扩散影响预测

10.1　潮扩散模型设置与验证

10.1.1　模型设置

本书采用 ECOMSED 构建潮流模型来模拟广西近海各港湾的潮流潮汐特征。该模式采用真实的地形和岸界，模拟过程提供海域潮汐水位（由潮汐调和常数给出）作为潮汐模型的开边界条件。模式控制方程及边界条件设置如 9.1 节所示。

广西近岸各港湾的模拟区域如图 10-1 中的框所示，分别是铁山港湾、廉州湾、钦州湾及防城港湾至北仑河口段。

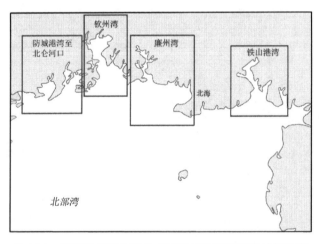

图 10-1　广西北部湾岸线分布及沿岸港湾模拟区域的分布

10.1.2　模型验证

选取钦州湾东南部离岸较远的海流观测点来验证模型的准确性，经纬度为 108°38′53″E，21°39′45″N，海流观测时间为 2009 年 11 月 10 日上午 10 点至 11 月 11 日上午 10 点。观测表明，钦州湾的表层平均落潮流速为 0.6 m/s，平均涨潮流速为 0.36 m/s，落潮时长为

11 h，涨潮时间为 14 h。底层的转向流时刻、涨潮时间、落潮时间与表层基本一致。受底摩擦力影响，底层的流速值小于表层流速，底层的平均落潮流和涨潮流的流速分别为 0.46 m/s 和 0.29 m/s。图 10-2 中的黑色线代表实测值，蓝色线代表模型值，从图中可以看出两者基本吻合，但模型值比观测值略小，这与本书只采用潮汐驱动未考虑季风等强迫因子有关。同时，观测值和模型结果都显示钦州湾呈典型的全日潮流特征，落潮流流速略大于涨潮流流速。

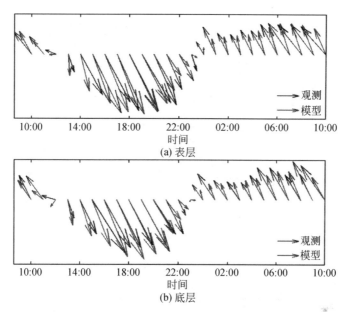

图 10-2　钦州湾表层和底层的模型值（蓝色线）与海流观测数据（黑色线）的验证结果（后附彩图）

10.2　主要港湾水文

10.2.1　潮汐与潮流

1. 铁山港湾

铁山港湾是一个狭长的海湾，形似喇叭状，呈南北走向，水域南北长约 40 km，东西最宽处 10 km，一般宽 4 km，海域面积 12 万 km²。铁山港是我国大陆上离欧洲、非洲、中亚、西亚最近的港口。铁山港区的建港自然条件非常优越，天然深水岸线长、自然掩护条件好、波浪小、泥沙来源少、潮差大，航道港池易于维护，容易开发建设成深水大港。渔业资源丰富，有经济鱼类 500 多种，年捕捞量 34～40 万 t，同时也是世界著名的"南珠"产地。沿海滩涂 17.5 万亩，是珍珠、牡蛎、对虾、文蛤、青蟹、方格星虫等优质海产品的天然养殖场。铁山港湾发达的养殖业也促使沿岸的入海排污量不断增加，因此有必要分析该区域的海流特征，为环境保护提供科学参考。铁山港湾的模拟区域如图 10-3 所示，网格数分为 129×179，水平分辨率为 0.1 分，约为 172 m。由于模拟区域的最大水深为 20.76 m，因此垂向上分为 7 个 sigma 层，同时上边界层和底边界层加密处理。

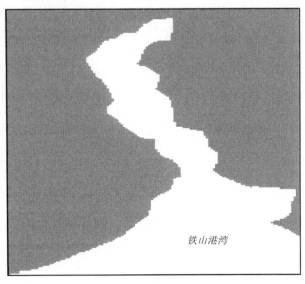

铁山港湾

图 10-3　铁山港湾模拟区域

图 10-4 为模拟区域内整个铁山港湾平均的水位时间序列，可以发现模型运行 3 天后水位达到稳定状态。铁山港湾的平均潮差为 1.85 m，最大潮差为 3.72 m，发生在落潮时。平均涨潮时长为 8.02 h，最长涨潮时长为 16 h。而平均落潮时长为 6.8 h，最长落潮时长为 9 h，涨潮时长大于落潮时长，铁山港湾为不规则全日潮。

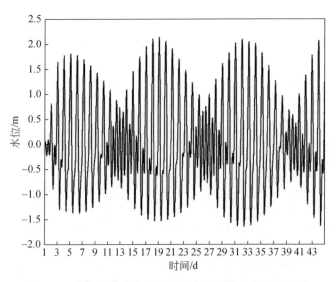

图 10-4　模拟区域内整个铁山港湾平均的水位时间序列

图 10-5 和图 10-6 分别为铁山港湾大潮期间表层流的落急和涨急图。落急时，铁山

港湾的最大潮流流速为 1.2 m/s，平均潮流流速为 0.43 m/s。潮流流向基本与地形平行，在湾顶为西南向，在湾中段为东南向，在湾口处又为西南向。涨急时，最大潮流流速为 0.86 m/s，平均流速为 0.31 m/s，小于落急时流速。涨急时湾口处的流向为东北向，在湾中段为西北向，在湾顶又转为东北向。总的来讲，铁山港湾的潮流呈往复流性质，水深较深处潮流流速较大。

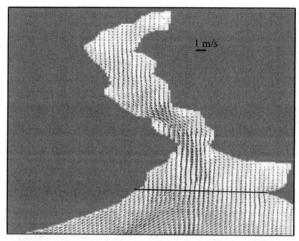

图 10-5　铁山港湾大潮落急时表层海流分布图

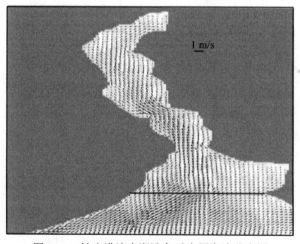

图 10-6　铁山港湾大潮涨急时表层海流分布图

2. 钦州湾

钦州湾属南亚热带季风气候，具有典型的亚热带海洋季风气候特点。高温多雨，干湿季节分明，夏无酷暑，冬无严寒，季风盛行。钦州湾为降水资源较丰富的海湾，多年平均降水量为 2057.7 mm，年平均降水日数在 169.8～135.5 d。全年的降水量多集中在 4～10 月，约占全年降水量的 90%。根据统计资料，钦州湾年平均风速为 2.7～3.9 m/s。平均风速分布特点是湾中居首，湾口次之，湾顶的钦州市最弱。2 月的风速值最高，4 月或

8 月、9 月最低。冬半年（10 月至次年 3 月）的风速均在平均值之上；夏半年（4~9 月）的风速值在平均值之下。钦州湾的风向以北风为主，南风次之。风向的季节性变化明显：冬半年盛行偏北气流，局地风向以北风为主；下半年盛行偏南气流，以偏南风为主。季风交替期间的风向多变，平均风速也较小。历年各月风速最大的为西风（30 m/s），其次为东风和东北风，再次为西北风和南风。

钦州湾的模拟区域如图 10-7 所示，网格数分为 105×134，水平分辨率为 0.15′，约为 258 m。垂向上分为 7 个 sigma 层，同时上边界层和底边界层加密处理。

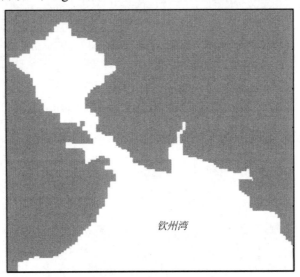

图 10-7　钦州湾模拟区域

图 10-8 为模拟区域内整个钦州湾平均的水位时间序列，可以发现模型运行 3 天后水位达到稳定状态。钦州湾的平均潮差为 2.8 m，最大潮差为 4.25 m，发生在涨潮时。平均涨潮时长为 11.4 h，最长涨潮时长为 16 h。而平均落潮时长为 8.7 h，最长落潮时长为 12 h，涨潮时长大于落潮时长，钦州湾为不规则全日潮。

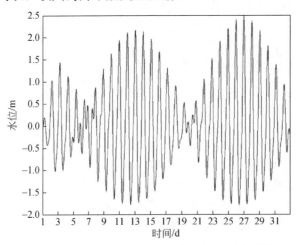

图 10-8　模拟区域内整个钦州湾平均的水位时间序列

图 10-9 和图 10-10 分别为钦州湾大潮期间表层流的落急和涨急图。落急时，钦州湾的最大潮流流速为 2.13 m/s，平均潮流流速为 0.43 m/s。潮流流向基本与地形平行，除了航道处为东南向，其他区域基本为西南向。涨急时，最大潮流流速为 1.23 m/s，平均流速为 0.23 m/s，小于落急时流速。除了航道处为西北向，其他区域基本为东北向。总的来讲，钦州湾的潮流呈往复流性质，航道处潮流流速较大。

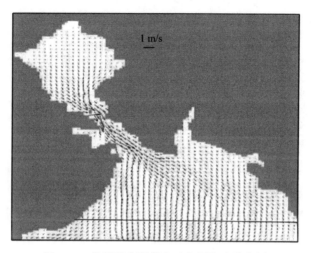

图 10-9　钦州湾大潮落急时表层海流分布图

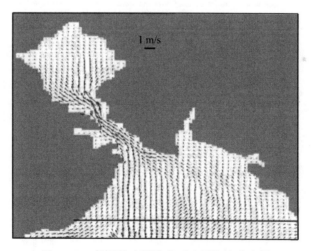

图 10-10　钦州湾大潮涨急时表层海流分布图

3. 防城港湾至北仑河口

防城港湾地处北回归线以南低纬度地区，气候属于亚热带海洋性季风气候，冬季温暖，夏季多雨，季风明显。常年平均降水量为 2102.2 mm，大部分集中在 6～8 月，占全年平均降水量的 71%。1～8 月雨量逐月增加，8 月为高峰期；9～12 月逐月递减，12 月雨量最少。防城港湾多年平均风速为 3.1 m/s。月平均最大风速出现在 12 月，为 3.9 m/s，其次是 1 月和 2 月，为 3.7 m/s；最小平均风速出现在 8 月，为 2.3 m/s。防城港湾的常风向为 NNE，频率为 30.9%；次常风向为 SSW，频率为 8.5%；强风向为 E，频率为 4.7%。

防城港湾至北仑河口的模拟区域如图 10-11 所示，网格数分为 275×145，水平分辨率为 0.1′，约为 172 m。垂向上分为 7 个 sigma 层，同时上边界层和底边界层加密处理。

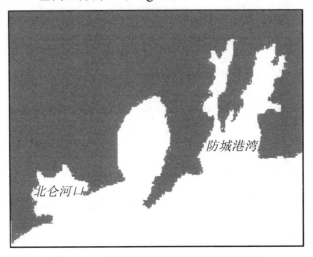

图 10-11　防城港湾至北仑河口模拟区域

图 10-12 为模拟区域内平均的水位时间序列，平均潮差为 2.7 m，最大潮差为 3.74 m。平均涨潮时长为 11.1 h，最长涨潮时长为 15 h。而平均落潮时长为 8.8 h，最长落潮时长为 13 h，涨潮时长大于落潮时长。

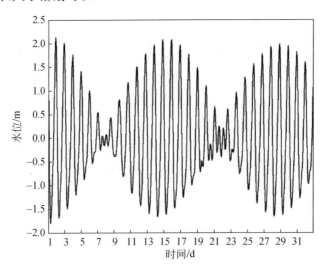

图 10-12　模拟区域内防城港湾至北仑河口平均的水位时间序列

图 10-13 和图 10-14 分别为防城港湾至北仑河口大潮期间表层流的落急和涨急图。落急时，防城港湾的最大潮流流速为 1.17 m/s，平均潮流流速为 0.25 m/s。潮流流向基本与地形平行，除了航道处为东南向，其他区域基本为西南向。涨急时，最大潮流流速为

0.97 m/s，平均流速为 0.2 m/s。北仑河口落急时最大潮流流速为 0.5 m/s，平均潮流流速为 0.21 m/s。潮流流向基本与地形平行，除了航道处为东南向，其他区域基本为西南向。涨急时，最大潮流流速为 0.39 m/s，平均流速为 0.15 m/s。

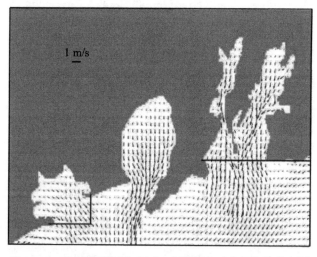

图 10-13　防城港湾至北仑河口大潮落急时表层海流分布图

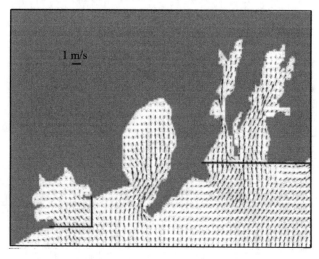

图 10-14　防城港湾至北仑河口大潮涨急时表层海流分布图

4. 廉州湾

廉州湾位于北海市北侧，湾口朝西半开放，呈半圆状，大致范围为西从大风江东岸大木神起，顺岸往东南向至北海市的冠头岭。海湾口门宽 17 km，海湾面积 190 km²，其中滩涂面积 100 km²。湾内平均水深 5 m，最大水深约为 10m。海湾沿岸河流较多，其中包括广西沿海最大的南流江，属于典型的河口湾，巨大的径流带来大量的入海泥沙。

廉州湾的计算区域如图 10-15 所示，网格数分为 101×177，水平分辨率为 0.15′，约为 258 m。垂向上分为 7 个 sigma 层，同时上边界层和底边界层加密处理。

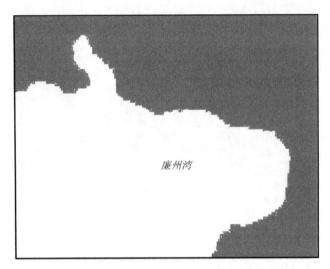

图 10-15　廉州湾水深分布情况

图 10-16 为模拟区域内平均的水位时间序列，平均潮差为 2.59 m，最大潮差为 3.8 m。平均涨潮时长为 8.2 h，最长涨潮时长为 11 h。而平均落潮时长为 10.6 h，最长落潮时长为 16 h，落潮时长大于涨潮时长。

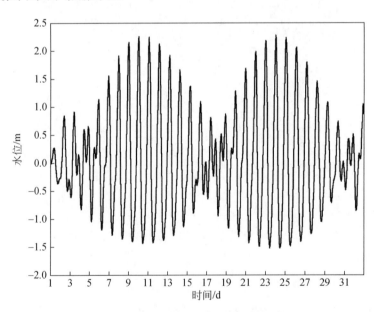

图 10-16　模拟区域内平均的水位时间序列

图 10-17 分别为大潮期间表层流的落急和涨急图。落急时，廉州湾（黑框以内）的最大潮流流速为 0.55 m/s，平均潮流流速为 0.1 m/s。潮流流向基本西偏南向。涨急时，最大潮流流速为 1.42 m/s，平均流速为 0.17 m/s。

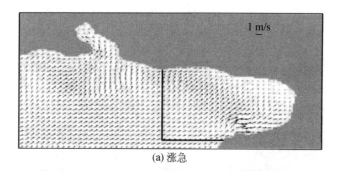

(a) 涨急

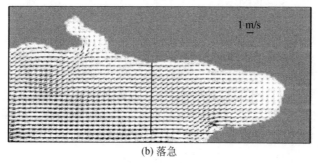

(b) 落急

图 10-17　廉州湾大潮涨急时和落急时表层海流分布图

10.2.2　纳潮量

以一个涨潮或落潮周期内通过横向断面的水量作为某港湾的纳潮量，如式（10-1）所示，断面设置如图 10-6、图 10-10、图 10-14、图 10-17 中所示。

$$Q = \int_{t1}^{t2} (Q_u + Q_v)\mathrm{d}t \tag{10-1}$$

其中，Q 代表一个涨潮或落潮周期内的纳潮量；Q_u 代表 x 方向的水量通量；Q_v 代表 y 方向的水量通量，潮流流速采用垂向平均结果。

1. 铁山港湾

根据式（10-1）计算，铁山港湾（图 10-6 所示的黑线以北）小潮期间的纳潮量为 $3.5 \times 10^8\ \mathrm{m}^3$，大潮期间纳潮量为 $4.0 \times 10^8\ \mathrm{m}^3$，平均纳潮量为 $3.75 \times 10^8\ \mathrm{m}^3$。从图 10-18 可以看出大潮期间最大潮差发生在 21.68°N～21.73°N 区域，约为 4 m，越往湾外潮差越小，在航道处约为 3.7 m，最小潮差发生在模拟区域的西南角。

2. 钦州湾

根据式（10-1）计算，钦州湾内湾（图 10-10 所示的黑线以北）小潮期间的纳潮量为 $7.78 \times 10^8\ \mathrm{m}^3$，大潮期间纳潮量为 $14.0 \times 10^8\ \mathrm{m}^3$，平均纳潮量为 $10.8 \times 10^8\ \mathrm{m}^3$。从图 10-19 可以看出大潮期间最大潮差发生在航道处，约为 4.5 m，其次为茅尾海，约为 4.2 m。

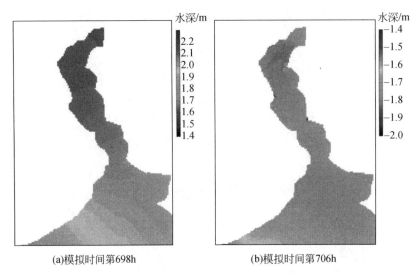

(a)模拟时间第698h　　　　　　　　(b)模拟时间第706h

图 10-18　铁山港湾大潮期间高潮时和低潮时水位分布图（后附彩图）

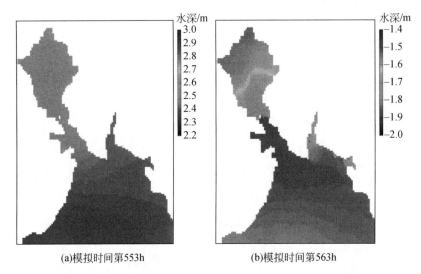

(a)模拟时间第553h　　　　　　　　(b)模拟时间第563h

图 10-19　钦州湾大潮期间高潮时和低潮时水位分布图（后附彩图）

3. 防城港湾至北仑河口

根据式（10-1）计算，防城港湾（图 10-14 所示的右端黑线以北）小潮期间的纳潮量为 $2.6 \times 10^8 \, \mathrm{m}^3$，大潮期间纳潮量为 $3.0 \times 10^8 \, \mathrm{m}^3$，平均纳潮量为 $2.8 \times 10^8 \, \mathrm{m}^3$。而北仑河（图 10-14 所示的左端黑线以内）平均纳潮量为 $0.6 \times 10^8 \, \mathrm{m}^3$。从图 10-20 可以看出整个模拟区域的空间潮差变化较小，如防城港东湾东北角的潮差约为 3.3 m，北仑河内的潮差约为 3.15 m，仅相差 0.15 m。

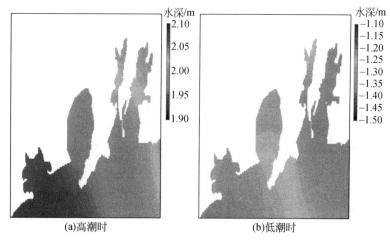

(a)高潮时　　　　　　　　　　　(b)低潮时

图 10-20　大潮期间高潮时和低潮时水位分布图（后附彩图）

4. 廉州湾

根据式（10-1）计算，廉州湾（图 10-17 所示的右端黑线以北）小潮期间的纳潮量为 $9.3×10^8$ m^3，大潮期间纳潮量为 $9.8×10^8$ m^3，平均纳潮量为 $9.55×10^8$ m^3。从图 10-21 可以看出整个模拟区域的空间潮差变化不小，廉州湾的水位都比外海的要高，高潮时从西南沿东北方向水位逐渐升高，而低潮时模拟区域中间有一低水位的弧形带。整个模拟区域的潮差值较大，其中廉州湾的潮差约为 3.9 m。

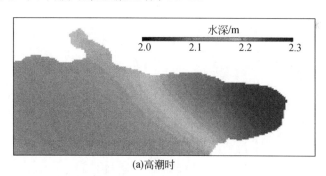

(a)高潮时

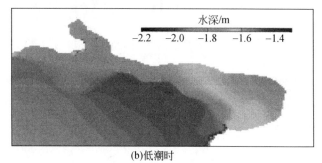

(b)低潮时

图 10-21　大潮期间高潮时和低潮时水位分布图（后附彩图）

10.2.3　水交换能力

海洋水交换能力表征着海湾的物理自净能力，是研究评价和预测海湾环境质量的重要指标和手段，可用粒子追踪法和染色实验来分析海域的水交换能力，但粒子追踪法忽略了扩散过程，低估了海域的水交换能力。本书利用溶解态保守物质的浓度为示踪剂，建立该海湾水交换数值模式。湾内的初始污染物浓度设置为 1 mg/L，湾外的污染物浓度设为 0。模型稳定之后，运行污染物扩散模型 44 天，每小时输出一次全场污染物浓度值，再积分所关心区域的污染物剩余总量，通过剩余污染物占总量的百分比来计算累计水交换率，得到每天的水交换率，达到稳定时作为日均水交换率。

1. 铁山港湾

随着湾外污染物浓度为 0 的海水的进入，铁山港湾的污染物浓度不断降低，铁山港湾的污染物平均浓度逐时变化曲线如图 10-22 所示，整体呈下降趋势，但也存在潮周期变化引起的浓度振荡特征。日平均浓度曲线（蓝色线）表明铁山港湾污染物浓度为 0.5 mg/L 的时间约为 6.8 d，由于初始浓度为 1 mg/L，因此铁山港湾水体交换半周期为 6.8 d，而水体交换 80% 的时间约为 26 d，随后水体交换速率逐渐减弱。

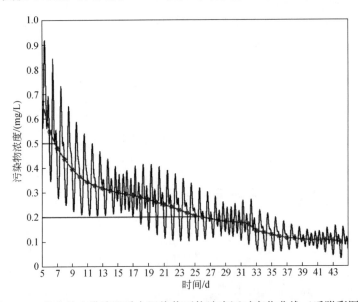

图 10-22　整个铁山港湾及垂向污染物平均浓度逐时变化曲线（后附彩图）
黑色线为逐时浓度变化，蓝色线为日平均浓度变化，其中蓝色星号代表日平均浓度值

另外，从污染物浓度的空间变化（图 10-23）可以看出污染物浓度最大值不是在湾顶，而是在湾中段，即 21.68°N～21.73°N 区域，这是因为铁山港湾的地形从航道处向北水域变宽，但再往西北处，水道又变窄，因此污染物堆积在湾中段，与该区域相对较小的潮流流速相对应。

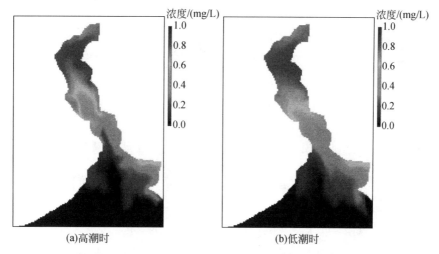

(a)高潮时　　　　　　　　　　　　　　　(b)低潮时

图 10-23　铁山港湾大潮期间高潮时和低潮时水位表层污染物浓度分布（后附彩图）

2. 钦州湾

随着湾外污染物浓度为 0 的海水的进入，钦州湾的污染物浓度不断降低，钦州湾的污染物平均浓度逐时变化曲线如图 10-24 所示，整体上呈下降趋势，但也存在潮周期变化引起的浓度振荡特征。日平均浓度曲线（蓝色线）表明钦州湾污染物浓度为 0.5 mg/L 的时间约为 7 d，由于初始浓度为 1 mg/L，因此钦州湾水体交换半周期为 7 d，而水体交换 80%的时间约为 28 d。

另外，从污染物浓度的空间变化（图 10-25）可以看出污染物浓度最大值在茅尾海，尤其是低潮时段，整个茅尾海（除了茅尾海东南区域）都较少与外海水交换。

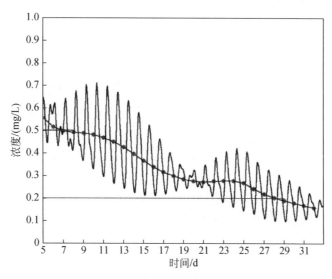

图 10-24　整个钦州湾及垂向污染物平均浓度逐时变化曲线（后附彩图）
黑色线为逐时浓度变化，蓝色线为日平均浓度变化，其中蓝色星号代表日平均浓度值

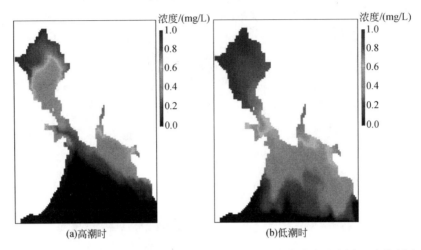

(a)高潮时　　　　　　　　　　　　(b)低潮时

图 10-25　钦州湾大潮期间高潮时和低潮时水位表层污染物浓度分布图（后附彩图）

3. 防城港湾至北仑河口

随着湾外污染物浓度为 0 的海水的进入，防城港湾的污染物浓度不断降低，防城港湾的污染物平均浓度逐时变化曲线如图 10-26 所示，整体上呈下降趋势，但也存在潮周期变化引起的浓度振荡特征。日平均浓度曲线（蓝色线）表明防城港湾污染物浓度为 0.5 mg/L 的时间约为 4 d，由于初始浓度为 1 mg/L，因此防城港湾水体交换半周期为 4 d，而水体交换 80%的时间约为 32 d。相反，北仑河口的水体交换半周期长于防城港湾，约为 4.5 d，这是因为北仑河口的潮流流速小于防城港湾的潮流流速，而潮流流速是控制短时间内水体交换能力的主要因子。但北仑河口水体交换 80%的时间却短于防城港湾，为 29 d，这是因为北仑河口整体海域开阔，与外海交换面积大。

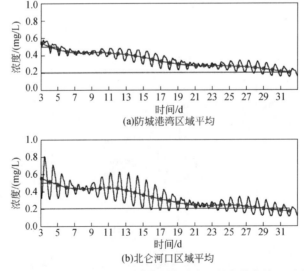

(a)防城港湾区域平均

(b)北仑河口区域平均

图 10-26　整个模拟区域及垂向污染物平均浓度逐时变化曲线（后附彩图）
黑色线为逐时浓度变化，蓝色线为日平均浓度变化，其中蓝色星号代表日平均浓度值

另外，从污染物浓度的空间变化（图 10-27）可以看出经历过涨潮阶段的高潮时大部分区域被干净的外海水体替换（图 10-27a），而低潮时防城港湾和北仑河口还是为较高浓度的污染物占据，尤其防城港西湾的湾顶由于水交换能力较弱，平均浓度约为 0.8 mg/L。但珍珠湾的东侧则被干净的外海水替换，这与该处较强的潮流流速及开阔的海域有关。

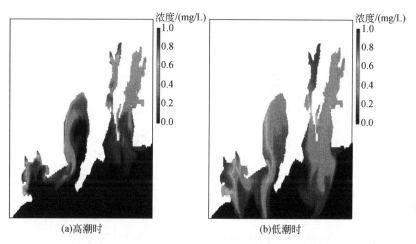

(a)高潮时　　　　　　　　　　　　(b)低潮时

图 10-27　大潮期间高潮时和低潮时水位表层污染物浓度分布图（后附彩图）

4. 廉州湾

本书利用溶解态保守物质的浓度作为示踪剂，建立该海湾的水交换数值模式。湾内的初始污染物浓度设置为 1 mg/L，湾外的污染物浓度设为 0。模型稳定之后，运行污染物扩散模型 30 天，每小时输出一次全场污染物浓度值，再积分所关心区域的污染物剩余总量，通过剩余污染物占总量的百分比来计算累计水交换率，得到每天的水交换率，达到稳定时作为日均水交换率。污染物平均浓度逐时变化曲线（图 10-28）整体上呈下降

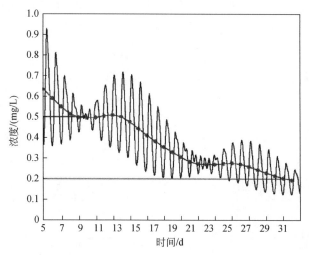

图 10-28　整个廉州湾及垂向污染物平均浓度逐时变化曲线（后附彩图）

黑色线为逐时浓度变化，蓝色线为日平均浓度变化，其中蓝色星号代表日平均浓度值

趋势，但也存在潮周期变化引起的浓度振荡特征。日平均浓度曲线（蓝色线）表明廉州湾污染物浓度为 0.5 mg/L 的时间约为 7 d，由于初始浓度为 1 mg/L，因此廉州湾水体交换半周期为 7 d，而水体交换 80%的时间约为 30 d。

10.3　重要港湾 COD 潮扩散场计算结果

10.3.1　COD 输运模型设置

污染物扩散控制方程：

$$\frac{\partial C}{\partial t} + \frac{\partial Cu}{\partial x} + \frac{\partial Cv}{\partial y} + \frac{\partial Cw}{\partial z} = \frac{\partial}{\partial z}\left(K_H \frac{\partial C}{\partial z}\right) + F_C + kC \qquad (10\text{-}2)$$

其中，F_C 为水平扩散项；k 为衰减系数，若为保守性物质，则设为 0。u、v、w 分别为潮流的东、北和垂向分量，其值来自于潮流模型，模型设置具体情况参见 10.1 节。

10.3.2　钦州湾 COD 浓度分布特征

1. 秋季

由于潮汐与潮流对近岸浅海的水动力特征起决定性作用，因此本书仅考虑潮汐与河流驱动下的污染物浓度分布情况。根据多年观测资料，秋季（选取 10 月）钦江和茅岭江的气候态径流量分别为 35.84 m³/s 和 83.26 m³/s，而 COD 秋季气候态排放量分别为 6.9 mg/L 和 1.5 mg/L。另外，污染物输运模型中 COD 初始浓度与开边界浓度根据 2010 年秋季的调查结果进行设置，分别设为 1.07 mg/L 与 0.59 mg/L。

模型模拟一个月，河流采取连续排放方式。大潮期间表层 COD 浓度分布如图 10-29 和图 10-30 所示。由于外海清洁水的进入，湾口的 COD 浓度较低且低于初始浓度。高潮

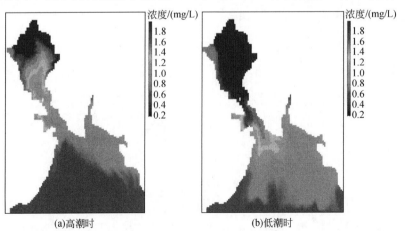

(a)高潮时　　　　　　　　　　　　　(b)低潮时

图 10-29　钦州湾大潮期间高潮时和低潮时表层 COD 浓度分布（后附彩图）

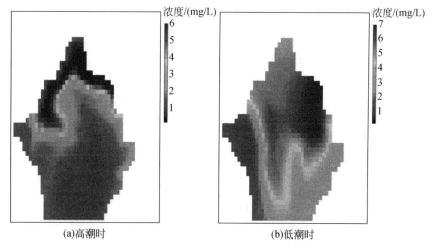

(a)高潮时　　　　　　　　　　　　(b)低潮时

图 10-30　茅尾海大潮期间高潮时和低潮时表层 COD 浓度分布（后附彩图）

时 0.7 mg/L 的浓度值基本占据 21.7°N 以南区域，6 mg/L 的浓度值呈弧形分布占据整个茅尾海北部，茅尾海的其他区域平均浓度值约为 2 mg/L。而低潮时 0.7 mg/L 的浓度值只占据湾口区域，但茅尾海的 COD 浓度较高，约为 5 mg/L，且一直向南扩散至龙门。事实上，茅尾海的高浓度 COD 来源于河流的排放，其中以钦江的排放影响最大。时间序列曲线（图 10-31）表明 COD 浓度变化既有大小潮的周期变化，又带有日振荡，逐时浓度最大值为 1.27 mg/L，日平均浓度最大值为 0.9958 mg/L。

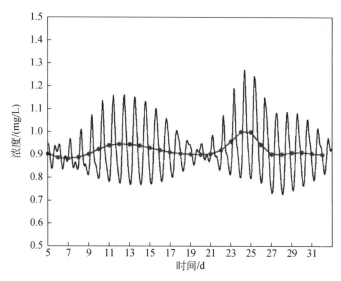

图 10-31　钦州湾平均 COD 浓度时间序列曲线

2. 夏季

由于钦州湾 COD 的夏季调查发生在 6 月，因此本书选取 6 月的河流径流量来驱动模型。6 月钦江与茅岭江的气候态径流量分别为 134 m^3/s 与 136 m^3/s，分别为秋季径流量的 3.7 倍与 1.6 倍。根据 2010 年 6 月钦州湾的 COD 调查结果，COD 输运模型的初始值与开边界值分别设为 1.63 mg/L 与 1.18 mg/L。

为保证夏季与秋季的对比性，河流输出的 COD 浓度保持不变，即钦江与茅岭江的 COD 排放量仍为 6.9 mg/L 和 1.5 mg/L。夏季与秋季的 COD 浓度分布结果如图 10-32 所示，可以发现由于夏季的初始浓度与开边界浓度都大于秋季，因此夏季龙门水道与湾南部的 COD 浓度平均值比秋季高约 1 mg/L。另外，由上文可知，钦江对钦州湾的 COD 浓度起主导作用，而夏季的钦江径流量是秋季的 3.6 倍，因此在羽状流冲刷下，夏季整个 COD 高值区向南扩展并影响至金鼓江一带，而秋季河流排放造成的 COD 高值区仅在茅尾海一带，可见夏季河流的污染物排放要引起重视。

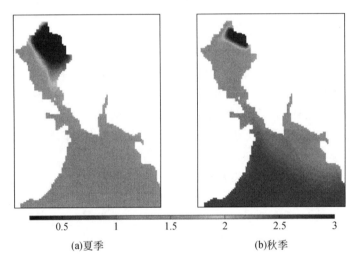

图 10-32　钦州湾夏季与秋季表层 COD 浓度月平均值（后附彩图）

10.3.3　北仑河口 COD 浓度分布特征

1. 冬季

冬季（选取 1 月）北仑河口的气候态径流量为 94.29 m^3/s，COD 气候态排放量为 0.85 mg/L。根据 2010 年的调查结果，北仑河口的 COD 初始浓度和开边界浓度分别设为 1.2 mg/L 和 1.0 mg/L。

大潮期间的表层 COD 浓度分布如图 10-33 所示。由于水交换能力较强，因此北仑河口的 COD 浓度较低，尤其航道附近的 COD 浓度仅为 0.5 mg/L。其中 COD 浓度最大值位于北仑河口的东北角，约为 1.2 mg/L。通过北仑河口 COD 平均浓度时间序列曲线（图 10-34）可以发现，从模拟时间第 3 天到第 14 天 COD 浓度不断降低，直至 0.8 mg/L，之后 COD 浓度在该值附近振荡。

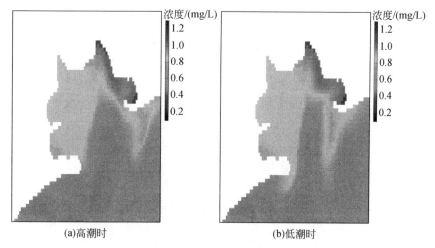

(a)高潮时　　　　　　　　　　　(b)低潮时

图 10-33　北仑河口区域大潮期间高潮时和低潮时表层 COD 浓度分布（后附彩图）

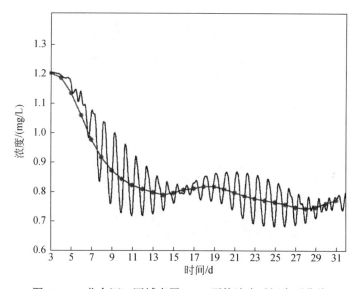

图 10-34　北仑河口区域表层 COD 平均浓度时间序列曲线

2. 夏季

图 10-35 为北仑河口区域的表层 COD 月平均浓度，从图中可以看出夏季初始浓度较高，因此北仑河口夏季的平均浓度比冬季略高。虽然两个季节中北仑河口的 COD 排放浓度一样，但由于夏季（6 月）的北仑河径流量约为冬季（12 月）的 8 倍，因此在较强的河流羽状流作用下（图 10-36b 与图 10-37），夏季北仑河口的 COD 浓度向外扩散范围更广，但夏季北仑河口的羽状流也加速了北仑河口海域中央区域与外海水的交换（图 10-37），因此夏季北仑河口两侧的 COD 浓度比中央高得多（图 10-35a）。另外，夏季北仑河口东侧的高浓度值则是因为防城港湾夏季较高浓度的 COD 在西向流作用下进入北仑河口东侧（图 10-37）。事实上，夏季北仑河口两侧的 COD 浓度（图 10-35a）比

冬季（图 10-35b）高 0.4 mg/L，而冬季北仑河口的中央区域 COD 浓度则比夏季高，这一方面与夏季较强的羽状流引起的较强水交换有关，另一方面也与冬季该区域存在气旋式涡旋有关（图 10-36）。

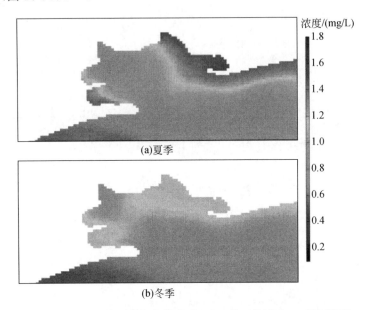

(a)夏季

(b)冬季

图 10-35　北仑河口夏季与冬季表层 COD 月平均浓度（后附彩图）

(a)防城港湾至北仑河口区域

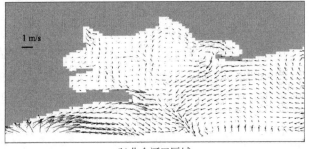

(b)北仑河口区域

图 10-36　冬季防城港湾至北仑河口区域与北仑河口区域 10 天平均表层潮汐余流（加防城河与北仑河）

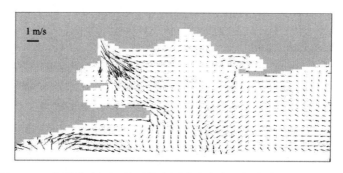

图 10-37　夏季北仑河口月平均表层潮汐余流（加防城河与北仑河）

10.3.4　廉州湾 COD 浓度分布特征

由于南流江的径流量在广西沿海的河流中是最大的，因此本书主要讨论不同季节南流江的污染物排放对廉州湾的影响。根据调查资料，南流江的夏季和冬季的气候态径流量分别为 392.03 m^3/s 和 65.97 m^3/s，而污染物浓度都设置为 1.9 mg/L。由图 10-38 可知，在仅考虑潮汐和河流驱动下，南流江的 COD 排放对廉州湾的 COD 浓度起重要作用，尤其夏季时在较强的羽状流作用下，1.5 mg/L 的等值线占据了廉州湾 1/3 的面积。与冬季相比，夏季南流江口高浓度的 COD 占据面积则与羽状流面积相对应，夏季 1.5 mg/L 的面积（图 10-38a）约为冬季（图 10-38b）的 3.6 倍。

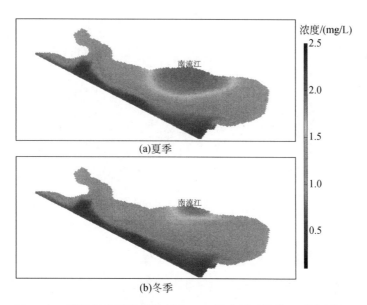

图 10-38　夏季和冬季廉州湾表层 COD 浓度月平均值（后附彩图）

10.3.5 典型围填海工程对 COD 浓度分布的影响分析

本书选择钦州湾保税港区的围填海工程来分析其填海后对污染物输运的影响，围填海前后的 COD 浓度差如图 10-39 所示。围填海工程对整个钦州湾的 COD 浓度影响较小，但对围填海周围的 COD 浓度影响较大。落潮中间时（图 10-39a 和图 10-39b），围填海区域的东面海流流速增强，因此围填海后 COD 浓度较围填海前有所降低，约降低 0.01 mg/L；而围填海区域的西南端由于海流流速的减弱，围填海后的 COD 浓度较围填海前有所增加，约增加 0.02 mg/L；另外，由于围填海工程减弱了金鼓江与外界的交换能力，金鼓江内部的 COD 浓度在围填海后都较填海前高，0.02 mg/L 的包络线基本覆盖整个金鼓江。该趋势在涨潮中间时也有所体现（图 10-39c 和图 10-39d），不过 0.02 mg/L 的包络线仅覆盖金鼓江西侧至围填海区域西北角，这是由于金鼓江东侧有干净的外海水进入。但无论涨潮还是落潮，围填海区域的东端由于海流增强使 COD 浓度在填海后较填海前有所降低。

为了分析保税港区围填海工程对金鼓江 COD 浓度影响的一般性，本书对围填海前后的 1 个月钦州湾表层逐时 COD 浓度值进行积分，结果如图 10-40 所示，金鼓江北端的 COD 浓度在保税港区填海后约上升了 0.15 mg/L，约占围填海前 COD 浓度（约 0.75 mg/L）的 20%；而金鼓江西侧的 COD 浓度在围填海后上升了 0.1 mg/L，约占围填海前浓度（约为 0.9 mg/L）的 11%。因此，金鼓江的 COD 浓度在围填海后明显增大，这与保税港区的围填海工程减弱了金鼓江与外界的水交换能力有关。

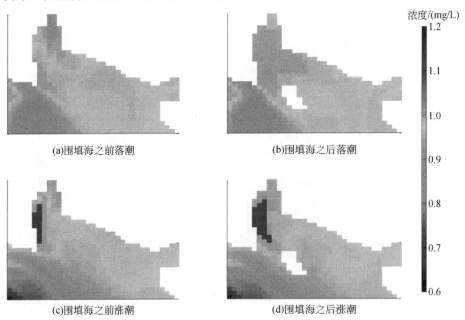

(a)围填海之前落潮 (b)围填海之后落潮

(c)围填海之前涨潮 (d)围填海之后涨潮

图 10-39　保税港区围填海之前及之后的大潮期间落潮中间时和涨潮中间时的金鼓江附近区域表层 COD 浓度分布（后附彩图）

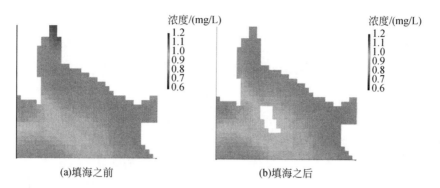

图 10-40　保税港区围填海之前及之后一个月的金鼓江附近区域表层 COD 浓度积分分布（后附彩图）

第11章 琼州海峡东部水进入对北部湾环流的影响

琼州海峡介于广东省雷州半岛与海南省海南岛之间,东口为南海,西口为北部湾,范围为 19°58′N～20°19′N,109°40′E～110°30′E,长约 80.3 km,最窄处 19.4 km(110°10′E),最宽处 39.6 km(110°E),平均宽度 29.5 km。琼州海峡是海南岛与大陆之间的重要交通通道,也是南海与北部湾两个海区的水交换通道,来自海峡东部的南海水进入北部湾对广西沿海的水体有重要影响。

对于琼州海峡水交换的研究,大多数文章认为,冬季由于受到东北季风的影响,琼州海峡水体输运方向是由南海北部进入北部湾,也就是从东向西的;夏季受到西南季风的影响则完全相反。近 20 年来对琼州海峡水交换的研究取得了一些新的认识,侍茂崇等(1998)、Shi 等(2002)、杨士瑛等(2003)、陈达森等(2006)发现琼州海峡水体输运终年为自东向西,并且通过数值计算,得到西向输送水体量在 0.1～0.2 Sv,揭示了琼州海峡水体输运终年向西的流动现象,琼州海峡水体终年西向流的存在表明,风应力不应是控制琼州海峡海流的主要因子,琼州海峡水交换具有更复杂的物理机制。这些研究结论,为我们重新认识北部湾北部环流生成机制找到了一种新的依据。既然琼州海峡水交换一年四季都是从东向西,那么粤西沿岸流与它存在什么内在联系?东部水进入北部湾后对其环流,特别是广西沿岸流产生什么样的影响?它的形成机制如何?诸如此类的问题,还有待于我们作更深入的研究。本节利用 1961 年粤西(3 个)及广西沿岸(2 个)水文观测站同步温盐观测资料,广西涠洲岛、龙门、白龙尾 3 个观测站 20 年的统计资料,琼州海峡 1964 年、1965 年、1966 年、1969 年、1971 年、1972 年、1997 年等 7 年海流实测资料及涠洲岛定点站 1988 年 10 月～1989 年 8 月海流资料,2017 年 11 月涠洲岛 4 个同步周日连续测流站海流资料,对比分析琼州海峡东部水进入北部湾的影响特征,将琼州海峡东部水进入对北部湾环流的影响研究引向深入。结果表明,琼州海峡东部水进入北部湾对广西沿海气旋式环流的形成有着重要的影响。

11.1 北部湾环流研究概述

11.1.1 历史资料描述的北部湾环流传统模式

20 世纪 60 年代初,人们对北部湾环流的认识都是基于南海环流图绘制的结果。冬季，在东北风影响下，南海水通过琼州海峡进入北部湾。南海主盆地存在的一个气旋式环流，北海岸为西南向流，大部分在琼州海峡东口折转向南，沿着海南岛东岸向南流去，还有一小部分穿过琼州海峡进入北部湾，加强了北部湾的气旋式环流。夏季，在西南风影响下，北部湾水体则通过琼州海峡流向南海，所有这些环流模式都逆转过来，南海和北部湾都形成反气旋式环流，从而导致了一支东向流通过琼州海峡进入粤西。这些论述，与中越联合调查结果不谋而合。1964 年的《中越合作北部湾海洋综合调查报告》记载，冬、春两季，湾内为逆时针气旋式环流，秋季湾内主要受逆时针环流控制，但东北部有一顺时针环流；夏季湾内为顺时针反气旋式环流。对于北部湾来说，经过琼州海峡的水交换是冬进夏出的收支形式（图 11-1）。大部分文章都是建立在风生环流的基础上，把风当作主要驱动力。

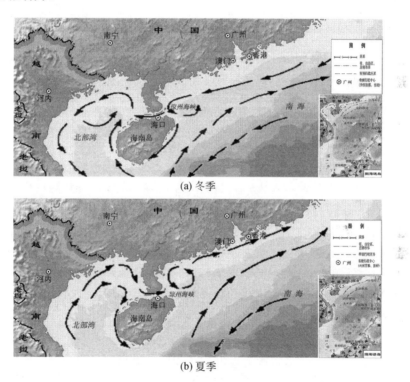

(a) 冬季

(b) 夏季

图 11-1　北部湾冬、夏季环流模式图（后附彩图）

11.1.2　近 20 年来描述的北部湾环流研究结果

从 1964 年至今，北部湾的大面观测主要有 1964 年和 1965 年的中越联合调查，以及 2006～2007 年广西近海"908"海洋调查专项调查，因此观测数据比较有限。而研究北部湾的数值模型又多为诊断计算，考虑的强迫因子不够全面，采用的强迫数据的时间和空间分辨率有限，与之验证的观测数据也不够多，因此北部湾的环流结构和生成机制一直存在分歧观点。

主要争议为北部湾夏季环流结构。第一种观点认为，北部湾夏季为反气旋式环流（1964 年《中越合作北部湾海洋综合调查报告》）；第二种观点认为，北部湾夏季为气旋式环流（Xia et al.，2001）；第三种观点认为，北部湾北部为气旋式环流，但南部环流呈反气旋式（杨士瑛等，2003）。同时，对于环流生成机制也存在不同的看法。刘凤树等（1980）认为北部湾环流与地理环境和季风密切相关。袁叔尧等（1999）认为北部湾环流主要受季风控制，冬季的上层流基本为西向或者西南向，而夏季则相反。郭忠信等（1983）、孙洪亮等（2001b）认为季风是北部湾环流的主要控制因子。而 Xia 等（2001）和俎婷婷（2005）认为密度梯度是驱动北部湾环流的主要因子。王道儒（1998）认为风生环流是北部湾环流的控制因子，同时，南海环流入侵对北部湾环流也起着重要作用。另外，一些学者还认为琼州海峡对北部湾输送的西向水量通量和位涡对北部湾北部的环流形态也起着关键作用（Shi 等，2002；杨士瑛等，2006），高劲松等（2015）提出北部湾夏季垂向平均环流呈现双环结构，北部为气旋式环流，而南部为反气旋式。

我们通过大量调查的资料作为研究和分析依据，采用国际上最为先进的三维斜压湍封闭动力学数值模型对广西近海环流进行更细网格计算和边界条件改造，从实际观测数据和理论计算结果两个方面进行比较，揭示了浅海区海底地形与环流运动之间的响应关系，合理解释了环流的特殊现象及其产生机制，成功解决了 50 多年来关于北部湾的夏季环流结构与机制的巨大争议，得出北部湾北部夏季存在一个气旋式环流，而不是反气旋式环流的结论（夏华永等，1997，2001；陈波等，2009；高劲松等，2014）。形成这个环流的原因：①夏季入海径流量增大，大量淡水在入海口堆积，导致海面由近岸向外海逐渐下降，混合水形成的斜压效应驱使淡水沿越南沿岸向南流出湾口，促使气旋式环流形成；②夏季西南风向北岸吹刮，使得外海水在广西近岸堆积，岸边海平面高于远岸。按照地转流计算方法，由岸向外海面倾斜的正压效应，将驱使沿岸水向西运动，加强了气旋式环流形成；③琼州海峡东部南海水持续向西流进入北部湾。这些研究成果科学解释了北部湾北部区域环流产生的机制和物理海洋学的复杂现象，进一步丰富了我国浅海物理海洋学的研究内容。

这些研究成果与许多学者之前的分析结果基本一致。如俎婷婷（2005）认为，冬季，在强劲东北季风的作用下，北部湾对流混合加强，温盐垂向分布均匀，湾内为一大的逆时针环流所控制。琼州海峡存在较强的西向流，海南岛西北沿岸为西南向流动。夏季，西南季风不如东北季风持续和稳定，风力也较弱，此时，太阳辐射和沿岸淡水径流增强，湾内温盐结构发生很大变化。表层增温显著且水平分布均匀，但是垂直对流混合减弱，形成温跃层，底层温度水平梯度较大，湾西岸是江河径流入海后冲淡水的一低盐、低密的堆积地段，等盐线密集，盐度水平梯度大。这种温盐配置导致湾中部出现一强逆时针环流，湾北出现一弱逆时针环流。北部湾夏季主要表现为气旋式密度环流，风生流只在沿岸和表层可以达到与密度流同样的量级，密度流对整个环流贡献最大。研究结论不支持北部湾夏季被一大的反气旋式风生流控制的传统观点。

11.2　琼州海峡东部水进入北部湾的重要特征

11.2.1　盐度特征值的变化趋势相同

1. 盐度距平变化趋势相同

为了研究琼州海峡和北部湾北部温盐特征，本书利用 1961 年硇洲岛、海安、海口、涠洲岛、北海的同步温盐观测资料进行比较。所引用的海洋观测站位置在图 11-2 中给出。

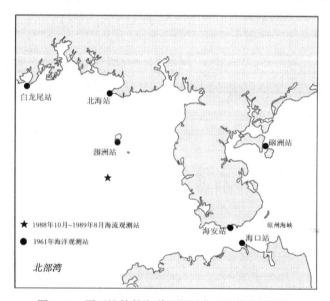

图 11-2　用于比较的海洋观测站位置及海流观测站

一般来说，非上升流影响海域，因为夏季太阳辐射强，所以水温高；由于夏季降水多，海水盐度低。但是，上升流区域上述规律则反之：由于底层低温高盐水上升，所以夏季水温低而盐度高。夏季，琼州海峡东部是上升流控制区，所以 6 月、7 月、8 月盐度高。表 11-1 中是根据 1997 年琼州海峡东部海洋调查资料统计得出的逐月温盐垂直分布状况，从表 11-1 可以看出如下规律。

5 月琼州海峡东部上升流已经出现，虽然温度特征不明显，但是 10 m、20 m 层盐度比冬春季显著升高：10 m 层比 4 月升高 3.45，20 m 层比 4 月升高 2.97。由于降水影响，此时 0 m 层是全年盐度最低者。

上升流最强季节是 6 月、7 月，从 0 m 层到 20 m 层，6 月水温比 5 月显著降低，而盐度持续升高；7 月 20 m 层水温只有 20.87℃，比 6 月、8 月的水温都要低，而 20 m 层盐度夏季最高。

到了 8 月，上升流开始减弱，底层温度明显升高，底层盐度降低。

表 11-1　1997 年琼州海峡东部温盐分布

要素	深度	3 月	4 月	5 月	6 月	7 月	8 月	9 月	10 月	11 月
温度/℃	0 m	17.88	24.73	27.16	26.89	27.60	28.43	28.80	27.36	23.69
	10 m	17.82	24.01	26.48	23.85	27.26	27.10	28.80	27.17	23.68
	20 m	18.50	23.00	26.12	22.01	20.87	26.36	28.81	26.88	23.69
盐度	0 m	32.64	30.35	29.88	33.78	33.29	32.89	31.33	33.07	33.73
	10 m	32.69	30.72	34.17	34.29	33.49	33.86	31.48	33.17	33.69
	20 m	33.03	31.37	34.34	34.49	34.60	33.97	32.20	33.47	33.76

注：资料来自国家海洋局海洋科技情报所 1997 年编印的《海洋调查资料》

如果夏季北部湾水体穿过琼州海峡向东进入南海，那么琼州海峡东部盐度就要反映北部湾特征。反过来如果夏季琼州海峡水交换继续保持冬季特征——从东向西，那么北部湾将保持琼州海峡东部温盐特征。由于盐度保守性比温度好，所以只要将粤西和北部湾北部沿岸水文观测站的盐度进行比较就可以知道琼州海峡水是否进入北部湾（表 11-2）。

表 11-2　1961 年 3～11 月粤西和北部湾北部盐度距平值

观测站	3 月	4 月	5 月	6 月	7 月	8 月	9 月	10 月	11 月
硇洲岛	1.02	1.5	−2.89	−0.11	2.60	2.62	−2.22	−3.58	−1.49
海口	1.34	0.43	−2.86	0.45	2.88	2.72	−1.78	−1.7	−2.52
海安	−2.52	−1.54	−1.07	4.53	4.31	4.34	1.47	−0.24	0.25
涠洲岛	—	—	0.16	0.66	0.74	0.67	0.07	0.06	0.06
北海	0.65	0.82	1.78	2.34	1.19	−2.53	−1.70	−2.09	−3.97

注：资料来自杨士瑛等（2006）

表 11-2 是粤西沿岸 3 个水文观测站和广西沿岸 2 个水文观测站 1961 年 3～11 月盐度距平值，由表 11-2 中可以看出如下特征：

位于琼州海峡东部的硇洲岛、琼州海峡中部的海安和海口 6 月、7 月、8 月盐度都有不同程度的升高。位于琼州海峡西部北部湾内，靠近广西沿海的涠洲岛，夏季盐度也有升高，即使远离琼州海峡东部而处于广西沿海的北海，也能够看出夏季盐度反常现象。观测区域 6 月、7 月、8 月降水最多，占全年总降水量 50% 以上，盐度应为最低值，但实际上 5 个沿岸水文站的盐度值在 7 月、8 月仍似在高值状态，盐度变化显然与降水量不相符。这种现象只能用海水本身运动规律来解释，是琼州海峡东部上升流高盐、低温混合水西流起作用的结果。

由此可见，北部湾广西沿岸 2 个水文观测站与粤西沿岸 3 个水文观测站的盐度距平值变化趋势基本相同，6 月、7 月、8 月盐度距平值偏高，9 月普遍降低，这种水文特征反映了琼州海峡西向水进入北部湾的影响。

2. 盐度逐月变化规律一致

根据《广西海岛资源综合调查报告》（广西海洋开发保护管理委员会，1996）中涠洲岛、白龙尾、龙门 3 个站 20 年的平均盐度资料，进一步分析广西沿海水文特征（表 11-3）。白龙尾在防城港西面，远离来自琼州海峡的上升流混合水的影响，龙门在钦州湾内，受沿岸降水和径流影响显著，涠洲岛在广西沿海中部，距离琼州海峡最近。由表 11-3 中可以看出如下特征：

代表远离琼州海峡混合水影响的白龙尾，2 月、3 月盐度全年最高，4 月以后开始陆续下降，8 月降至最低，9 月以后逐渐回升。

龙门位于钦州湾内，1 月、2 月盐度是全年最高，4 月以后开始显著下降，7 月、8 月降至最低值，9 月以后显著回升。趋势和白龙尾基本一致，只是最高盐度和最低盐度比白龙尾提前一个月出现。

龙门及白龙尾盐度变化规律表明，降雨是主要影响因子。

表 11-3　涠洲岛、白龙尾、龙门 20 年逐月平均盐度资料

观测站	1 月	2 月	3 月	4 月	5 月	6 月	7 月	8 月	9 月	10 月	11 月	12 月
涠洲岛	32.39	32.42	32.11	32.49	32.66	32.45	32.04	31.26	31.17	31.80	31.60	31.80
白龙尾	30.92	31.03	31.36	29.68	28.12	27.42	26.71	23.86	26.40	28.13	29.54	30.14
龙门	25.11	25.12	24.85	20.14	16.15	13.41	11.62	12.08	15.13	19.84	21.69	24.09

图 11-3 和图 11-4 中给出涠洲岛与白龙尾的逐月平均盐度变化和平均降雨量的变化，由图中可以明显看出降雨对白龙尾盐度的影响。3 月开始，无论是白龙尾还是涠洲岛，降雨量都开始增加。随着降雨量的增加，白龙尾盐度开始下降，8 月降雨量最大，白龙尾盐度也达到最低，与降雨量存在明显负相关关系。

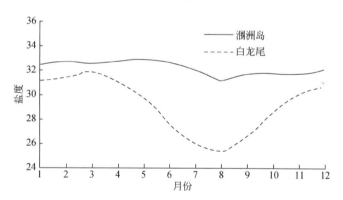

图 11-3　涠洲岛和白龙尾 20 年逐月平均盐度变化

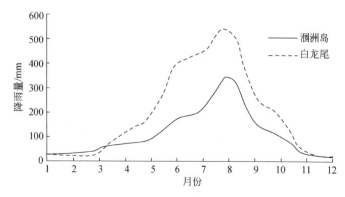

图 11-4　涠洲岛和白龙尾 20 年逐月平均降雨量变化

　　涠洲岛的盐度变化和白龙尾、龙门不一样：1～7月盐度一直偏高，9月盐度降至最低。说明降雨对涠洲岛盐度的影响不大。

　　3～6月，涠洲岛盐度变化很小，甚至略有增加。7月，盐度仍然为高值，只比3月盐度降低0.07。即使是降雨量最大的8月，盐度也只比3月降低0.85。3～4月盐度不降低，是因为冬季季风（东北风）继续将南海水（盐度比北部湾高）通过琼州海峡送到北部湾，5月以后，虽然转成西南季风，但是琼州海峡水量继续由东向西输送，维持涠洲岛的高盐值。直到上升流减弱，降雨的影响才表现明显，9月盐度出现最低值。

　　可以看出，夏季广西沿海涠洲岛盐度变化规律和琼州海峡东部变化规律一致，接近涠洲岛的北海略受影响，而远离琼州海峡的龙门和白龙尾，则更多反映夏季陆地水文规律。由此证明，夏季南海水通过琼州海峡进入北部湾的事实。

11.2.2　琼州海峡冬夏季余流方向指向西

　　本节将通过1964年、1965年、1966年、1969年、1971年、1972年、1997等7年的海流实测资料，以及《广东省海岸带和海涂资源综合调查报告》（广东省海岸带和海涂资源综合调查大队等，1988）和马应良等（1990）、侍茂崇（2011）关于广东沿岸水流向的分析结论，证实夏季琼州海峡水体输运方向也指向西南。这个发现对北部湾和南海的水体交换，北部湾北部环流及琼州海峡东部的上升流的研究具有重要意义。

　　各个观测站具有连续25 h以上的海流连续记录，其中包括流速和流向，在此基础上再计算余流。余流通常指实测海流资料中除去周期性流动（天文潮）之外，剩余的那部分流动。其中包括潮汐余流、风海流和密度流等非周期性流动。不同站位的深度是不一样的，若H表示该站水深，对海峡进行资料分析时，常用0 m、$0.6H$、底层处海流资料分别表示表层、中层、底层的海流特征。表层是指0～0.5 m，反映海气之间作用，底层反映海底摩擦效应，中层则表示表层、底层之间的过渡特征。

　　1. 冬季余流特征

　　冬季（12～次年2月）余流方向总体是朝西南方向的，即海水输运由南海进入北部湾。这是由于冬季，琼州海峡受强劲而稳定的东北风影响，风海流流动是由东向西的。南海粤西沿岸的低温低盐水进入北部湾，盘踞在北部湾北部和中部的底层，持续到整个夏季。冬季余流特征见图11-5。由冬季余流图可以看出如下特征：

　　①强流基本位于海峡西部，特别是中底层更为明显。

　　②受地形影响，雷州半岛西部尖角——灯楼角处余流指向西南。

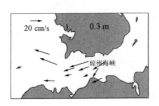

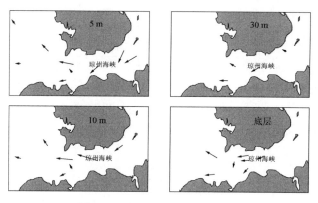

图 11-5　冬季余流（12～2 月）

③琼州海峡中部偏南处 110.16°E，20.108°N 附近流速增大，流速变化与地形有关。

2. 夏季余流特征

由夏季余流图（图 11-6）可以看出如下特征：

①夏季（6～8 月）琼州海峡余流仍然是自东向西，特别是中层、底层。

②和冬春季强余流区分布不同，夏季强流位于琼州海峡北部，中层、底层更为明显。

③受地形影响，位于海峡西部灯楼角附近的余流最强，表层、中层、底层皆是如此。显然，夏季琼州海峡余流产生的机制不是风。

④从夏季余流结果中可以很清楚地看到流向角度基本大于 180°，在 270° 附近变化，也就是说余流流向是朝西向的。

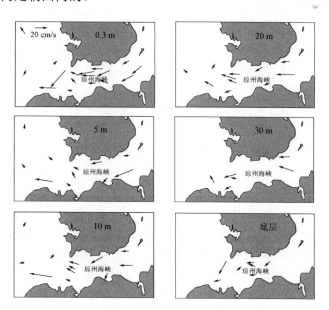

图 11-6　夏季余流（6～8 月）

11.2.3　琼州海峡水通量计算结果从东向西输送

本节资料来源于 1995 年冬春季中国海洋大学和国家海洋局南海分局在琼州海峡 15 条船准同步测流的结果（侍茂崇等，1998）。选择 110°9′E 这个断面来计算通过该断面的流量。观测站位最北端为 1 站，往南依次为 21 站、3 站、41 站、5 站（最南端），站位见图 11-7。

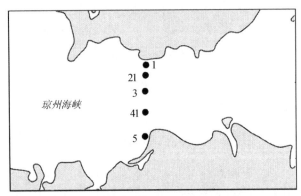

图 11-7　110°9′E 附近断面上观测站位位置

●表示 1995 年 2 月观测站位

理论上是把每一层流速按 u、v 进行平均，例如，把水深等间距分为 10 层，每一层流速分别为 $u_1, u_2, \cdots, u_{10}$ 和 $v_1, v_2, \cdots, v_{10}$，那么，

$$\bar{u} = \frac{1}{10}(u_1 + u_2 + \cdots + u_{10}) \tag{11-1}$$

$$\bar{v} = \frac{1}{10}(v_1 + v_2 + \cdots + v_{10}) \tag{11-2}$$

如果我们只观测 3 个代表层：表层、0.6H、底层，则按照全层等权重平均法则，各分量 u、v 的垂线平均流速：

$$\bar{u} = \frac{1}{10}(3 \cdot u_0 + 5 \cdot u_{0.6} + 2 \cdot u_d) \tag{11-3}$$

$$\bar{v} = \frac{1}{10}(3 \cdot v_0 + 5 \cdot v_{0.6} + 2 \cdot v_d) \tag{11-4}$$

式中，u_0、v_0 为表层流速；$u_{0.6}$、$v_{0.6}$ 为 0.6H 层流速，u_d、v_d 为底层流速。

上述这个方法是国家海洋局第一海洋研究所率先提出，并经观测资料验证，后经有关专家讨论认可的，和陆地水文计算方法有所不同。

利用 1995 年 2 月各站海流资料，求得该断面大潮期间单宽流量。单宽流量是指通过该站和 u、v 垂直的、宽 1 m、高为 H（该站水深）的断面之水量。大潮期间结果列于表 11-4 中。

表 11-4　1995 年 2 月大潮期间单宽流量　　　　　　　　（单位：m³/s）

单宽流量	站位				
	1	21	3	41	5
$Q(u)$	-2.4	-5.94	-4.81	0.22	0.60
$Q(v)$	0.69	-3.43	-11.76	-6.23	0.17

　　根据每个站位的单宽流量，结合断面水深，再进行潮位订正和南北两个站位与陆地之间通量估算之后，求得计算断面上和主流轴一致的 $Q(u)$ 及和主流轴垂直的 $Q(v)$（表 11-5）。

表 11-5　1995 年 2 月大潮期间平均输运量　　　　　　　（单位：×10⁴ m³/s）

平均输运量	断面			
	1～21	21～3	3～41	41～5
$Q'(u)$	-1.54	-2.59	-1.54	-2.59
$Q'(v)$	-0.51	-3.65	-0.51	-3.65

注：$Q'(u)$、$Q'(v)$ 分别为 u、v 方向上的平均输运量

　　从表 11-5 中可以得出，通过这个断面总的 $Q'(u)$ 和 $Q'(v)$ 均为负值，说明 u 方向总是向西，v 方向总是向南，即对于整个琼州海峡来说，水量输送从东指向西，它对北部湾环流有明显的影响。

　　此外，根据 1988 年和 1989 年实际径流和风场，我们运用 FVCOM 数值模型进行计算。南海、北部湾水平网格步长约为 15 km，垂向网格采用适应地形的混合坐标。在北部湾海域，垂向分辨率约为 2.2 m，在水深小于 100 m 的区域分辨率更高。Global-FVCOM 通过半隐格式进行积分，积分的时间步长为 300 s。

　　计算结果由图 11-8 给出。由图中可以看出：

　　①1988 年 8 月，强的西南风在北部湾西岸产生较强的北向沿岸流，到达广西钦州湾西部，低盐冲淡水向外海输运，然后在东部的涠洲岛附近形成气旋式环流，这个由风和浮力驱动的气旋式环流主要出现在近表层较薄的水层中，但对海流进行垂向平均后，气旋式环流并不明显。相应地在北部湾中偏北部有一个弱的反气旋涡，中部出现较大的气旋式环流。

　　②1989 年 8 月的西南风非常弱，表层的北岸冲淡水主要沿北部湾西岸向南流。来自琼州海峡的余流，在北部湾北部形成范围较大的气旋式环流。与此同时，海湾南部也出现一个较强的气旋式环流。

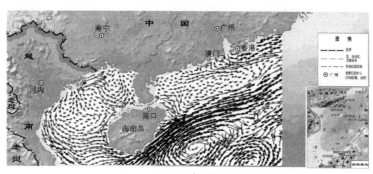

(a)1988年8月

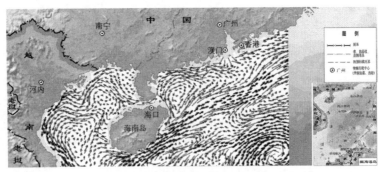

(b)1989年8月

图 11-8　模型计算的 1988 年和 1989 年 8 月南海西北部海域月平均 0～10 m 层环流分布（后附彩图）

由上可知，北部湾北部环流受制于南海水的支配，而来自东部南海水通过琼州海峡进入北部湾，而东部南海水主要来自珠江口及以西的粤西沿岸更远的水域。

涠洲岛赤潮多发及沿岸高浓度氮磷营养元素分布均与东部南海水输入有深层次的动力学关系。

11.2.4　涠洲岛观测资料证实余流方向由东向西

本节所采用的数据是来自涠洲岛的东南、水深大约 40 m 处定点观测的海流结果（位置见图 11-2），观测站坐标为 21°00′N，108°45′E，测流共分三层：10 m、20 m、30 m，采样间隔 1 h。从 1988 年 10 月 1 日起至 1989 年 8 月 6 日止，持续时间 11 个月。

图 11-9 给出观测过程中风矢量（最上端）和不同层次（10 m、20 m 和 30 m）余流矢量。由图 11-9 可见，从 10 月至次年 5 月，风基本是 NNE～NE 向，6～7 月，风向基

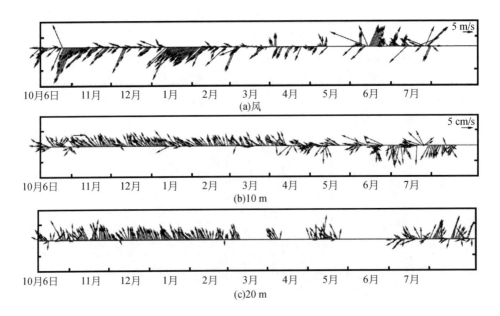

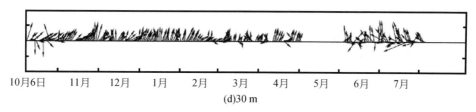

(d)30 m

图 11-9　涠洲岛风（顶部）和 10～30 m 层余流

本变为 SW、SE 向；对于 10 m 层余流，从 10 月至次年 5 月，基本是 NW 向，6 月以后，基本转换为 NW～SW 向。

风的影响是明显的，但不是唯一的。如 3 月，风向已经多变，风速减小，但是余流仍然是冬季型的，和 10～2 月余流方向基本一致，流速也没有显著减小。与 Ekman 风漂流计算结果比较，相差甚大。这种现象，是由北部湾北部环流造成的。

上述观测结果与夏华勇等（1997，2001）计算结果基本一致，无论冬季还是夏季，涠洲岛附近余流，都是自东南指向西北的。

为了进一步分析涠洲岛附近的海流运动状况，我们于 2017 年 11 月 2～3 日在涠洲岛东北面和西南面布设了 4 个周日海流观测站进行 24 小时的同步连续观测（站位见图 11-2，结果见图 11-10）。观测期间海面为 6～7 级偏北风。

从实测海流观测结果看，位于涠洲岛东北面和西南面的表层海水流动状况大体相同，24 小时内表层流向主要为西南向流，其次为东北向流，还有个别流向不规律的时间点；西南向流速大且稳定，东北向流速小且零乱，显然东北向流受到风的影响。与图 11-10 中的表层流观测结果对比得出，涠洲岛附近的实测表层流流向与历史资料分析的表层流流向趋于一致，为西南向流。

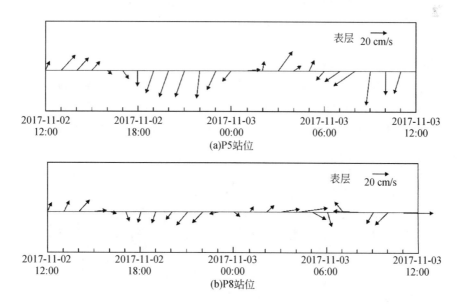

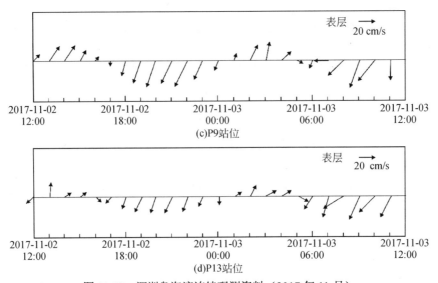

图 11-10　涠洲岛海流连续观测资料（2017 年 11 月）

11.3　琼州海峡东部水进入对北部湾环流的影响分析

11.3.1　粤西沿岸流与琼州海峡水输运的内在联系

由粤西沿岸大量观测结果可知，夏季粤西沿岸存在相对低温高盐的海水向西南流的现象（杨士瑛等，2003）。形成粤西沿岸流这种现象的主要根源在于珠江大量冲淡水，夏季粤西沿岸降雨量明显增多，入海河流径流加强，海面高度显著增加，珠江冲淡水向西流动特别强。海水西南向流动的主要原因有以下两方面：

夏季在西南季风作用下，南海北部陆架区为上升流所盘踞，其陆架区海水具有低温高盐特征，而近岸水体受夏季增温和径流入海的影响，则具有明显的高温低盐特征；海水的这种温盐配置，形成近岸海平面升高、岸外海平面降低的趋势，水平压强梯度力自岸指向外海，从而迫使近岸海水向西运动。

南海周边地区降雨量大，年降雨量超过 2000 mm，5～8 月超过年径流量的 50%的淡水注入海洋，引起海平面升高，同样促使海水西向流动。例如，1981 年 6 月，近岸海平面高度高出多年平均值 113 mm，在由海岸指向外海的压强梯度力作用下，珠江冲淡水显著向西扩散；1984 年 8 月，风强度显著减弱，虽然近岸月平均海面高度仍然高出多年平均值 77 mm，比 1981 年 6 月低，但是压强梯度力仍然迫使径流向西运动。冬季，受东北季风和中国大陆架沿岸流的影响，珠江水系 8 个口门出来的径流沿着海岸向西流动的势力特别强，流幅较窄，流速较强，盐度较低；夏季，受西南季风的影响，径流向西扩散范围减少，但是由于总径流量显著多于冬季，所以西向流还是具有很强势力。低盐混合水在沿岸的堆积与淡水在沿岸的堆积情况类似，同样产生压强梯度流，沿着粤西沿岸向西南流，自东向西通过琼州海峡进入北部湾。

2000～2001 年，严金辉等（2005）在广东粤西水东港附近水深 25 m 处，利用声学多普勒流速剖面仪（acoustic doppler current profiler，ADCP）（坐底）和温盐深仪等，对流、潮、温、盐和气象（海面风速和风向）进行综合观测，余流出现频率最多的方向是WSW：10 月～次年 4 月的这 7 个月中，WSW 向余流出现频率最高，表层平均出现频率52.1%，中层平均出现频率 52.6%；而 5～9 月这 5 个月中，表层平均出现频率 25.5%，中层平均出现频率 21.3%。

由此可见，粤西沿岸西向流与琼州海峡水西向输运有其内在联系。夏季大量入海径流受到水平压强梯度力的作用迫使粤西沿岸海水向西运动，然后通过琼州海峡进入北部湾，来自粤西沿岸的西向流是琼州海峡水西向输运的主要原因。这在我们分析琼州海峡冬夏季余流运动方向时同样也得到了印证。

11.3.2　琼州海峡西向流对北部湾环流的影响分析

琼州海峡的独特位置使它成为北部湾东部海水与外海水相互作用的重要通道。Shi等（2002）研究认为琼州海峡水终年为西向流动，进入北部湾的流量：冬季为 0.2～0.4 Sv，夏季为 0.1～0.2 Sv。陈波等（2007）对琼州海峡冬季水量输运进行计算得出，冬季平均流量为 0.055 Sv，输运方向自东向西。俎婷婷（2005）按给定 0.1 Sv 的流量进行模拟结果：当琼州海峡为 0.1 Sv 西向流时可以看到湾顶环流形成明显的逆时针弯曲，越南沿岸流速加强，除了湾北部和海南岛沿岸，整个湾内流顺着湾中轴线从南部湾口流出；当琼州海峡给定 0.1 Sv 东向流时，仅海南岛西南沿岸始终保持沿岸北上的流动，此时湾中部涠洲岛附近环流表现为顺时针弯曲。可见，琼州海峡稳定的西向流有利于北部湾北部气旋式环流的形成，东向流则有利于反气旋式环流的形成。而这个气旋式环流形成，琼州海峡东部水的影响起着重要作用。严昌天等（2008）对琼州海峡中间断面冬季水量输运计算也同样得出以上类似的研究结果。

我们使用 FVCOM 数值模式进行计算，根据 1988 年 8 月和 1989 年 8 月实际径流和风场，垂向上采用适应地形的混合作坐标，在北部湾海域，垂向分辨率约为 2.2 m，在水深小于 100 m 的区域分辨率更高。Global-FVCOM 通过半隐格式进行积分，积分的时间步长为 300 s，得出 1988 年 8 月和 1989 年 8 月南海西北部海域月平均 0～10 m层环流分布的数值模式计算结果（侍茂崇等，2016）。计算结果也同样反映出琼州海峡东部水进入对北部湾北部环流的影响。来自琼州海峡的余流，在北部湾北部形成范围较大的气旋式环流。与此同时，海湾南部也出现一个较强的气旋式环流。夏季，在强的西南风作用下，北部湾西岸产生较强的北向沿岸流，促使低盐冲淡水向外海输运，然后在东部涠洲岛附近形成气旋式环流。相应地，在北部湾中偏北部有一个弱的反气旋涡，中部出现较大的气旋式环流，在北部沿岸由于受到地形影响，西北部水域出现一个反气旋式环流。这些结论与之前很多文章所描述的关于北部湾北部环流形成的影响机制截然不同。

11.3.3　风对北部湾环流的影响分析

北部湾北部冬季气旋式环流存在是没有争议的，但夏季气旋式环流争议较多。实际上，北部湾北部夏季确实存在一个较弱的气旋式环流（侍茂崇，2014）。这个环流形成的原因有以下几点：

①由于夏季入海径流量增大很多，大量淡水在入海口堆积，形成海平面由近岸向外海逐渐下降的趋势，混合水形成的斜压效应，驱使冲淡水沿越南沿岸向南流出湾口，促使气旋式环流形成；

②夏季西南风向北岸吹刮，使得外海水在广西近岸堆积，岸边海平面高于远岸。按照地转流计算方法，由岸向外海平面倾斜的正压效应，将驱使沿岸水向西运动，也加强了气旋式环流形成；

③琼州海峡持续西向流也是夏季气旋式环流形成的重要原因；

④风对北部湾北部环流的影响是存在的，但不是起主导作用的。首先西南季风是不稳定和不持续的，在湾的北部西南季风的平均风力比东北季风小。1988 年 10 月 1 日～1989 年 8 月 6 日，在涠洲岛之南、水深 40 m 处定点进行海流观测，测流共分三层：10 m、20 m、30 m，采样间隔 1h。观测站位如图 11-2 中"★"号所示。根据观测资料统计，7 月平均风速 5.0 m/s，风向 155°。若按照 Ekman 风海流计算方法计算，涠洲岛附近石油井架测流点 10 m、20 m、30 m 层余流流向应该分别为 49°、78°、107°；流速应该分别为 3.1 cm/s、1.8 cm/s、1.1 cm/s。而 10 m 层实测的平均余流流速 7 cm/s，方向 246°；20 m 层实测平均余流流速 8.4 cm/s，方向 298°；30 m 层实测平均余流流速 6.1 cm/s，方向 292°，和实测结果相比，流速、流向相差都很大（表 11-6），且没有 Ekman 螺旋结构：20 m 和 30 m 流向基本一致。

表 11-6　实测 7 月余流流速、流向和 Ekman 风海流计算结果比较

参数	10 m		20 m		30 m		海面风	
	流速/(cm/s)	流向/(°)	流速/(cm/s)	流向/(°)	流速/(cm/s)	流向/(°)	风速/(m/s)	风向/(°)
实测值	7.0	246	8.4	298	6.1	292	5.0	155
计算值	3.1	49	1.8	78	1.1	107	—	—
差值	3.9	197	6.6	220	5.0	185	—	—

显然，以往大多数文章认为的建立在风生环流基础上，把风当作主要驱动力来定论北部湾北部环流的形成与实际不相符。2017 年 11 月涠洲岛附近的测流结果也证实了风对表层流有影响，但不是起主导作用。

第12章　北部湾北部赤潮发生与动力学响应机制分析

赤潮,是指海洋水体中某些微小的浮游植物、原生动物或细菌,在一定的环境条件下突发性增殖和聚集,引发一定范围和一段时间内水体变色的现象。赤潮的危害很大,主要体现在以下三个方面:第一,赤潮对海洋生态平衡的破坏。赤潮发生初期,水体出现高浓度叶绿素 a、高溶解氧、高化学耗氧量,引起周围海洋环境因素剧烈改变,破坏了水体的生态平衡。第二,赤潮对海洋渔业和水产资源的破坏。赤潮发生初期,藻类生物大量繁殖,引起经济藻类变色或腐烂,分泌出的黏液,黏附于鱼类鳃部妨碍其呼吸,引起鱼类缺氧死亡。有些赤潮生物体内生物毒素能够引起鱼虾贝类中毒死亡;赤潮发生后期,藻类大量死亡后,同时还会释放大量有害气体和毒素,使鱼类和其他海洋生物缺氧或中毒死亡。第三,赤潮对人类健康的危害。有些赤潮生物的生物毒素富集在鱼虾贝类中,如果人类不慎摄食,轻则中毒,严重可导致死亡。

12.1　北部湾北部赤潮暴发概述

北部湾北部海域面积约 12.93 万 km²,大陆海岸线长 1628 km。沿海岛屿 643 个,岛屿面积 119.9 km²,岸线总长 472.64 km。其中,涠洲岛是北部湾北部最大的岛屿,面积约 24.74 km²。北部湾北部滩涂面积 1005 km²,浅海面积 6488.31 km²,沿岸 0~20 m 水深以内面积 6650 km²,其中 0~5 m 以内的面积 1437.56 km²,5~10 m 以内的面积 1159.00 km²,10~20 m 以内的面积 3891.75 km²。北部湾北部近海海洋环境质量状况向来保持良好,这一片海域的海水一直以来被认定为是干净水质。"十五"期间,北部湾北部近岸海域第一、第二类海水水质比例达 86.4%,环境功能区水质达标率为 90.9%。然而,随着近年来海洋开发速度加快,临海工业项目增多,海域环境污染程度明显加强,近海赤潮发生的次数逐年增多。

关于北部湾北部赤潮的报道,韦蔓新等(2003,2004)、邱绍芳等(2005)、刘国强等(2008)、李小敏(2009)分别描述了 1995 年以来廉州湾、北海银滩附近海域、涠洲岛发生赤潮的情况。据黎树式等(2014)统计,1995~2011 年广西沿海发生了至少 10 次赤潮灾害,有频次增加、一年多发的特点。据广西海洋环境监测中心站观察统计,近 20 年来,北部湾海域发生了 18 次赤潮灾害,并且从 2011 年以来,开始出现有害赤潮种类,偶尔出现有毒赤潮(罗金福等,2016)。北部湾北部赤潮发生呈现次数增多、规模变大、危害性显露、时间变长等特点。

12.2　北部湾北部赤潮暴发的特点

北部湾北部赤潮发生有别于人们对赤潮发生的普遍认识,赤潮发生的次数逐年增多;远离陆岸的涠洲岛为赤潮多发区;工业区密集的沿岸营养盐浓度低,工业区少的沿岸营养盐浓度高。

12.2.1　赤潮暴发的次数逐年增多

北部湾北部是我国较干净的一片海域,海洋资源十分丰富。良好的海洋生态环境和丰富的海洋资源为广西沿海社会经济可持续发展提供了坚实的保障基础。但近年来北部湾北部赤潮的发生却有令人意想不到的特点:赤潮发生的次数逐年增多,发生持续时间变长;远离陆地的涠洲岛竟是赤潮的多发区,与近岸陆源工业污染排放区不相称。

2001 年,近岸海域的化学需氧量、活性磷酸盐、铜的污染指数分别为 0.36、0.18、0.08,2012 年,化学需氧量、活性磷酸盐、铜的污染指数上升为 0.40、0.26 和 0.11,虽然还保持在相对较低的含量水平,但其总体变化却具有了显著的上升趋势;水体富营养化指数:2001 年为 0.17,2012 年上升到 1.09,营养级也由贫营养向轻度富营养转变。在一些重要的河口、港湾及沿岸,水质环境质量下降、生态系统退化、赤潮灾害现象多有发生。据统计,1995～2015 年,广西近海海域共发生赤潮 18 次,几乎每年发生一次赤潮灾害。赤潮发生的次数明显增多。2008～2014 年,仅钦州湾近岸海域发生的赤潮事件多达 6 起,其中,2013 年,在北仑河、防城港、企沙、钦州港、三娘湾、廉州湾、银滩、铁山港等 8 个海区,共出现了 12 次赤潮现象。发生的规模逐渐增大。2008 年以前,近海发生的赤潮面积很小,成片状或零星状,面积大约 50 km^2。近 5 年来,近海发生的赤潮面积超过 100 km^2 的有多起,如 2015 年 1 月发生的一次球形棕囊藻赤潮几乎覆盖整个广西海域,规模及范围为之最大;发生的危害性已经开始显露。2008 年以前,广西沿海发生的大部分赤潮为无毒,2011 年至今,开始出现部分有害赤潮种类或有毒赤潮种类。赤潮生物也由菱软几内亚藻、中勒骨条藻等向血红哈卡藻(*Akashiwo sanguinea*)和球形棕囊藻(*Phaeocystis globosa*)等有毒有害种转变。有毒有害种大量的透明胞外聚合颗粒物等黏性多糖物质的产生,扩散到海水中可能使幼形目、线虫甚至鱼类窒息致死,还与微生物相互作用,使海底缺氧,对水生生物造成巨大的伤害。例如,2011 年 4 月钦州市犀牛脚、三娘湾海域发生的一次赤潮,导致大量鱼类死亡。同时,赤潮暴发的持续时间明显增加,2014 年 12 月～2015 年 3 月,在钦州、北海海域也暴发了一次持续时间约 3 个月的大规模球形棕囊藻赤潮。2015 年 9 月 30 日～2016 年 1 月在防城港核电站取水口连续发生的棕囊藻赤潮长达约 4 个月。突然间暴发的棕囊藻赤潮产生的大量黏性“黏性泡沫”聚合体已经造成核电站冷却水进水系统滤网的堵塞,严重威胁核电站的安全运行。

12.2.2　赤潮多发区远离陆岸和工业区域

北部湾是一个半封闭的内湾，湾内海水交换状况特殊。湾口（南向）与南海相通，湾东与琼州海峡接壤，湾内海水交换通道来自湾口或琼州海峡。涠洲岛，位于北部湾东北部、北海市的正南方约 37 km 处，总面积 24.74 km²，属于广西离岸的最大岛屿。然而，随着沿海工业及养殖业的发展，广西沿岸附近水域海水质量有下降趋势，赤潮频发（图 12-1）。1995～2012 年广西近海赤潮发生 12 次。钦州湾和廉州湾累计发生 5 次，涠洲岛赤潮发生次数竟有 7 次之多，占广西近海赤潮总数 58.3%。钦州湾和廉州湾赤潮发生可能与近岸工业污水的排放、海水受到污染有关。但是令人奇怪的是，涠洲岛离最近的广西北海岸线有 37 km 之远，岛上没有任何的工业设施及污水排放，周围水域向来被认定为是干净水质，但现已成为赤潮高发区（侍茂崇等，2015）。为什么成为赤潮高发区？涠洲岛附近海域的大量氮、磷营养元素来自广西沿岸还是来自更远的地方？

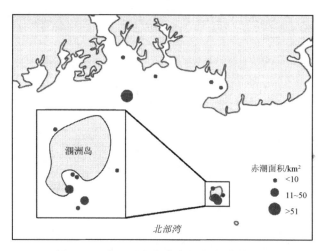

图 12-1　广西近海发生赤潮海域及其面积

与涠洲岛远离陆源污染而营养盐浓度仍然较高足以支持赤潮发生不同，钦州湾直接承接陆源营养盐的输入，按道理，整个钦州湾应该均处于营养盐浓度相对较高的状态。但是，2015 年 11 月我们在对防城港核电站取水口及其邻近海域相关环境因子开展现场监测调查中发现高浓度的氮、磷营养盐仅出现在钦州湾西岸附近，而西岸海域（核电取水口附近）的总氮和总磷均要高于东岸附近海域，此时调查海域出现明显的球形棕囊藻赤潮（图 12-2）。棕囊藻的囊状群体最大直径 2～3 mm，囊体密度达到 11 000 个/m³（直径 30～200 μm），直径为 1～3 mm 的囊体密度为 3 个/m³。2016 年 1 月两次的监测中，氮、磷高值区的位置基本保持不变，说明这并非一个偶然的结果，而是有其内在原因的客观现象。显然这一现象不能仅用西面陆源污染输入多而东面陆源污染输入少来解释。因为最近 5 年，钦州湾东岸布有石化、炼油、冶金、机械制造等产业项目，而西岸（核电站附近）没有任何的工业设施和污染项目，核电站于 2010 年建设，2015 年 10 月核电站 1 号机组并网发电，试运行还不到一个月，取水口海域就暴发棕囊藻赤潮，实在是令人费解。

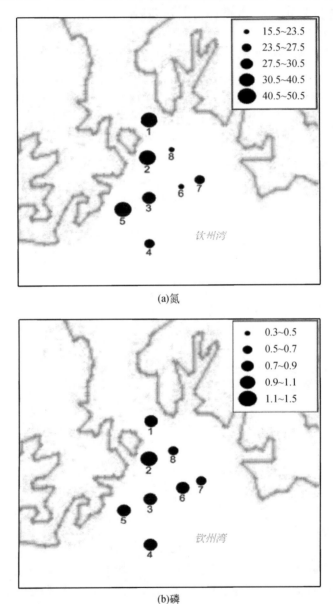

图 12-2　广西核电站及其邻近海域 2015 年 11 月氮、磷分布图（单位：μmol/L）

　　既然陆源污染不足以解释东面营养盐浓度较西面低的原因，而且东、西海域生物的利用又不足以形成如此巨大的浓度差异，那么有没有可能是水动力的问题呢？即低浓度营养盐水体进入，稀释了原来较高营养盐浓度水体或者低浓度营养盐海水和陆源输入的营养盐的相互作用导致的呢？目前，我们对于该问题还无法解答。但是，只要知道了东面营养盐浓度较西面低的原因，也就有可能解开该区域赤潮暴发的秘密。

12.3 北部湾北部赤潮影响因素复杂多变

赤潮作为一种自然现象，它的发生受到很多因素的影响，如人类活动、水文条件和大尺度的气候变化等。人类活动造成近岸水体污染导致氮、磷含量增加是暴发赤潮的重要因素（李士虎等，2003；全先庆等，2002）。此外，海洋温度上升等大尺度的气候变化也对赤潮的发生产生一定的影响（van Dolah，2000）。还有，据文献报道（Sellner et al.，2003；Walsh et al.，2006），由风或降雨带来的含铁的沙尘的输入也被认为是某些铁限制区赤潮暴发的主要原因。但是，普遍认为，赤潮生物的存在和水体的富营养化是形成赤潮的基础因素。赤潮生物利用氮、磷等营养元素，大量繁殖和积聚，在合适的水文、气象条件下，就会引发赤潮。

近年来，随着沿海港口建设迅速发展、高速铁路的建成通车及区内高速公路网络形成与完善，西南出海大通道已具雏形。中国-东盟自由贸易区的建立、中国-东盟博览会选择南宁为永久会址，泛北部湾经济区合作，使广西沿海地区迎来了大发展的良机。2008年，国家批准《广西北部湾经济区发展规划》实施，广西沿海地区的开放开发迎来了一个前所未有的高潮。2009年，广西壮族自治区人民政府颁布了《广西海洋产业发展规划》，把科技兴海作为重要内容，为今后广西沿海经济发展奠定了基调和指明了方向。广西沿海港口建设从 20 世纪 90 年代开始加速进行，目前已经成为广西经济发展的重要依托。近年来新建大型深水码头和大型专用泊位码头 20 多个，港口吞吐能力超过 1 亿多 t，一批临海（临港）工业重大项目纷纷落户广西沿海，总装机 120 万 kW 的北海火电厂和总装机 240 万 kW 的钦州火电厂一期已建成投产；240 万 kW 的防城港火电厂、中石油广西石化 1000 万 t/a 炼油工程、年产 180 万 t 浆及 250 万 t 纸项目、北海哈纳利 12 万 m³ 铁山港 LPG 大型冷冻储存库等重大项目已经建成并投入运营；投资 624 亿元的防城港 1000 万 t 钢铁项目、130 亿元的钦州中石化年产 300 万 tLNG 项目、总装机超 600 万 kW 的防城港核电项目、年产 300 万 t 重油沥青项目也进入了运营阶段（陈波等，2017）。此外，为了发挥沿海优势，规划在北海铁山港、钦州港、防城港企沙半岛等建设以石化、林浆纸、钢铁、炼油、冶金、机械制造等产业为主的工业区，建成后将成为广西新的增长点。经济的快速发展及海洋的快速开发给被称为我国最后一片"净海"的广西沿海带来了经济、资源、环境、人口等方面的巨大压力和挑战。沿岸数量迅速增加的工业企业，向沿岸海域大量排放污水、污染源及其他污染物，严重影响海洋环境质量，在一些局部岸段和港湾，第二类、第三类海水水质范围明显扩大，海域环境质量下降，近岸生物资源衰退，滨海湿地减少，生物多样性下降，整体生态功能减弱，逐步加速海洋环境质量恶化和对生态环境破坏的进程。

北部湾经济区开放开发，既关系到广西自身发展，也关系到国家整体发展。众多的产业项目向沿海地区集聚，大量的工业废水、城市生活污水等通过各种通道入海，势必会影响到海洋环境，海洋经济发展与海洋资源环境保护之间的矛盾将进一步凸显，近岸海洋环境污染和生态系统退化等海洋环境压力将持续加大。但与其不同的是，形成赤潮的氮、磷营养水体不是来自广西沿岸工业企业，而是远离陆岸和工业区。例如，在涠洲岛海域，氮含量符合第二类海水水质标准，磷含量也时有超标现象，成为赤潮的多发区域。引发赤潮的高营养盐水体来自哪里？广西沿海地区 20 世纪基本没有什么较大工业，只是在 21 世纪的最近几年，广西沿岸开始布局石化、林浆纸、炼油、冶金、钢铁、核电、机械制造等产业项目，这些工业企业生产后有可能会形成一定的工业污染源，向海排放的各种污染物增多，近岸环境受到一定的污染，但是否能构成大量的氮、磷营养元素成为赤潮发生的直接原因？涠洲岛高浓度氮、磷元素来自广西沿岸工业污染还是更远的地方？如果来自广西沿岸，为什么赤潮高发区远离陆岸？如果来自其他地方，那么它是通过什么途径向涠洲岛海域积聚和输送的？很显然，这种氮、磷元素来源与动力学存在更深层次的关系。

12.4　北部湾北部赤潮发生与高浓度氮、磷来源的关系

赤潮形成的原因是十分复杂的，不同海域、不同季节、不同环境等都是影响赤潮生成的条件。但是，普遍认为，赤潮生物的存在和水体的富营养化是形成赤潮的基础因素。赤潮生物利用氮、磷等营养元素，大量繁殖和积聚，在合适的水文、气象条件下，就会引发赤潮。

吴敏兰（2014）于 2011 年 4 月和 8 月，在北部湾北部海域进行了 2 个航次的调查，测定了各种水文、化学和生物要素。发现可以构成水体富营养化的氮、磷等营养元素在涠洲岛东南部最多。NO_2^-、NO_3^- 和 NH_4^+ 的平均浓度分别为 0.54 μmol/L、6.25 μmol/L 和 1.14 μmol/L。NO_2^- 和 NO_3^- 的高值区分别位于琼州海峡入口处，与北部湾北部沿岸相比，分别高出 4 倍、6 倍、5 倍。

同样，它的测定结果，磷的浓度也是涠洲岛东南部海域最多。活性磷酸盐（SRP）、溶解态磷（DP）、总磷（TP）的平均浓度分别为 0.061 μmol/L、0.263 μmol/L 和 0.840 μmol/L。浓度的高值区均在琼州海峡入口处。琼州海峡处 SRP、DP、TP 分别高于广西沿岸 6 倍、4 倍、2 倍。

根据张少峰等（2009）研究，涠洲岛赤潮基本都发生在 4 月、5 月、6 月、7 月，即雨季来临之前。这时气温、海水温度增加，海平面气压、相对湿度下降，风速减弱容易诱发赤潮，说明海洋水文气象要素条件是赤潮发生的重要启动因子。

从吴敏兰（2014）的调查结果可知，氮、磷的高值区来自琼州海峡。然而，琼州海峡两岸，并没有多少工业污染源可以形成大量的氮、磷营养元素向西输送，由此可见，这些营养要素来自更远的水域。对于南海与北部湾之间通过琼州海峡进行水体交换，已有很多论述结果：杨士瑛等（2003，2006）对夏季粤西沿岸流特征及其产生机制进行了分析，并用温盐资料分析夏季南海水通过琼州海峡进入北部湾的特征；薛惠洁等（2001）通过南海海流数值计算分析南海北部潮流运动；侍茂崇等（1998）从余流场变化特征进

行分析，通过利用多年的琼州海峡海流实测资料研究琼州海峡潮余流场的季节性变化，结果表明该水域全年余流方向总趋势是由东向西的。陈达森等（2006）、陈波等（2007）通过水量通量计算得出，琼州海峡北部量值最大，中间次之，南部最小；冬季平均水量通量为 0.055 Sv，输运方向自东向西。再从水体交换状况看，也反映出水体向西输运的趋势。大潮期间向西输运从而进入北部湾的水体是 0.0484 Sv，小潮期间向西输运的水体则减少到 0.0195 Sv。向南的水量输运，大潮期间为 0.1001 Sv，小潮期间则降到 0.0598 Sv。最大涨落潮流速位于海峡北部和中部，最大余流位于海峡北部，且涨潮流速小于落潮流速（严昌天等，2008）。但是，对于琼州海峡东向的南海水来源，则很少有报道。

12.5　北部湾北部赤潮发生与动力学响应机制分析

12.5.1　数值计算分析的结果

在第 11 章中，我们通过大量的历史水文观测与调查资料对比、琼州海峡冬季水通量计算及数值模拟结果，对琼州海峡东部水进入北部湾的影响进行综合分析得出，粤西沿岸流是琼州海峡水向西输运的主要来源，形成粤西沿岸流这种现象的根源在于珠江冲淡水的西向流，它们通过琼州海峡进入北部湾，加强了北部湾北部气旋式环流的形成；自东向西的琼州海峡余流，夏季，在强的西南风作用下，产生较强北部湾西岸北向沿岸流，促使低盐冲淡水向外海输运，然后在东部涠洲岛附近形成更大范围内气旋式环流。这个结果证实琼州海峡东部水进入对北部湾北部环流产生重要的影响。我们引用丁扬（2014）的博士论文中给出的 1989 年 4~9 月的南海海流的数值计算结果（图 12-3）。模型为马萨诸塞大学和伍兹霍尔海洋研究所联合开发的 Global-FVCOM 模型。模型的外界强迫包括：①8 个分潮的平衡潮驱动（M_2、S_2、N_2、K_2、K_1、P_1、O_1 和 Q_1）；②海表面风应力；③海表面的净热通量和短波辐射；④海边面气压梯度；⑤蒸发和降水率；⑥河流淡水。之所以选择 1989 年进行计算，是因为这一年资料最为齐全。虽为一年，但还是具有代表性的。从图 12-3 可以看出如下规律。

①4~8 月，珠江口是海流一个分界点：珠江口以东，水流流向东北；珠江口以西，水流流向西南，到了雷州半岛东缘，转而向南。其中一部分通过琼州海峡，进入北部湾。

②6~9 月，琼州海峡东部出现一个明显的气旋涡。6 月最弱，8 月、9 月最强，气旋涡最大直径超过 100 km。

③9 月，粤东和粤西沿岸流一致，都为西南流。

④在近岸西南向流的南面，则是逆向的东北流。

⑤琼州海峡 4~9 月平均的表层海流都是向西的。

⑥和前面的漂流瓶结果很多地方一致。6~8 月，汕头至珠江口近岸海域所投放的漂流瓶，均沿着海岸线向东北漂移；珠江口至雷州半岛水域，有两种情况发生，在粤西近岸水域（不超过 28 km），大都沿着海岸线向西南漂移，到达雷州半岛东部，还有部分漂

流瓶到达琼州海峡的南岸。而粤西沿岸 28 km 之外，漂流瓶漂流方向与近岸相反，向东北漂移。在雷州半岛东部，似乎还存在一个较大的气旋涡。

⑦追源溯流，东部南海水主要来自珠江口及以西的粤西沿岸水。珠江口海域是我国经济活动频繁、人类活动和自然因素交会冲突集中的大河口海域之一。随着珠江三角洲经济的迅速发展，珠江口海域不仅大量接纳了毗邻沿岸地区直接排放的污水，还接收通过各种大小径流携带入海的污染物。同时，珠江口海域大规模的水产养殖业，也是其重要的污染物来源之一。珠江口水质污染最突出的问题是营养盐，特别是无机氮浓度的超标。大部分水域的无机氮浓度基本上超过了第三类海水水质标准，无机磷浓度也部分超标。2001～2005 年，共出现 30 次赤潮，平均每年 6 次。

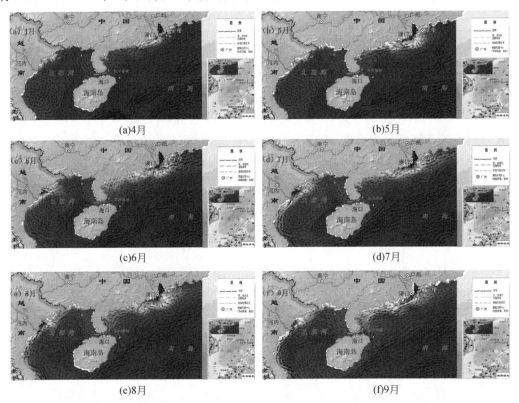

（a）4月　　　　　　　　　　　　　　　（b）5月

（c）6月　　　　　　　　　　　　　　　（d）7月

（e）8月　　　　　　　　　　　　　　　（f）9月

图 12-3　数值模拟的南海北部 1989 年 4～9 月月平均的表层环流和盐度分布（丁扬，2014）（后附彩图）

12.5.2　漂流瓶的观测结果

对于南海与北部湾之间的水交换，中国科学院南海海洋研究所于 1964～1971 年进行长达 8 年的抛掷漂流瓶实验，共回收 3600 多张漂流卡（放在漂流瓶中，捡到者，可在卡上写上捡拾时间、地点寄回）。鉴于漂流瓶在海面漂移轨迹很难了解，所以单凭一个漂流瓶的起讫地点来确定它实际的漂移路线，无疑是非常困难的。但是，当有了大量的漂流瓶资料，并分析多年同一月份的漂流瓶运动趋势之后，便可以大致判断各月份的漂流瓶移动路线，有较高的可信度。我们利用他们所投掷的漂流瓶观测结果分析来自珠江口及粤西沿岸东部南海水通过琼州海峡的流动状况。

1. 冬季（12~2 月）

冬季（图 12-4~图 12-6），广东沿海及北部湾内漂流瓶大都是西南向漂移。这种漂移反映东北季风的影响。具体来说：

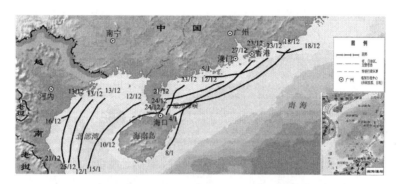

图 12-4　12 月漂流瓶轨迹（后附彩图）

轨迹两端数字分别为投放和捡拾日期，分母为月，分子为日

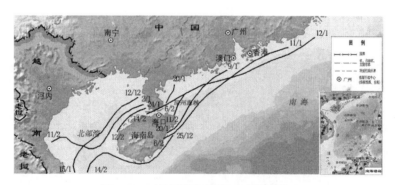

图 12-5　1 月漂流瓶轨迹（后附彩图）

轨迹两端数字分别为投放和捡拾日期，分母为月，分子为日

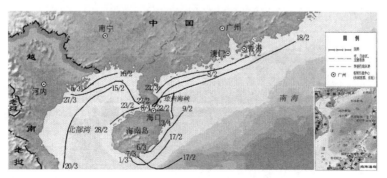

图 12-6　2 月漂流瓶轨迹（后附彩图）

轨迹两端数字分别为投放和捡拾日期，分母为月，分子为日

①汕头至珠江口近岸海域所投放的漂流瓶，均沿着海岸线向西南漂移。其中大多数漂流瓶先后漂移到雷州半岛东岸和琼州海峡南岸，只有少量漂流瓶漂移到海南岛东部。

②珠江口至雷州半岛水域，均沿着海岸线向西南漂移。其中大多数漂流瓶先后漂移到雷州半岛东岸、琼州海峡及海南岛东部沿岸，只有少量穿过琼州海峡抵达海南岛西北部沿岸或者抵达越南沿岸。

③琼州海峡中漂流瓶自东向西漂移，西出海峡后，有的抵达海南岛西北部沿岸或者抵达越南沿岸。海峡中漂移速度为 10~17 cm/s，最大约 20 cm/s。

2. 春季（3~5月）

春季（图 12-7~图 12-9），是漂流瓶漂移的转换季节，不仅前后期有所不同，甚至一些海区近岸和外海漂移方向相反，漂移速度也逐渐降低。具体来说：

①汕头至珠江口近岸海域所投放的漂流瓶，均沿着海岸线向西南漂移。3月、4月漂移速度为 13~17 cm/s，5月、6月漂移速度减少到 7 cm/s。外海，5月、6月漂移方向转向东北。

②珠江口至雷州半岛水域，3月均沿着海岸线向西南漂移，与冬季相似。其近岸漂移速度为 13~20 cm/s，外海漂移速度降至 7 cm/s。4~6月上半月，在近岸地带（约 56 km），漂流瓶仍以 13~20 cm/s 向西南漂移；北部湾北部（20°N 以北），漂流瓶以气旋方式沿着

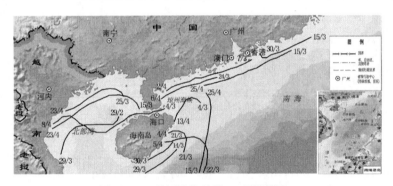

图 12-7　3月漂流瓶轨迹（后附彩图）
轨迹两端数字分别为投放和捡拾日期，分母为月，分子为日

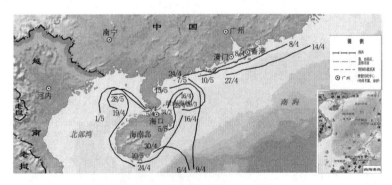

图 12-8　4月漂流瓶轨迹（后附彩图）
轨迹两端数字分别为投放和捡拾日期，分母为月，分子为日

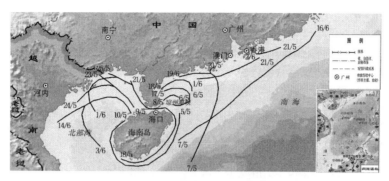

图 12-9　5 月漂流瓶轨迹（后附彩图）

轨迹两端数字分别为投放和捡拾日期，分母为月，分子为日

我国广西、越南沿海运动。涠洲岛附近出现气旋式涡旋。4 月、5 月，甚至出现漂流瓶从海南岛东部绕过海南岛南段再向北，抵达洋浦和涠洲岛的反气旋式绕岛环流。

而该区外面漂流瓶则转向东北漂移，漂移速度为 10～16 cm/s。雷州半岛东部出现气旋涡。

③琼州海峡中漂流瓶自东向西漂移，漂移速度为 7～13 cm/s。向西出海峡后，有的抵达海南岛西北部沿岸或者抵达越南沿岸。海峡中漂移速度为 10～17 cm/s，最大约 20 cm/s。

3. 夏季（6～8 月）

图 12-10～图 12-12 是夏季漂流瓶反向漂移的季节。漂移速度也逐渐增强。具体来说：

①汕头至珠江口近岸海域所投放的漂流瓶，均沿着海岸线向东北漂移，进入台湾海峡，再至闽浙沿海，漂移速度为 20～23 cm/s。6 月中旬，在粤西海陵岛投放的漂流瓶，13 天后，即抵达粤东海门水域，漂流速度达 30 cm/s。

②珠江口至雷州半岛水域，有两种情况发生：在粤西近岸水域（不超过 28 km），大都沿着海岸线向西南漂移，到达雷州半岛东部，还有部分漂流瓶到达琼州海峡的南岸。漂移速度 10～17 cm/s。当该地区适逢台风而至，且刮偏北风时，漂移速度大大增加。例如，1966 年 7 月在澳门附近投放的漂流瓶，仅历时 4 d，就到达粤西电白，漂流速度近 60 cm/s。在近雷州半岛东部，似乎还存在一个较大的气旋涡。而粤西沿岸 28 km 之外，漂流瓶漂流方向与近岸相反，向东北漂移，平均速度 10～17 cm/s。

③在琼州海峡中释放的漂流瓶 6 月上半月仍然向西，而在 6 月下半月则向东移，可以持续到 8 月上半月。这是一年中仅有的现象。其平均速度为 7～13 cm/s。但是，漂流资料表明，表层漂流并不稳定。这是由风场改变而引起的。特别是台风等大型天气过程的出现，势必破坏了琼州海峡中正常的漂移状态。例如，1966 年 7 月 28 日，在琼州海峡东口外面抛掷的漂流瓶一直沿海峡向西漂移，8 月 7 日在海峡西口外被捡拾，漂移速度达 13 cm/s，这是 8 月 1～3 日在海南岛崖县登陆的台风影响所致。

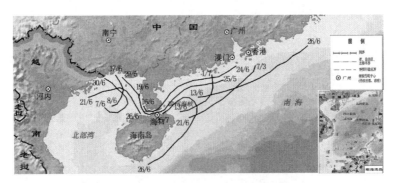

图 12-10　6 月漂流瓶轨迹（后附彩图）
轨迹两端数字分别为投放和捡拾日期，分母为月，分子为日

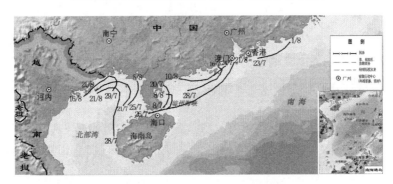

图 12-11　7 月漂流瓶轨迹（后附彩图）
轨迹两端数字分别为投放和捡拾日期，分母为月，分子为日

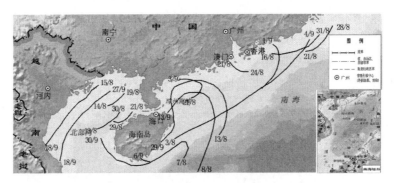

图 12-12　8 月漂流瓶轨迹（后附彩图）
轨迹两端数字分别为投放和捡拾日期，分母为月，分子为日

　　④北部湾北部漂流瓶漂移路径，呈气旋式漂移，漂移速度 7～13 cm/s。6 月漂移速度为 13 cm/s，8 月速度减低到 7 cm/s。

　　⑤在 20°N 以南北部湾内，位于越南沿岸的漂流瓶向南漂移，漂移速度 7～13 cm/s。而海南岛以西海面上的漂流瓶则向北或东北漂移。其速度为 7～13 cm/s。

4. 秋季（9～11 月）

　　自 9 月中开始，绝大部分漂流瓶都呈西向漂流态势。只有个别年份，9 月下旬仍有漂流瓶向东北漂移（图 12-13～图 12-15）。

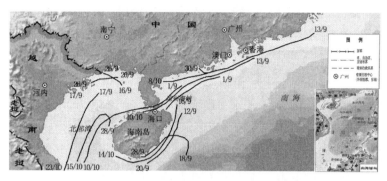

图 12-13　9 月漂流瓶轨迹（后附彩图）
轨迹两端数字分别为投放和捡拾日期，分母为月，分子为日

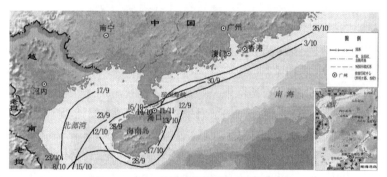

图 12-14　10 月漂流瓶轨迹（后附彩图）
轨迹两端数字分别为投放和捡拾日期，分母为月，分子为日

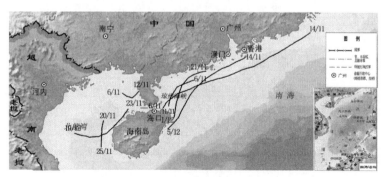

图 12-15　11 月漂流瓶轨迹（后附彩图）
轨迹两端数字分别为投放和捡拾日期，分母为月，分子为日

①汕头至珠江口近岸海域，所投放的漂流瓶均沿着海岸线向西南漂移，平均漂移速度 13～23 cm/s。

②珠江口至雷州半岛水域，所投放的漂流瓶均沿着海岸线向西南漂移，平均漂移速度 13～23 cm/s。

③在琼州海峡中投放的漂流瓶，均沿着海峡向西南漂移，平均漂移速度 13～17 cm/s。

④北部湾北部漂流瓶漂移路径,有几种形式:9 月下半月,漂流瓶以缓慢速度(7 cm/s)向西漂移。10 月漂流瓶则向西南漂移。其速度为 10~17 cm/s。在越南沿岸,漂流瓶均南下,其速度为 10~20 cm/s。而海南岛西部沿海,漂流瓶则向北漂移,其速度为 7~13 cm/s。北部湾口中部的漂流瓶则向西移。

前述的漂流瓶投放与回收,确实可以粗略地描述不同季节表层海流(余流)的漂移方向、流速和大致轨迹。20 世纪 60 年代以前,许多国家在近海都使用类似的漂流物来研究近海海流复杂的漂流轨迹。但是,这个方法存在许多明显的缺陷:

①抛掷地点可以准确地知道,但是回收的方式却是五花八门,因此带来许多不确定性,如漂流瓶在岸边偶然捡拾到,那么它什么时候到达岸边?是刚到,还是已经持续一段时间?这就牵涉到漂流平均速度的计算;也有的漂流瓶是渔船拖网拖上来,但是,渔船准确位置是难以确定的。渔民那时还不会使用复杂的天文定位,更没有现在的 GPS 可以使用,只能靠渔民多年经验来完成,其误差自然是很大的。

②流路的绘制,是根据始、终两点位置,再根据自己对流况的简单历史知识,在"半想象"中绘制出来,实际流路可能要复杂得多,曲折得多。

③漂流瓶在海面 10 cm 深度之内随波逐流,它与风的关系密切,但并不代表整个水层都是如此运动。

因此,从卫星问世之后,表层测流就从漂流瓶式过渡到漂流浮标式,漂流浮标的位置随时通过卫星接收器传入使用者手中。这样一来,无论漂移方向、速度和路径都能比较精确知道。当然,最有效的方法,是直接利用仪器观测和数值计算相结合,彼此验证,最后取得一个合理的结果。但是,在当时历史条件下,通过大量投放漂流瓶,历时较长的重复观测,其统计规律确是可以相信的。

参 考 文 献

蔡如钰，2001. 基于人工神经网络的夜光藻密度预测模型[J]. 中国环境监测，17(3)：52-55.

陈波，2014. 北部湾台风暴潮研究现状与展望[J]. 广西科学，(4)：325-330.

陈波，董德信，李谊纯，2017. 广西海岸带海洋环境污染变化与控制研究[M]. 北京：海洋出版社.

陈波，李培良，侍茂崇，等，2009. 北部湾潮致余流和风生海流的数值计算与实测资料分析[J]. 广西科学，16(3)：346-352.

陈波，严金辉，王道儒，等，2007. 琼州海峡冬季水量输运计算[J]. 中国海洋大学学报，37(3)：357-364.

陈慈美，郑爱榕，周慈由，等，1997. 铁对中肋骨条藻生长、色素化程度及氮同化能力的影响[J]. 海洋学报，19(3)：50-56.

陈达森，陈波，严金辉，等，2006. 琼州海峡余流场季节性变化特征[J]. 海洋湖沼通报，(2)：12-17.

陈玉芹，2002. 赤潮与海洋污染[J]. 唐山师范学院学报，24(2)：11-12.

丁雁雁，2012. 温度、光照对东海几种典型赤潮藻生长及硝酸还原酶活性的影响[D]. 青岛：中国海洋大学.

丁扬，2015. 南海北部环流和陆架陷波研究[D]. 青岛：中国海洋大学.

高劲松，陈波，2014. 北部湾冬半年环流特征及驱动机制分析[J]. 广西科学，21(1)：64-72.

高劲松，陈波，侍茂崇，2015. 北部湾夏季环流结构及生成机制[J]. 中国科学：地球科学，(1)：99-112.

广东省海岸带和海涂资源综合调查大队，广东省海岸带和海涂资源综合调查领导小组办公室，1988. 广东省海岸带和海涂资源综合调查报告[M]. 北京：海洋出版社.

广西海洋开发保护管理委员会，1996. 广西海岛资源综合调查报告[M]. 南宁：广西科学技术出版社.

郭皓，2004. 中国近海赤潮生物图谱[M]. 北京：海洋出版社.

郭忠信，王文质，1983. 北部湾风生环流的数值研究[J]. 热带海洋，2(3)：207-215.

黄韦艮，毛显谋，1998. 赤潮卫星遥感监测与实时预报[J]. 海洋预报，(3)：110-115.

矫晓阳，2001. 透明度作为赤潮预警监测参数的初步研究[J]. 海洋环境科学，20(1)：27-31.

黎树式，徐书业，梁铭忠，等，2014. 广西北部湾海洋环境变化及其管理初步研究[J]. 钦州学院学报，(11)：7-11.

李近元，方念乔，张吉，等，2016. 海南岛西南海域的潮流和潮汐观测特征[J]. 海洋预报，33(2)：45-52.

李明杰，吴少华，刘秋兴，等，2015. 风暴潮、大潮对广西涠洲岛西南沙滩侵蚀的影响分析[J]. 海洋学报，37(9)：126-137.

李清雪，陶建华，1999. 应用浮游植物群落结构指数评价海域富营养化[J]. 中国环境科学，19(6)：548-551.

李士虎，吴建新，李庭古，等，2003. 赤潮的危害、成因及对策[J]. 水利渔业，(6)：38-39+54.

李小敏，张敬怀，刘国强，2009. 涠洲岛附近海域一次红海束毛藻赤潮生消过程分析[J]. 广西科学，2：188-192.

刘凤树，于天常，1980. 北部湾环流的初步探讨[J]. 海洋湖沼通报，(1)：9-15.

刘国强，史海燕，魏春雷，等，2008. 广西涠洲岛海域浮游植物和赤潮生物种类组成的初步研究[J]. 海洋通报，27(3)：43-48.

罗金福，李天深，蓝文陆，2016. 北部湾海域赤潮演变趋势及防控思路[J]. 环境保护，(44)：42.

马应良，1990. 南海北部陆架邻近水域十年水文断面调查报告[M]. 北京：海洋出版社.

欧林坚，黄邦钦，吕颂辉，等，2010. 厦门港浮游植物磷胁迫状况研究[J]. 海洋环境科学，29(5)：658-661.

蒲新明，吴玉霖，2001.长江口区浮游植物营养限制因子的研究Ⅱ春季的营养限制情况[J]. 海洋学报，23(3)：54-65.

邱绍芳，赖廷和，庄军莲，2005. 涠洲岛南湾港海域发生铜绿微囊藻赤潮实例分析[J]. 广西科学，12(4)：330-333.

全先庆，曹善东，2002. 赤潮的危害、成因及防治[J]. 山东教育学院学报，17(2)：87-88+91.

沈国英，黄凌风，郭丰，等，2010. 海洋生态学[M]. 北京：科学出版社.

侍茂崇，2014. 北部湾环流研究述评[J]. 广西科学，(4)：313-324.

侍茂崇，陈波，2015. 涠洲岛东南部海域高浓度氮和磷的来源分析[J]. 广西科学，(3)：237-244.

侍茂崇，陈波，丁扬，等，2016. 风对北部湾入海径流扩散影响的研究[J]. 广西科学，23(6)：485-491.

侍茂崇，陈春华，黄方，等，1998. 琼州海峡冬末春初朝余流场特征[J]. 海洋学报（中文版），20(1)：1-4.

侍茂崇，严金辉，陈波，等，2011. 琼州海峡夏季三塘潮流谱分析和余流特征研究[J]. 中国海洋大学学报（自然科学版），41(11)：5-8.

孙百晔，王修林，李雁宾，等，2008. 光照在东海近海东海原甲藻赤潮发生中的作用[J]. 环境科学，29(2)：362-367.

孙洪亮，黄卫民，2001a. 北部湾潮汐潮流的三维数值模拟[J]. 海洋学报（中文版），23(2)：1-8.

孙洪亮，黄卫民，赵俊生，2001b. 北部湾潮致、风生和热盐余流的三维数值计算[J]. 海洋与湖沼，32(5)：1-8.

孙强，杨燕明，顾德宇，等，2000. SeaWiFS 探测 1997 年闽南赤潮模型研究[J]. 台湾海峡，19(1)：70-73.

王道儒，1998. 北部湾冷水团的动力-热力机制研究[D]. 青岛：中国海洋大学.

韦蔓新，何本茂，赖廷和，2004. 廉州湾赤潮形成期 pH 值和溶解氧的时空分布及其与环境因素的关系[J]. 广西科学，11(3)：221-224.

韦蔓新，赖廷和，何本茂，2003. 涠洲岛水域生物理化环境特征及其相互关系[J]. 海洋科学，(2)：67-71.

魏春雷，高劲松，曹雪峰，等，2017. 广西涠洲岛南岸表层海流特征及机制实测分析[J]. 中国海洋大学学报（自然科学版），47(4)：7-13.

吴京洪，杨秀环，唐宝英，等，2000. 人工神经网络预报浮游植物生长趋势的研究[J]. 中山大学学报（自然科学版），39(6)：54-58.

吴敏兰，2014. 北部湾北部海域营养盐的分布特征及其对生态系统的影响研究[D]. 厦门：厦门大学.

夏华永，李树华，侍茂崇，2001. 北部湾三维风生流及密度流模拟[J]. 海洋学报，23(6)：11-23.

夏华永，殷忠斌，郭芝兰，等，1997. 北部湾三维潮流数值模拟[J]. 海洋学报，19(2)：21-31.

肖晓，2015. 南海北部湾底质沉积物粒度和泥沙运移趋势研究[D]. 青岛：中国海洋大学.

谢中华，王洪礼，史道济，等，2004. 运用混合回归模型预报赤潮[J]. 海洋技术，23(1)：27-30.

徐锡祯，邱章，陈惠昌. 1982. 南海水平环流的概述[C]//中国海洋湖沼学会水文气象学会学术会议（1980）论文集. 北京：科学出版社.

薛惠洁，柴扉，徐亚丹，等，2001. 南海海流数值计算[C]//中国海洋学文集 13：南海海流数值计算及中尺度特征研究. 北京：海洋出版社.

严昌天，陈波，杨仕英，等，2008. 琼州海峡中间断面冬季水量输运计算[J]. 海洋湖沼通报，(1)：1-9.

严金辉，陈达森，2005. 粤西水东单点系泊海域潮流和低频流特征[J]. 海洋湖沼通报，(3)：8-15.

杨建强，罗先香，丁德文，等，2003. 赤潮预测的人工神经网络方法初步研究[J]. 海洋科学进展，2l(3)：318-324.

杨士瑛，鲍献文，陈长胜，等，2003. 夏季粤西沿岸流特征及其产生机制[J]. 海洋学报，25(6)：1-8.

杨士瑛，陈波，李培良，2006. 用温盐资料分析夏季南海水通过琼州海峡进入北部湾的特征[J]. 海洋湖沼通报，(1)：1-7.

杨庶，2013. 长江口及邻近海域浮游植物生长温度效应研究——长江口及邻近海域浮游植物生物量年际变化的温度控制效应[D]. 青岛：中国海洋大学.

姚子恒，2014. 广西北海涠洲岛海岸侵蚀研究[D]. 青岛：国家海洋局第一研究所.

袁叔尧，邓九仔，1999. 北部湾环流数值研究[J]. 南海研究与开发，(2)：41-46.

张宏科，刘勐伶，2008. 广西北部湾海洋环境保护的现状及对策分析[J]. 中国科技财富，(11)：122-123.

张少峰，李武全，林明裕，等，2009. 涠洲岛海域赤潮发生与海洋水文气象关系初步研究[J].广西科学，(2)：200-202.

赵冬至，2010. 中国典型海域赤潮灾害发生规律[M]. 北京：海洋出版社.

赵明桥，李攻科，张展霞，2003. 应用多元回归法研究赤潮特征有机物与赤潮关系[J]. 中山大学学报（自然科学版），42(1)：35-38.

周名江，颜天，邹景忠，2003. 长江口邻近海域赤潮发生区基本特征初探[J]. 应用生态学报，14(7)：1031-1038.

周雄，2011. 北海市海平面变化及其对沿岸的影响[D]. 青岛：中国海洋大学.

俎婷婷，2005. 北部湾环流及其机制的分析[D]. 青岛：中国海洋大学.

Beardall J，Berman T，Heraud P，et al.，2001. A comparison of methods for detection of phosphate limitation in microalgae[J]. Aquatic Sciences，63(1)：107-121.

McQuatters-Gollop A，Raitsos D E，Edwards M，et al.，2007. A Long-Term Chlorophyll Data Set Reveals Regime Shift in North Sea Phytoplankton Biomass Unconnected to Nutrient Trends[J].Limnology and Oceanography，52(2)：635-648.

Raitsos D E，Korres G，Triantafyllou G，et al.，2012. Assessing Chlorophyll Variability in Relation to the Environmental Regime in Pagasitikos Gulf，Greece[J]. Journal of Marine Systems，94：16-22.

Redfield A C，Ketchum B H，Richards F A，1963. The influence of organisms on the composition of sea-water[M]//Hill M N. The Sea，Vol. 2. New York：Interscience Publishers：26-87.

Sellner K G，Doucette G J，Kirkpatrick G J，2003. Harmful algal blooms：causes，impacts and detection[J]. Journal of Industrial Microbiology and Biotechnology，30(7)：383-406.

Shi M C，Chen D S ，Xu Q C，et al.，2002. The Role of the Qiongzhou Strait in the seasonal variation of the South China Sea circulation[J]. Journal of Physical Oceanography，32(1)：103-121.

van Dolah F M，2000. Marine algal toxins：origins，health effects，and their increased occurrence[J]. Environmental Health Perspectives，108(1)：133-141.

Walsh J J，Jolliff J，Darrow B，et al.，2006. Red tides in the Gulf of Mexico：where，when，and why?[J]. Journal of Geophysical Research：Oceans，111(11)：1-46.

Xia H Y，Li S H，Shi M C，2001. Three-D numerical simulation of wind-driven current and density current in the BeibuGulf[J]. Acta Oceanologica Sinica，20：455-472.

Zu T T，Gan J P，Erofeeva S Y，2008. Numerical study of the tide and tidal dynamics in the South China Sea [J]. Deep-Sea Research Part I (Oceanography Research Papers)，55(2)：137-154.